普通高等教育"十一五"国家级规划教材

普通高等教育车辆工程专业规划教材

汽车排放及控制技术

（第 3 版）

龚金科　主　编

U0293888

人民交通出版社股份有限公司

China Communications Press Co.,Ltd.

内 容 提 要

本书是普通高等教育车辆工程专业规划教材。本书根据国内外的最新相关资料和编者的有关研究成果，系统地阐述了汽车排放污染物的危害、生成机理和影响因素，详细介绍了车用汽油机和柴油机的机内净化技术，全面论述了以三效催化转化器等为主要内容的车用汽油机后处理净化技术和以微粒捕集器等为主要内容的车用柴油机后处理净化技术。在此基础上，科学地提出了汽车排放污染物的一般净化方案，并讨论了新能源汽车技术。此外，还扼要阐述了汽车排放标准及其测试方法。

本书内容叙述深入浅出、清晰易懂，可供车辆工程专业、能源与动力工程专业及其他相关专业本科生和研究生作为教材选用，也可供从事这些专业及相关专业的研究、设计、制造和使用的工程技术人员阅读。

图书在版编目(CIP)数据

汽车排放及控制技术/龚金科主编. —3 版. —北京：人民交通出版社股份有限公司,2018.8

ISBN 978-7-114-14897-2

Ⅰ．①汽⋯　Ⅱ．①龚⋯　Ⅲ．①汽车排气污染—空气污染控制　Ⅳ．①X734.201

中国版本图书馆 CIP 数据核字(2018)第 165363 号

书　　　名：**汽车排放及控制技术**(第 3 版)

著 作 者：龚金科

责任编辑：李　良

责任校对：尹　静

责任印制：张　凯

出版发行：人民交通出版社股份有限公司

地　　址：(100011)北京市朝阳区安定门外外馆斜街 3 号

网　　址：http://www.ccpcl.com.cn

销售电话：(010)59757973

总 经 销：人民交通出版社股份有限公司发行部

经　　销：各地新华书店

印　　刷：北京市密东印刷有限公司

开　　本：787×1092　1/16

印　　张：13.25

字　　数：326 千

版　　次：2007 年 9 月　第 1 版
　　　　　　2012 年 1 月　第 2 版
　　　　　　2018 年 8 月　第 3 版

印　　次：2023 年 1 月　第 3 版　第 2 次印刷　总计第 11 次印刷

书　　号：ISBN 978-7-114-14897-2

定　　价：33.00 元

普通高等教育车辆工程专业规划教材

编委会名单

编委会主任

龚金科(湖南大学)

编委会副主任(按姓名拼音顺序)

陈　南(东南大学)　　方锡邦(合肥工业大学)　　过学迅(武汉理工大学)

刘晶郁(长安大学)　　吴光强(同济大学)　　　　于多年(吉林大学)

编委会委员(按姓名拼音顺序)

蔡红民(长安大学)　　陈全世(清华大学)　　　　陈　鑫(吉林大学)

杜爱民(同济大学)　　冯崇毅(东南大学)　　　　冯晋祥(山东交通学院)

郭应时(长安大学)　　韩英淳(吉林大学)　　　　何耀华(武汉理工大学)

胡　骅(武汉理工大学)胡兴军(吉林大学)　　　　黄韶炯(中国农业大学)

兰　巍(吉林大学)　　宋　慧(武汉科技大学)　　谭继锦(合肥工业大学)

王增才(山东大学)　　阎　岩(青岛理工大学)　　张德鹏(长安大学)

张志沛(长沙理工大学)钟诗清(武汉理工大学)　　周淑渊(泛亚汽车技术中心)

主 编 简 介

龚金科,工学博士,湖南大学二级教授、博士生导师。1988 年～1990 年德国不伦瑞克工业大学(TU Braunschweig)访问学者,1997 年获工学博士学位,2000 年～2001 年瑞士联邦工业大学(ETH Zuerich)高级访问学者和博士后,2012 年瑞士奇石乐集团(Kistler Instrumente AG)高级研究学者,并应邀在德国 KST 公司、奥地利 AVL 公司和英国 Ricardo 公司等单位进行了合作研究和学术交流。1996 年评定为首届部级跨世纪学术带头人。在湖南大学于 1999 年 6 月晋升为教授,2002 年评定为博士生导师,2009 年评定为二级教授,2010 年被评为"湖南省教学名师"。

现为国家精品课程和国家级精品资源共享课"发动机排放污染及控制"负责人、湖南省教学名师、湖南省省级教学团队带头人、湖南大学学术委员会委员、工学一部学术委员会委员、车辆工程学科发动机方向和动力机械及工程学科学术带头人。先后担任教研室主任、系主任和湖南省汽车排放研究中心主任等职,兼任中国内燃机学会理事、全国高校热能与动力工程专业教学指导委员会委员、全国汽车标准化技术委员会火花塞分委会副主任委员和湖南省内燃机学会理事长等职,并曾先后担任上市公司"南方摩托"和"南方宇航"独立董事。

一直从事节能减排与新能源技术、新能源汽车关键技术和动力机械新技术研究,已主持完成"柴油机微粒捕集器多孔介质过滤体失效辨析及抗失效机理研究"和"柴油机微粒捕集多孔介质的微波及铈—锰添加剂复合再生机理研究"等国际合作项目、国家科技部项目、国家自然科学基金项目、部省级项目和横向课题 50 多项,"车用三效催化转化器关键技术及应用"和"低能耗可变排量机油泵关键技术的研发和应用"等 8 项科技成果获部省级科技进步奖,获得"一种柴油机微粒捕集器微波再生系统控制策略及其装置"等 8 项发明专利。出版著作和国家"十一五"规划教材《汽车排放及控制技术》和《热动力设备排放污染及控制》等 8 部。已在国内外发表"Failure recognition of the diesel particulate filter based on catastrophe theory"等学术论文近 200 篇,其中被 SCI/EI 收录 150 多篇,获湖南省自然科学优秀论文一等奖 5 篇。先后为博士和硕士研究生主讲课程 6 门,为本科生主讲课程 9 门,指导和培养了博士和硕士研究生100 余名。"内燃机原理课程新体系研究与实践"获得国家教学成果二等奖、"内燃机原理课程新体系研究与实践(教材)"获得湖南省教学成果一等奖、"凸显节能减排特色,培育热能与动力工程高质量创新人才"获得湖南省教学成果二等奖。

多次担任国家自然科学基金、湖南省、上海市、北京市、江西省、广东省、江苏省自然科学基金及其他项目和奖励的评审专家,湖南省高级职称评委等。

第3版前言

经济的腾飞和人民生活水平的提高,推动了汽车产业的迅猛发展。2017年我国汽车产量达2901.54万辆,销售量为2887.89万辆,连续九年蝉联全球第一。截止到2017年底,全国机动车保有量达3.10亿辆,其中汽车2.17亿辆。

随着机动车保有量的持续增长,机动车排放污染物总量也持续攀升。2016年全国机动车排放污染物4478.5万t,其中CH、CO、NO_x和PM排放量分别是442万t、3419.3万t、577.8万t和53.4万t。巨大的汽车尾气排放量严重污染了大气,危及人体健康。为此,我国与世界各国一样,制订了越来越严格的汽车排放法规,对汽车排放控制技术提出了越来越高的要求。本书在综合国内外最新相关资料和编者有关研究成果的基础上,简要地介绍了相关的新知识、新技术和新内容,以促进我国在汽车排放污染控制方面达到国际先进水平。

本书是2007版普通高等教育"十一五"国家级规划教材的修订版,共十一章。第一章和第二章讨论了汽车排放污染物的危害、生成机理和影响因素,第三章介绍了汽车发动机的稳态和瞬态排放特性,第四章和第五章阐述了车用汽油机和柴油机的机内净化技术,第六章和第七章探讨了车用汽油机和柴油机后处理净化技术,第八章主要介绍了燃料对排放的影响,第九章在上述各章的基础上,提出了汽车排放污染物的一般净化方案,并对其进行了分析,此外还讨论了新能源汽车技术,第十章和第十一章简要介绍了汽车排放测试方法和排放标准。

本书由湖南大学博士生导师龚金科教授任主编,第一章、第三章、第四章由龚金科编写,第二章由鄂加强编写,第五章由邓元望编写,第六章和第七章由刘冠麟编写,第八章由朱浩编写,第九章由谭理刚编写,第十章由王曙辉编写,第十一章由蔡皓编写。全书由龚金科教授统稿。在编写过程中,李煜、刘腾、江俊豪、田应华、王亚宾、王云科、张彬、刘伟强、何伟、陈长友、张捷、朱咸磊、曾俊、钟超、卜艳平、苗元元、范文可、霍鹏光、李炯、王雅萌、李梦、朱新伟、单体健、廖笑影、谭仲清、李明星、谢能金、廖成乐等博士研究生和硕士研究生给予了大力协助,谭凯和董喜俊也对本书进行了认真细致的审校工作,衷心感谢他们的出色工作。

本书在编写过程中,参考了大量相关文献资料,在此,向这些作者表示衷心的感谢!由于编者水平有限,书中疏漏谬误之处在所难免,恳请读者和同仁批评指正。

编 者
2018年5月

第 2 版前言

经济的腾飞和人民生活水平的提高,推动了汽车产业的迅猛发展。2010 年我国汽车产销量达 1800 万辆,预计 2015 年可达 2500 万辆。2006 年至 2010 年的"十一五"期间,我国汽车保有量几乎翻了一番,在 2011 年 8 月突破 1 亿辆,全球汽车保有量也已超过 10 亿辆。

随着机动车保有量的持续增长,机动车排放污染物总量也持续攀升。2009 年全国机动车排放污染物 5143.3 万 t,其中 CH、CO、NO_x 和 PM 排放量分别是 482.2 万 t、4018.8 万 t、529.8 万 t 和 59.0 万 t。巨大的汽车尾气排放量严重污染了大气,危及人体健康。为此,我国与世界各国一样,制订了越来越严格的汽车排放法规,对汽车排放控制技术提出了越来越高的要求。本书在综合国内外最新相关资料和编者有关研究成果的基础上,简要地介绍了相关的新知识、新技术和新内容,以促进我国在汽车排放污染控制方面尽快赶上国际先进水平。

本书是 2007 版普通高等教育"十一五"国家级规划教材的修订版,共十一章,第一、二章讨论了汽车排放污染物的危害、生成机理和影响因素,第三章介绍了汽车发动机的稳态和瞬态排放特性,第四、五章阐述了车用汽油机和柴油机的机内净化技术,第六、七章探讨了车用汽油机和柴油机后处理净化技术,第八章主要介绍了燃料对排放的影响,第九章在上述各章的基础上,提出了汽车排放污染物的一般净化方案,对其进行了分析并讨论了新能源汽车技术,第十、十一章简要介绍了汽车排放测试方法和排放标准。

本书由湖南大学博士生导师龚金科教授任主编,第一、三、四、六、七章由龚金科编写,第二章由鄂加强编写,第五章由邓元望编写,第八章由朱浩编写,第九章由谭理刚编写,第十章由王曙辉编写,第十一章由蔡皓编写。全书由龚金科教授统稿。在编写过程中,余明果、胡辽平、贾国海、陈韬、左青松、刘湘玲、杜佳、刘恒语、张福杰、田蝉、官庆武、王平花、鲍军、张文强、黄迎、章滔、李靖、颜胜、黄张伟、耿玉鹤、江杰、张付行、王红、潘海杰、周帅、刘亚飞、刘志强、吕林、唐飞、陈志刚等博士研究生和硕士研究生给予了大力协助,衷心感谢他们的出色工作。

本书在编写过程中,参考了大量相关文献资料,在此,向这些作者表示衷心的感谢! 由于编者水平有限,书中疏漏谬误之处在所难免,恳请读者和同仁批评指正。

编　者
2011 年 5 月

第1版前言

经济的腾飞和人民生活水平的提高,推动了汽车产业的迅猛发展。目前,世界汽车保有量正以每年3000万辆的速度递增,预计到2010年的世界汽车保有量将增加到10亿辆。2003年我国的汽车保有量达到了2400万辆,据预测,到2020年,我国的汽车保有量将有望达到1.4亿辆。随着机动车保有量的持续增长,机动车排放污染物总量持续攀升。2003年全国机动车 CH、CO 和 NO$_x$ 排放量分别是1995年相应排放量的 2~3 倍,严重污染了大气,危及人体健康。为此,我国与世界各国一样,制订了越来越严格的汽车排放法规,对汽车排放控制技术提出了越来越高的要求。所以,本书作为普通高等教育“十一五”国家级规划教材,在综合国内外最新相关资料和编者有关研究成果的基础上,系统而简要地介绍和讨论了相关的新知识、新技术和新内容,使其具有很好的知识正确性、内容先进性、结构合理性、文字可读性、使用灵活性和教学适用性,以促进我国在汽车排放污染控制方面尽快赶上国际先进水平。

全书由湖南大学博士生导师龚金科教授任主编。龚金科教授编写第一、三、四、六、七、八、九章,李芷源编写第二章,杨靖编写第五章,谭理刚编写第十章,刘孟祥编写第十一章,全书由龚金科教授统稿。在编写过程中,还得到了康红艳、赖天贵、梅本付、彭炜琳、董喜俊、翟立谦、刘金武、袁文华、唐大学、王曙辉、刘云卿、蔡皓、成志明、蔡隆玉、刘琼、龙罡、尤丽、吴钢、郭华、伏军、杨汉乾、伍强、谭凯、禹敏、贺辉、周立迎、吁璇、王宝林、毛丽、杨河洲、易磊、谭季秋、刘明晖、朱达旦等博士研究生和硕士研究生的大力协助,在此,衷心感谢他们的出色工作。刘作荣进行了部分审校工作,特致谢意!

本书在编写过程中,参考了大量相关文献资料,在此,向这些作者表示衷心的感谢!

感谢湖南省自然科学基金重点项目[06JJ20018]对本书编写的资助。

由于编者水平有限,书中疏漏谬误之处在所难免,恳请读者和同仁批评指正。

编　者
2007 年 5 月

目 录

第一章 绪 论

本章主要介绍环境污染特别是汽车排放对大气污染的现状,讨论各种汽车排放污染物对人类和自然的危害,并总结汽车排放控制技术的发展历程。

第一节 环境污染与保护

环境是人类生存发展的物质基础和制约因素。人口的增长要求工农业迅速发展,从环境中摄取食物、资源、能量的数量必然要增大。然而,环境的承载能力和环境容量是有限的。如果人口的增长、生产的发展,不考虑环境条件的制约作用,超出了环境允许的极限,就势必会污染与破坏环境,造成资源的枯竭和对人类健康的损害。

目前,全球的环境问题主要表现为温室效应,臭氧层的耗损与破坏,酸雨蔓延,能源危机,生物多样性的减少,森林锐减,土地沙漠化、水污染、海洋污染、危险性废物的越境转移等。这些环境问题带来的危害是明显的。温室效应导致全球变暖,降水量重新分配;臭氧层的耗损与破坏让皮肤癌和角膜炎患者增加;酸雨蔓延改变了土壤性质和结构;生物多样性的减少、森林锐减和土地沙漠化让原本富饶美丽的世界变得满目疮痍。总之,生态平衡的破坏、环境的恶化,将严重危害人体健康,如此发展下去最终会使自然界失去供养人类生存的能力。近些年来,人们已经开始认识到环境保护的重要性,并给予了广泛的关注。1992 年 6 月在巴西里约热内卢召开的联合国环境与发展大会,通过了《里约环境与发展宣言》《二十一世纪议程》《关于森林问题的原则声明》等重要文件,充分体现了当今人类社会可持续发展的新思想,反映了关于环境与发展领域协作的全球共识和最高级别的政治承诺。现在,各国政府正在按照制定的可持续性发展战略、计划和政策进行环境保护,人类即将进入合理利用和保护环境的新时代。

诸多环境问题中,大气污染已成为最为关注的问题之一。大气与地球上各种生命的繁衍息息相关,人类的生存离不开大气。然而,随着人类社会发展,人类活动或自然过程使得某些物质进入大气,当它们呈现出足够的浓度,达到足够的时间,就可能危害到人体的舒适和健康,危害到生态环境的平衡,这就是所谓的大气污染。这里的人类活动不仅包括生产,而且也包括日常的生活。而自然过程则包括火山活动、山林火灾、土壤和岩石的风化等。实际上,自然过程造成的大气污染经过一定时间后可以自动消除,所以大气污染主要是人类活动造成的。温室效应、臭氧层的耗损与破坏、酸雨蔓延是大气污染的主要表现。

1)大气污染的一般分类

大气污染按其污染的范围可分为局部污染、区域性污染和全球性污染。

(1)局部污染——出现在一个城市或更小区域范围的空气污染,如北京、广州、兰州等城市的空气污染,其距离范围一般小于 100km。

(2)区域性污染——范围在 500km 以上的地区出现的空气污染,以及这些污染物的跨国输送,最典型的是酸雨问题,如北美、欧洲、中国西南三大酸雨区。

(3)全球性污染——污染范围在数千千米以上的大气环境问题,如温室气体排放引起的全球气候变化,以及空调制冷剂和有机溶剂在使用中排放的氯氟烃(CFC$_S$)对地球平流层臭氧的破坏等。

2)大气污染源

大气污染源可分为天然污染源和人为污染源。天然污染源是指自然界向大气排放污染物的地点或地区,如排放灰尘、二氧化硫、硫化氢等污染物的活火山、自然逸出的瓦斯气,以及发生森林火灾、地震等自然灾害的地方。人为污染源按人们的社会活动功能可分为生活污染源、工业污染源、交通污染源等。汽车成为主要的运输和代步工具后,在提高社会生产效率、改善人们生活质量的同时,也消耗了大量的能源,排放的尾气也成了主要的交通污染源。

3)环境空气质量标准

空气包围着我们的地球,提供了适宜人类生存的物理环境。清洁的空气是由氮气、氧气和二氧化碳等气体组成的,它们的百分比分别是78.06%、20.95%、0.93%,约占空气总量的99.94%,其他气体总和不到千分之一。但是,随着大量有害物质的排放,空气的正常组成正在被改变,我们不知不觉生活在受到污染的空气中了。为了改善环境空气质量,创造清洁适宜的环境,保护人体健康,我国根据《中华人民共和国环境保护法》和《中华人民共和国大气污染防治法》制定了《环境空气质量标准》(GB 3095—2012)。本标准规定了环境空气功能区分类、标准分级、污染物项目、平均时间及浓度限值、监测方法、数据统计的有效性规定及实施与监督等内容。本标准适用于环境空气质量评价与管理。

环境空气功能区分为两类:一类区为自然保护区、风景名胜区和其他需要特殊保护的区域;二类区为居住区、商业交通居民混合区、文化区、工业区和农村地区。一类区适用一级浓度限值,二类区适用二级浓度限制。一、二类环境空气功能区质量要求见表1-1。

环境空气污染物项目浓度限值　　　　表1-1

序　号	污染物项目	平均时间	浓度限值		单　位
			一级	二级	
1	二氧化硫(SO_2)	年平均	20	60	μg/m³
		24小时平均	50	150	
		1小时平均	150	500	
2	二氧化氮	年平均	40	40	
		24小时平均	80	80	
		1小时平均	200	200	
3	一氧化氮	24小时平均	4	4	mg/m³
		1小时平均	10	10	
4	臭氧	日最大8小时平均	100	160	μg/m³
		1小时平均	160	200	
5	颗粒物(粒径小于等于10μm)	年平均	40	70	
		24小时平均	50	150	
6	颗粒物(粒径小于等于2.5μm)	年平均	15	35	
		24小时平均	35	75	
7	总悬浮颗粒物(TSP)	年平均	80	200	
		24小时平均	120	300	
8	氮氧化物(NO_x)	年平均	50	50	
		24小时平均	100	100	
		1小时平均	250	250	
9	铅(Pb)	年平均	0.5	0.5	
		季平均	1	1	
10	苯并[a]芘(BaP)	年平均	0.001	0.001	
		24小时平均	0.0025	0.0025	

表 1-2 给出了 2015—2017 年北京市大气主要污染物年日均值。

2008—2010 年北京市大气主要污染物年日均值　　　　表 1-2

染污物类型	二氧化硫 （mg/m³）	二氧化氮 （mg/m³）	可吸入颗粒物 （mg/m³）	一氧化碳 （mg/m³）
2015 年	0.013	0.050	0.101	3.6
2016 年	0.010	0.048	0.092	3.2
2017 年	0.008	0.046	0.084	2.1
2017 年较 2016 年的增长率	−20%	−4.2%	−8.7%	−34.4%
国家年平均(二级标准)	0.060	0.040	0.100	4(日均值)

第二节　汽车排放污染物及危害

从 1886 年诞生第一辆汽车开始,各国就争相发展汽车工业。特别在 20 世纪,世界汽车保有量的增加大大超过了人口增长的速度。在 1950 年,全球只有 5000 万辆汽车,大约每 1000 人仅有 2 辆汽车;到 1995 年,全球已经拥有 6.5 亿辆汽车,平均每 100 人拥有 10 辆汽车;至 2010 年全球汽车保有量已达 10.15 亿辆。根据目前的估计,到 2050 年全球将拥有 30 亿辆汽车。进入 21 世纪以来,中国汽车需求量和保有量也出现了加速增长的趋势。2000—2002 年实际汽车保有量分别为 1608.91 万辆、1802.04 万辆和 2053.17 万辆,年平均增长速度分别达到了 10.73%、12% 和 13.94%。2006—2010 年,汽车保有量年均增加 951 万辆,截至 2011 年 8 月底,全国汽车保有量首次突破 1 亿辆。截至 2017 年底,全国汽车保有量达到 2.17 亿辆。而且随着居民收入的提高、汽车价格的下降和消费环境的改善,我国汽车市场规模将持续扩大。

随着机动车保有量的持续增长,我国机动车污染物排放总量持续攀升。2016 年,全国机动车排放污染物 4472.5 万 t,比 2015 年削减 1.3%,其中 HC、CO、NOₓ 和 PM 排放量分别是 422.0 万 t、3419.3 万 t、577.8 万 t 和 53.4 万 t。事实上,汽车所产生的空气污染量比任何其他单一的人类活动产生的空气污染量都多。全球因燃烧矿物燃料而产生的一氧化碳(CO)、碳氢化合物(HC)和氮氧化物(NO_x)的排放量,几乎 50% 来自汽油机和柴油机,在表 1-3 中介绍了各种发动机排放量的情况。

各类发动机有害物比较　　　　表 1-3

机　型		排放物				微粒[①]			臭气
		CO	HC	NOₓ	SO₂[①]	铅化物	炭烟	油雾	
汽油机	四冲程	多	中	多	很少	多	少	少	中
	二冲程	多	多	少	很少	多	少	多	多
柴油机		少	少	中	少	无	多	少	多
LPG、CNG 发动机		少	中	中	无	无	少	无	少[②]
氢发动机		无	无	多	无	无	无	无	无
转子发动机		多	多	少	很少	中	少	中	中
甲醇发动机		少	少	少	无	无	无	少	少

注:①在使用含铅汽油及中国的燃油含量较低条件下的比较。

②液化石油气(LPG)燃料本无臭味,为了安全的考虑,常掺入微量臭气,以引起使用者对漏气的注意。

最近几年,我国不断加大对环境保护的投入,图 1-1 是 2007—2016 年我国政府针对环保的投资情况。通过政府和社会的努力,我国城市空气质量总体上也有所好转。2016 年,环保重点城市空气污染物年均浓度达到标准的城市比例为 24.9%(84 个城市),254 个城市环境空气质量超标,占 75.1%,338 个城市平均优良天数为 78.8%,比 2015 年上升 2.1%;平均超标天数比例为 21.2%。

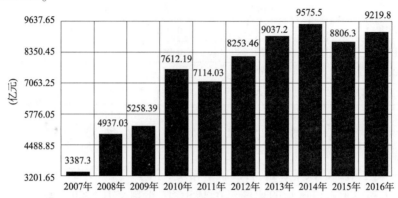

图 1-1　我国近年来环保投资情况

通常,汽车排放的污染物以及与交通源相关的主要污染物有:一氧化碳(CO)、氮氧化合物(NO_x)、碳氢化合物(包括苯、苯并芘)和微粒等。

一、一氧化碳

一氧化碳(CO)无色无臭,是一种窒息性的有毒气体,由于其和血液中有输氧能力的血红素蛋白(Hb)的亲和力比 O_2 和 Hb 的亲和力大 200～300 倍,因而 CO 能很快和 Hb 结合形成碳氧血红素蛋白(CO-Hb),使血液的输氧能力大大降低。高浓度的 CO 能够引起人体生理和病理上的变化,使心脏、头脑等重要器官严重缺氧,引起头晕、恶心、头痛等症状,严重时会使心血管工作困难,直至死亡;不同浓度的 CO 对人体健康的影响见表 1-4。汽车尾气中的 CO 是烃燃料燃烧的中间产物,主要是在局部缺氧或低温条件下,由于烃不能完全燃烧而产生的。当汽车负重过大、慢速行驶或空挡运转时,燃料不能充分燃烧,废气中 CO 的含量会明显增加。

不同浓度 CO 对人体健康的影响　　　　　　　　　　　　　　　　　表 1-4

CO 浓度(10^{-6})	对人体健康的影响	CO 浓度(10^{-6})	对人体健康的影响
5～10	对呼吸道患者有影响	120	1h 接触,中毒,血液中 CO-Hb > 10%
30	人滞留 8h,视力及神经系统出现障碍,血液中 CO-Hb = 5%	250	2h 接触,头痛,血液中 CO-Hb = 40%
		500	2h 接触,剧烈心痛、眼花、虚脱
40	人滞留 8h,出现气喘	3000	30min 即死亡

二、碳氢化合物

碳氢化合物(HC)也称烃,包括未燃和未完全燃烧的燃油、润滑油及其裂解产物和部分氧化物。如苯、醛、酮、烯、多环芳香族碳氢化合物等 200 多种复杂成分。饱和烃一般危害不大,甲烷气体无毒性,乙烯、丙烯和乙炔主要会对植物造成伤害。但是,不饱和烃却有很大的危害性。苯是无色类似汽油味的气体,可引起食欲不振、体重减轻、易倦、头晕、头痛、呕吐、失眠、黏膜出血等症状,也可引起血液变化,红细胞减少,出现贫血,还可导致白血病。而甲醛、丙烯醛等醛类气体也会对眼、呼吸道和皮肤有强刺激作用,超过一定浓度,会引起头晕、呕心、红细胞减少、贫血和急性中毒。应当引起特别注意的是带更多环的多环芳香烃,如苯并芘和硝基烯都是强致癌物。同时,烃类成分还是引起光化学烟雾的重要物质。

三、氮氧化物

氮氧化物(NO_x)是 NO 及 NO_2 的总称。汽车尾气中氮氧化物的排放量取决于汽缸内燃烧温度、燃烧时间和空燃比等因素。燃烧过程排放的氮氧化物中95%以上可能是 NO,NO_2 只占少量。NO 是无色无味气体,只有轻度刺激性,毒性不大,高浓度时会造成中枢神经的轻度障碍,NO 可被氧化成 NO_2。NO 与血液中的血红素的结合能力比 CO 还强。NO_2 是一种红棕色气体,对呼吸道有强烈的刺激作用,对人体影响甚大。NO_2 吸入人体后和血液中血红素蛋白 Hb 结合,使血液输氧能力下降,会损害心脏、肝、肾等器官,其具体影响见表1-5。同时,NO_2 还是产生酸雨和引起气候变化、产生烟雾的主要原因。另外,HC 和 NO_x 在大气环境中受强烈太阳光紫外线照射后,会生成新的污染物——光化学烟雾。

不同浓度 NO_2 对人体健康的影响   表 1-5

NO_2 的浓度(10^{-4})	对人体健康影响	NO_2 的浓度(10^{-4})	对人体健康影响
1	闻到臭味	80	3min,感到胸闷、恶心
5	闻到强烈臭味	150	在 30~60min 内因肺水肿而死亡
5~10	10min,眼、鼻、呼吸道受到刺激	250	很快死亡
50	1min 内人呼吸困难		

四、光化学烟雾

光化学烟雾是排入大气的 NO_x 和 HC 受太阳紫外线作用产生的一种具有刺激性的浅蓝色烟雾。它包含有臭氧(O_3)、醛类、硝酸酯类(PAN)等多种复杂化合物。这些化合物都是光化学反应生成的二次污染物。当遇到低温或不利于扩散的气象条件时,烟雾会积聚不散,造成大气污染事件。这种污染事件最早出现在美国洛杉矶,所以又称洛杉矶光化学烟雾。近年来,光化学烟雾不仅在美国出现,而且在日本的东京、大阪、川崎,澳大利亚的悉尼,意大利的热那亚和印度的孟买等许多汽车众多的城市也先后出现过。

在光化学反应中,O_3 约占85%以上。日光辐射强度是形成光化学烟雾的重要条件,因此每年夏季是光化学烟雾的高发季节;在一天中,下午 2 时前后是光化学烟雾达到峰值的时刻。在汽车排气污染严重的城市,大气中臭氧浓度的增高,可视为光化学烟雾形成的信号。

光化学烟雾对人体最突出的危害是刺激眼睛和上呼吸道黏膜,引起眼睛红肿和喉炎,这可能与产生的醛类等二次污染物的刺激有关。光化学烟雾对人体的另一些危害则与臭氧浓度有关。当大气中臭氧的浓度达到 200~1000$\mu g/m^3$ 时,会引起哮喘发作,导致上呼吸道疾病恶化,同时也刺激眼睛,使视觉敏感度和视力降低;浓度在 400~1600$\mu g/m^3$ 时,只要接触2h就会出现气管刺激症状,引起胸骨下疼痛和肺通透性降低,使机体缺氧;浓度再高,就会出现头痛,并使肺部气道变窄,出现肺气肿。接触时间过长,还会损害中枢神经,导致思维紊乱或引起肺水肿等,如表1-6所示。臭氧还可引起潜在性的全身影响,如诱发淋巴细胞染色体畸变、损害酶的活性和溶血反应,影响甲状腺功能、使骨骼早期钙化等。所以我们必须采取一系列综合性的措施来预防和减轻光化学烟雾给人类造成的损害。

不同浓度 O_3 对人体健康的影响   表 1-6

O_3 的浓度(10^{-6})	对人体健康的影响	O_3 的浓度(10^{-6})	对人体健康的影响
0.02	开始闻到臭味	1	1 h 会引起气喘,2h 会引起头痛
0.2	1h 闻到臭味	5 ~ 10	全身痛,麻痹引起肺气肿
0.2 ~ 0.5	3 ~ 6h 视力下降	50	30min 即死亡

五、微粒

微粒对人体健康的影响,取决于微粒的浓度和其在空气中暴露的时间。研究数据表明,因上呼吸道感染、心脏病、支气管炎、气喘、肺炎、肺气肿等疾病到医院就诊人数的增加与大气中微粒物浓度的增加是相关的。

微粒的粒径大小是危害人体健康的另一重要因素,它主要表现在两个方面:

(1)粒径越小,越不易沉积,长期漂浮在大气中,容易被吸入体内,而且容易深入肺部。一般粒径在 $100\mu m$ 以上的微粒,会很快在大气中沉降;$10\mu m$ 以上的尘粒,可以滞留在呼吸道中;$5 \sim 10\mu m$ 的尘粒,大部分会在呼吸道沉积,被分泌的黏液吸附,可以随痰排出;小于 $5\mu m$ 的微粒能深入肺部;$0.01 \sim 0.1\mu m$ 的尘粒,50% 以上将沉积在肺腔中,引起各种尘肺病。例如,近些年引起公众广泛关注的 PM2.5 就对人类的生理造成危害,有可能增加肺癌、心血管病、呼吸道疾病、基因突变等情况发生的概率。

(2)粒径越小,粉尘比表面积越大,物理、化学活性越高,加剧了生理效应的发生和发展。此外,微粒的表面可以吸附空气中的各种有害气体及其他污染物,而成为它们的载体,如可以承载强致癌物质苯并芘及细菌等。

不难看出,汽车尾气中的污染物确实给人类生存环境带来了严重威胁。我们不仅要认清其危害性,更要采取科学的方法来逐步改善汽车排放性能,使其日臻完善。

第三节 汽车排放控制技术的发展过程

人们在逐渐了解了汽车排放物的危害后,就不断地探索新的方法来改善汽车排放性能。其中美国、欧洲和日本等地区最早还建立了严格的排放法规,这更加促使了相关技术的革新。下面介绍机动车排放控制技术发展的历程,如表 1-7 和表 1-8 所示。

我国对汽车尾气排放控制的研究起步较晚,与发达国家的差距较大。其开发和使用的各项技术对我们的研究有一定参考价值。但是,我们还是要根据自己的国情,从实际出发,综合考虑经济性、燃油质量、环保要求等多种因素来制定和实现我们的控制目标。

汽油车排放控制技术发展   表 1-7

年 份	技 术 措 施
1960—1968	曲轴箱强制通风系统(PCV),安装了控制燃烧系统(CCS)降低空燃比,安装空气喷射反应器系统(AIR)促进废气中的 HC 和 CO 燃烧
1969—1973	安装变速器控制火花塞系统(TCS)以延迟点火时间,安装废气再循环系统(EGR)以降低燃烧室温度,控制 NO_x 排放
1974—1979	安装活性炭罐控制燃油蒸发,改进化油器,无触点点火,使用并改进催化剂,采用高能点火系统,使用无铅汽油,安装催化转化器,安装燃油蒸发控制系统

年　份	技　术　措　施
1980—1983	反馈(闭环)系统,进一步改进化油器和催化剂,改进发动机,挥发性排放物控制,采用电控汽油喷射技术和三效催化转化器
1984—1993	完善发动机技术,改变燃料成分和开发清洁燃料,电子控制,燃油喷射,催化剂和EGR的进一步改进,开发电控点火系统和新型燃烧系统
1994至今	进一步改进发动机、控制装置、供油、电预热催化剂和EGR,改进挥发性排放物控制,车载诊断(OBD),开始实施低排放和零排放计划,研究和采用汽油机颗粒捕集器

柴油车排放控制技术发展　　　　　　　　　　表 1-8

年　份	技　术　措　施
1960—1978	曲轴箱强制通风系统(PCV),优化燃烧室设计,改进喷油规律,改进燃油分配、控制,采用增压中冷技术
1979—1984	改进发动机,采用部分电子控制,改进燃料组分和性质提高燃油品质,优化进排气系统,采用可变进气涡流、多气门技术
1985—1993	改进燃烧方式和燃烧过程,改进发动机电控系统,采用废气涡轮增压系统和直喷式燃烧系统,改变燃料成分,部分采用后处理
1994—2007	改进发动机及燃油分配与控制系统,采用高压共轨喷射技术、电控燃油喷射技术,进一步改进燃烧方式,采用均质压燃技术(HCCI),完善微粒捕集器(DPF)、选择性催化还原(SCR)和氧化催化(DOC)等后处理技术,开发生物柴油
2008至今	进一步改进发动机、电控装置、燃油分配系统,采用微粒氧化催化技术(POC),后处理复合净化系统,采用四效催化转化技术,开发清洁燃料

思 考 题

1-1　对汽车排放进行控制的意义是什么?

1-2　汽车排放污染物对人体主要有哪些危害?

1-3　随着我国汽车保有量的持续增加,你认为今后汽车排放控制的重点和难点在哪里?

第二章 汽车排放污染物的生成机理和影响因素

本章主要介绍汽车排放污染物 CO、HC、NO_x 和微粒的生成机理及其影响因素。

第一节 一 氧 化 碳

一、一氧化碳的生成机理

汽车排放污染物中一氧化碳（CO）的产生是由于燃油在汽缸中燃烧不充分所致，是氧气不足而生成的中间产物。

一般烃燃料的燃烧反应可经过以下过程：

$$C_mH_n + \frac{m}{2}O_2 \rightarrow mCO + \frac{n}{2}H_2 \tag{2-1}$$

燃气中的氧气足够时有：

$$2H_2 + O_2 \rightarrow 2H_2O \tag{2-2}$$

$$2CO + O_2 \rightarrow 2CO_2 \tag{2-3}$$

同时，CO 还与生成的水蒸气作用，生成氢和二氧化碳。

可见，如果燃气中的氧气量充足时，理论上燃料燃烧后不会存在 CO。但当氧气量不足时，就会有部分燃料不能完全燃烧而生成 CO。

在非分层燃烧的汽油机中，可燃混合气基本上是均匀的，其 CO 排放量几乎完全取决于可燃混合气的空燃比 α 或过量空气系数 ϕ_a。图 2-1 所示为 11 种 H/C 比值不同的燃料在汽油机中燃烧后，排气中 CO 的摩尔分数 x_{CO} 与 α 或 ϕ_a 的关系。

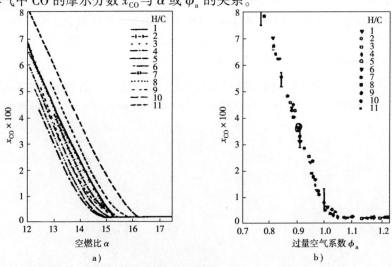

图 2-1　汽油机 CO 排放量 x_{CO} 与空燃比 α 及过量空气系数 ϕ_a 的关系

从图 2-1 可以看出,在浓混合气中($\phi_a < 1$),CO 的排放量随 ϕ_a 的减小而增加,这是因缺氧引起不完全燃烧所致。在稀混合气中($\phi_a > 1$),CO 的排放量都很小,只有在 $\phi_a = 1.0 \sim 1.1$ 时,CO 的排放量才随 ϕ_a 有较复杂的变化。

在膨胀和排气过程中,汽缸内压力和温度下降,CO 氧化成 CO_2 的过程不能用相应的平衡方程精确计算。受化学反应动力学影响,大约在 1100K 时,CO 浓度冻结。汽油机起动暖机和急加速、急减速时,CO 排放比较严重。

在柴油机的大部分运转工况下,其过量空气系数 ϕ_a 均为 $1.5 \sim 3$,故其 CO 排放量要比汽油机低得多,只有在大负荷接近冒烟界限($\phi_a = 1.2 \sim 1.3$)时,CO 的排放量才急剧增加。由于柴油机燃料与空气混合不均匀,其燃烧空间总有局部缺氧和低温的地方,再加之反应物燃烧区停留时间较短,不足以彻底完成燃烧过程而生成 CO 排放。这就可以解释图 2-2 在小负荷时,尽管 ϕ_a 很大,CO 排放量反而上升了。类似的情况也发生在柴油机起动后的暖机阶段和急速工况中。

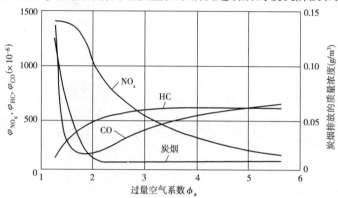

图 2-2 典型的车用直喷式柴油机排放污染物量与过量空气系数 ϕ_a 的关系

二、影响一氧化碳生成的因素

理论上当 α 在 14.7 以上时,排气中不存在 CO,而只生成 CO_2。实际上由于燃油和空气混合不均匀,在排气中还含有少量 CO。即使混合气混合的很均匀,由于燃烧后的温度很高,已经生成的 CO_2 也会一小部分分解成 CO 和 O_2,H_2O 也会部分分解成 O_2 和 H_2,由于生成的 H_2 也会使 CO_2 还原成 CO。所以,排气中总会有少量 CO 存在。可见,凡是影响空燃比的因素,即为影响 CO 生成的因素。

1. 进气温度的影响

一般情况下,冬天气温可达 $-20\,^\circ\!C$ 以下,夏天在 $30\,^\circ\!C$ 以上,爬坡时发动机罩内进气温度超过 $80\,^\circ\!C$。随着环境温度的上升,空气密度变小,而汽油的密度几乎不变,化油器供给的混合气的空燃比 α 随吸入空气温度的上升而变浓,排出的 CO 将增加。因此,冬天和夏天发动机排放情况有很大的不同。图 2-3 为一定运转条件下,进气温度与空燃比的关系,大致和绝对温度的方根成反比的理论相一致。

2. 大气压力的影响

大气压力 p 随海拔而变化,有经验公式如下:

$$p = p_0(1 - 0.02257h)^{5.256} \quad (\text{kPa}) \tag{2-4}$$

式中:h——海拔,km;

p_0——海平面大气压力,kPa。

当海平面 $p_0 = 100\text{kPa}$ 时,可作出海拔和大气压力变化关系的曲线,如图 2-4 所示。当忽略空气中饱和水蒸气压时,空气密度 ρ 可用下式表示:

$$\rho = 1.293 \frac{273p}{(273+T)760} \quad (\text{kg/m}^3) \tag{2-5}$$

式中:T——温度,℃。

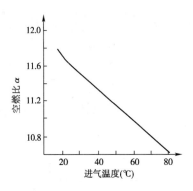

图 2-3　进气温度与空燃比的关系　　　　图 2-4　海拔与大气压力的关系

可以认为空气密度 ρ 与大气压力 p 成正比。从简单化油器理论可知,空燃比和空气密度的平方根成正比,所以进气管压力降低时,空气密度下降,则空燃比下降,CO 排放量将增大。

3. 进气管真空度的影响

当汽车急剧减速时,发动机真空度在 68kPa 以上时,停留在进气系统中的燃料,在高真空度下急剧蒸发而进入燃烧室,造成混合气瞬时过浓,致使燃烧状况恶化。CO 浓度将显著增加到怠速时的浓度。

4. 怠速转速的影响

图 2-5 表示了怠速转速和排气中 CO、HC 浓度的关系。怠速转速为 600r/min 时,CO 浓度为 1.4%;700r/min 时,降为 1% 左右,这说明提高怠速转速,可有效地降低排气中 CO 浓度。但是,怠速过高会加大挺杆响声,对液力变矩汽车,还可能发生溜车的危险。如果这些问题得到解决,一般从净化的观点,希望怠速转速规定高一点较好。

5. 发动机工况的影响

发动机负荷一定时,CO 的排放量随转速增加而降低,到一定的车速后,变化不大。图 2-6 为某汽油机负荷一定、匀速工况下 CO 浓度的变化。当车速增加时,CO 很快降低,至中速后变化不大。这是由于化油器供给发动机的空燃比随流量增加接近于理论空燃比的结果。

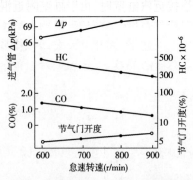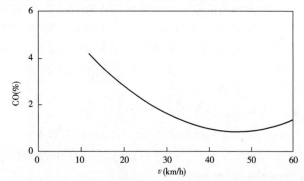

图 2-5　怠速转速对 CO 和 HC 排放的影响　　　　图 2-6　某汽油机等速工况排气成分实测结果

第二节　碳氢化合物

车用柴油机中的未燃碳氢化合物(HC)都是在缸内的燃烧过程中产生的。汽油发动机中未燃 HC 的生成与排放主要有以下 3 种途径。

(1)在汽缸内的燃烧过程中产生并随废气排出,此部分 HC 主要是燃烧过程中未燃烧或燃烧不完全的碳氢燃料。

(2)从燃烧室通过活塞组与汽缸之间的间隙漏入曲轴箱的窜气中含有大量未燃燃料,如果排入大气中也构成 HC 排放物。

(3)从汽油机的燃油系统蒸发的燃油蒸气。

一、碳氢化合物的生成机理

1. 车用汽油机未燃碳氢化合物的生成机理

车用发动机的 HC 排放物中有完全未燃烧的燃料,但更多的是燃料的不完全燃烧产物,还有小部分由润滑油不完全燃烧而生成。排气中未燃 HC 的成分十分复杂,其中有些是原来燃料中不含有的成分,这是部分氧化反应所致。表 2-1 列出了车用汽油机中未燃 HC 成分的大致比例。

车用汽油机排气中的未燃 HC 成分　　　　　　　　　表 2-1

催化装置安装情况	占总 HC 排放量的质量分数(%)			
	烷烃	烯烃	炔烃	芳香烃
未装催化装置	33	27	8	32
装有催化装置	57	15	2	16

车用发动机在正常运转情况下,HC 的生成区主要位于汽缸壁的四周处,故对整个汽缸容积来说是不均匀的,而且对排气过程而言,HC 的分布也是不均匀的。在发动机一个工作循环内,排气中 HC 的浓度出现两个峰值:一个出现在排气门刚打开时的先期排气阶段;另一个峰值出现在排气行程结束时。HC 的生成主要由火焰在壁面淬冷、狭隙效应、润滑油膜的吸附和解吸、燃烧室内沉积物的影响、体积淬熄及 HC 的后期氧化所致。下面主要针对汽油机分别进行讨论,但除了狭隙效应外,其余的均适用于柴油机。

1)火焰在壁面淬冷

火焰淬冷的形成方式有单壁淬冷和双壁淬冷,前者当火焰接近汽缸壁时,由于缸壁附近混合气温度较低,使汽缸壁面上薄薄的边界层内的温度降低到混合气自燃温度以下,导致火焰熄灭,边界层内的混合气未燃烧或未燃烧完全就直接进入排气而形成未燃 HC,此边界层称为淬熄层,发动机正常运转时,其厚度在 0.05～0.4mm 变动,在小负荷时或温度较低时淬熄层较厚;后者是在活塞顶部和汽缸壁所组成的很小的环形间隙中,火焰传不进去,使其中的混合气不能燃烧,在膨胀过程中逸出形成 HC 排放。

在正常运转工况下,淬熄层中的未燃 HC 在火焰前锋面掠过后,大部分会向燃烧室中心扩散并完成氧化反应,使未燃 HC 的浓度大大降低。但在发动机冷起动、暖机和怠速等工况下,因燃烧室壁面温度较低,形成的淬熄层较厚,同时已燃气体温度较低及混合气较浓,使后期氧化作用较弱,因此壁面火焰淬熄是此类工况下未燃 HC 的重要来源。

2）狭隙效应

在车用发动机的燃烧室内有如图 2-7 所示的各种狭窄的间隙,如活塞组与汽缸壁之间的间隙、火花塞中心电极与绝缘子根部周围狭窄空间和火花塞螺纹之间的间隙、进排气门与气门座面形成的密封带狭缝、汽缸盖垫片处的间隙等。当间隙小到一定程度,火焰不能进入便会产生未燃 HC。

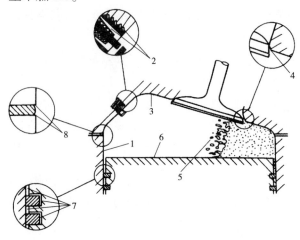

图 2-7　汽油机燃烧室内未燃 HC 的可能来源
1-润滑油膜的吸附及解吸;2-火花塞附近的狭隙和死区;3-冷激层;4-气门座死区;5-火焰熄灭(如混合气太稀、湍流太强);6-沉积物的吸附和解吸;7-活塞环和环岸死区;8-汽缸盖衬垫缸孔死区

在压缩过程中,缸内压力上升,未燃混合气挤入各间隙中。这些间隙的容积很小但具有很大的面容比,进入其中的未燃混合气因传热而使温度下降。在燃烧过程中压力继续上升,又有一部分未燃混合气进入各间隙。当火焰到达间隙处时,火焰有可能传入使间隙内的混合气得到全部或部分燃烧(在入口较大时),但也有可能火焰因淬冷而熄灭,使间隙中的混合气不能燃烧。随着膨胀过程开始,汽缸内压力不断下降。大约从压缩上止点后 15℃A 开始,间隙内气体返回汽缸内,这时汽缸内温度已下降,氧的浓度也很低,流回汽缸的可燃气再氧化的比例不大,一半以上的未燃 HC 直接排出汽缸。狭隙效应产生的 HC 排放可占其总量的 50% ~70% 。

3）润滑油膜对燃油蒸气的吸附与解吸

在进气过程中,汽缸壁面和活塞顶面上的润滑油膜溶解和吸收了进入汽缸的可燃混合气中的 HC 蒸气,直至达到其环境压力下的饱和状态,这种溶解和吸收过程在压缩和燃烧过程中的较高压力下继续进行。在燃烧过程中,当燃烧室燃气中的 HC 浓度由于燃烧而下降至很低时,油膜中的 HC 开始向已燃燃气解吸,此过程将持续到膨胀和排气过程。一部分解吸的燃油蒸气与高温的燃烧产物混合并被氧化;其余部分与较低温度的燃气混合,因不能氧化而成为 HC 排放源。这种类型的 HC 排放与燃油在润滑油中的溶解度成正比。使用不同的燃料和润滑油,对 HC 排放的影响不同,使用气体燃料则不会生成这种类型的 HC。润滑油温度升高,使燃油在其中的溶解度下降,于是降低了润滑油在 HC 排放中所占的比例。由润滑油膜吸附和解吸机理产生的未燃 HC 排放占其总量的 25% 左右。

4）燃烧室内沉积物的影响

发动机运转一段时间后,会在燃烧室壁面、活塞顶、进排气门上形成沉积物,从而使 HC 排放增加。对使用含铅汽油的发动机,HC 排放可增加 7% ~20%。沉积物的作用机理可用其对可燃混合气的吸附和解吸作用来解释,当然,由于沉积物的多孔性和固液多相性,其生成机理更为复杂。当沉积物沉积于间隙中,由于间隙容积的减少,可能使由于狭隙效应而生成的 HC 排放量下降,但同时又由于间隙尺寸减小而可能使 HC 排放量增加。这种机理所生成的 HC 占总排放量的 10% 左右。

5）体积淬熄

发动机在某些工况下,火焰前锋面到达燃烧室壁面之前,由于燃烧室压力和温度下降太

12

快,可能使火焰熄灭,称为体积淬熄,这也是产生未燃 HC 的一个原因。发动机在冷起动和暖机工况下,由于其温度较低,混合气不够均匀,导致燃烧变慢或不稳定,火焰易熄灭;发动机在急速或小负荷工况下,转速低,相对残余废气量大,使滞燃期延长,燃烧恶化,也易引起熄火。更为极端的情况是发动机的某些汽缸缺火,使未燃烧的可燃混合气直接排入排气管,造成未燃 HC 排放急剧增加,故汽油机点火系统的工作可靠性对 HC 排放是至关重要的。

6)碳氢化合物的后期氧化

在发动机燃烧过程中未燃烧的 HC,在以后的膨胀和排气过程中不断从间隙容积、润滑油膜、沉积物和淬熄层中释放出来,重新扩散到高温的燃烧产物中被全部或部分氧化,称为 HC 的后期氧化。其主要包括:

(1)汽缸内未燃 HC 的后期氧化:在排气门开启前,汽缸内的燃烧温度一般超过 950℃。若此时汽缸内有氧可供后期氧化(例如当过量空气系数 $\phi_a>1$ 时),HC 的氧化将很容易进行。

(2)排气管内未燃 HC 的氧化:排气门开启后,缸内未被氧化的 HC 将随排气一同排入排气管,并在排气管内继续氧化。其氧化条件为:

①管内有足够的氧气;

②排气温度高于 600℃;

③停留时间大于 50ms。

2. 车用柴油机未燃碳氢化合物的生成机理

汽油机未燃 HC 的生成机理也适用于柴油机,但由于两者的燃烧方式和所用燃料的不同,所以柴油机的 HC 排放物有其自身的特点:柴油中的 HC 比汽油中的 HC 沸点要高、分子量大,柴油机的燃烧方式使油束中燃油的热解作用难以避免,故柴油机排气中未燃或部分氧化的 HC 成分比汽油机的复杂。柴油机的燃料以高压喷入燃烧室后,直接在缸内形成可燃混合气并很快燃烧,燃料在汽缸内停留的时间较短,生成 HC 的相对时间也短,故其 HC 排放量比汽油机少。

二、影响碳氢化合物生成的因素

未燃 HC 排放主要是由于缸内混合气过浓、过稀或局部混合不均匀引起燃烧不完全而导致的,造成燃烧不完全的因素大致有混合气的质量、发动机的运行条件、燃烧室结构参数及点火与配气正时等。

1. 混合气质量的影响

混合气质量的优劣主要体现在燃油的雾化蒸发程度、混合气的均匀性、空燃比和缸内残余废气系数的大小等方面。混合气的均匀性越差,则 HC 排放越多。当空燃比略大于理论空燃比时,HC 有最小值;混合气过浓或过稀均会发生不完全燃烧,废气相对过多则会使火焰中心的形成与火焰的传播受阻甚至出现断火,致使 HC 排放量增加。

2. 运行条件的影响

1)汽油机运行条件的影响

(1)负荷的影响:发动机试验结果表明,当空燃比和转速保持不变,并按最大功率调节点火时刻时,改变发动机负荷,对 HC 的相对排放浓度几乎没有影响。但当负荷增加时,HC 排放量绝对值将随废气流量变大而几乎呈线性增加。

(2)转速的影响:发动机转速对 HC 排放浓度的影响非常明显。转速较高时,HC 排放浓度明显下降,这是由于汽缸内混合气的扰流混合、涡流扩散及排气扰流、混合程度的增加改善了汽缸内的燃烧过程、促进了激冷层的后氧化,后者则促进了排气管内的氧化反应。

（3）点火时刻的影响：点火时刻对 HC 排放浓度的影响体现在点火提前角上。点火延迟（点火提前角减小）可使 HC 排放量下降，这是由于点火延迟使混合气燃烧时的激冷壁面面积减小，同时使排气温度增高，促进了 HC 在排气管内的氧化。但采用推迟点火，靠牺牲燃油经济性来降低 HC 排放是得不偿失的。因此，点火延迟要适当。

（4）壁温的影响：燃烧室的壁温直接影响了激冷层厚度和 HC 的排放后反应。据研究，壁面温度每升高 $1℃$，HC 排放浓度相应降低 $0.63 \times 10^{-6} \sim 1.04 \times 10^{-6}$，因此提高冷却介质温度有利于减弱壁面激冷效应，降低 HC 排放量。

（5）燃烧室面容比的影响：燃烧室面容比大，单位容积的激冷面积也随之增大，激冷层中的未燃烃总量必然也增大。因此，降低燃烧室面容比是降低汽油机 HC 排放的一项重要措施。

2）柴油机运行条件的影响

（1）喷油时刻的影响：柴油机喷油时刻（喷油提前角）决定了汽缸内的温度。喷油提前角 θ 增大，缸内温度较高，可使 HC 排放量下降。在一台自然吸气式直喷柴油机上进行的试验表明：在 13 工况下，当 θ 偏离最佳值时，缸内温度及反应区的气体环境均发生变化。θ 平均减小 $1℃A$，HC 的体积分数平均增加 8.97%；θ 平均增加 $1℃A$，HC 的体积分数平均下降 1.97%。

（2）喷油嘴喷孔面积的影响：当循环喷油量及喷油压力不变时，改变喷孔面积不仅改变了喷油时间的长短，而且同时改变了油雾颗粒大小和射程的远近，即影响油气混合的质量，必将导致 HC 排放量的变化。试验结果表明：在 13 工况下，以喷孔直径为 0.23mm 的四孔喷油嘴的喷孔面积为基础，当面积减小 1% 时，HC 的体积分数相应减小 1.23%；当面积增加 1% 时，HC 的体积分数相应增大 7.71%。这说明喷孔面积加大时，雾化和混合质量变差，HC 排放量增加幅度较大；反之，燃烧得到改善，HC 排放量有所降低，但幅度较小。

（3）冷却液进口温度的影响：冷却液温度相对降低，将导致汽缸内温度降低，HC 排放量会相对增加。试验表明：以冷却液进口温度 $75℃$ 为参照，当进口温度下降到 $65℃$ 时，13 工况下的 HC 体积分数平均增加 37.21%。

（4）进气密度的影响：进入柴油机的空气密度降低，使缸内空气量减少，燃烧不完善，HC 排放量一般会增加。试验表明：进气压力在 0.0967 ~ 0.0947MPa 的变化范围内，空气密度每下降 1%，13 工况下的 HC 平均增加量为 0.99%。

第三节　氮氧化物

一、氮氧化物的生成机理

车用发动机排气中的氮氧化物（NO_x）包含 NO 和 NO_2（其中大部分是 NO），它们是 N_2 在燃烧高温下的产物。

1. NO 的生成机理

从大气中的 N_2 生成 NO 的化学机理是扩展的泽尔多维奇（Zeldovitch）机理。在化学计量混合比（$\phi_a = 1$）附近导致生成 NO 和使其消失的主要反应式为：

$$O_2 \rightarrow 2O \tag{2-6}$$

$$O + N_2 \rightarrow NO + O \tag{2-7}$$

$$N + O_2 \rightarrow NO + O \tag{2-8}$$

$$N + OH \rightarrow NO + H \tag{2-9}$$

反应式(2-9)主要发生在非常浓的混合气中,NO在火焰的前锋面和离开火焰的已燃气体中生成。汽油机的燃烧在高压下进行,并且燃烧过程进行得很快,反应层很薄(约0.1mm),且反应时间很短。早期燃烧产物受到压缩而温度上升,使得已燃气体温度高于刚结束燃烧的火焰带的温度,因此除了混合气很稀的区域外,大部分NO在离开火焰带的已燃气体中产生,只有很少部分NO产生在火焰带中。也就是说,燃烧和NO的产生是彼此分离的,应主要考虑已燃气体中NO的生成。

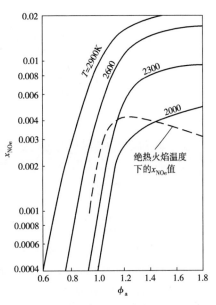

图2-8　NO的平衡摩尔分数 x_{NOe} 与过量空气系数 ϕ_a 的关系

NO的生成主要与温度和过量空气系数有关。图2-8表示正辛烷与空气的均匀混合气在4MPa压力下等压燃烧时,计算得到的燃烧生成的NO平衡摩尔分数 x_{NOe} 与温度 T 及过量空气系数 ϕ_a 的关系。在 $\phi_a>1$ 的稀混合气区, x_{NOe} 随温度的升高而迅速增大;在一定的温度下, x_{NOe} 随混合气的加浓而减少。当 $\phi_a<1$ 以后,由于氧不足, x_{NOe} 随 ϕ_a 的减小而急剧下降。因此可以得出以下结论:在稀混合气区NO的生成主要是温度起作用;在浓混合气区NO的生成主要是氧浓度起作用。

图2-8中的虚线表示对应绝热火焰温度下的NO平衡摩尔分数。绝热温度指混合气燃烧后释放的全部热量减去因自身加热和组成变化所消耗的热量而达到的温度。它是过程中可能达到的最高燃烧温度。一般情况下,绝热火焰温度在稍浓混合气(ϕ_a 略小于1)时达到最高值,但由于此时缺氧,故NO排放值不是最高,所以 x_{NOe} 最大值出现在稍稀的混合气中(ϕ_a 稍大于1)中。若混合气过稀,火焰温度大大下降,使NO排放降低。

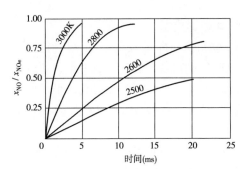

图2-9　温度对总量化学反应 $N_2 + O_2 \rightarrow 2NO$ 进展快慢的影响(过量空气系数 $\phi_a = 1.1$,压力为10MPa)

生成NO的过程中,达到NO的平衡摩尔分数需要较长时间。图2-9表示在不同温度下NO生成的总量化学反应式 $N_2 + O_2 \rightarrow 2NO$ 的进展快慢,用NO摩尔分数的瞬时值 x_{NO} 与其平衡值 x_{NOe} 之比表示。反应温度越低,则达到平衡摩尔分数所需时间越长,并且NO的生成反应比发动机中的燃烧反应慢。可见温度越高、氧浓度越高、反应时间越长,NO的生成量越多。所以,对NO的主要控制方法就是降低最高燃烧温度。发动机在运转中因为燃烧经历时间极短(只有几毫秒),温度的上升和下降都很迅速,故NO的生成不能达到平衡状态,且分解所需的时间也不足,所以在膨胀过程初期反应就冻结,使NO以不平衡状态时的浓度被排出。从燃料燃烧过程看,最初燃烧部分(火花塞附近)产生的NO约占其最大浓度的50%(其中有相当部分后来被分解);随后燃烧的部分所产生的NO浓度很小且几乎不再分解,因此NO的排放不能按平衡浓度的方法计算,只能由局部的燃烧温度及其持续时间决定。

2. NO_2 的生成机理

汽油机排气中的 NO_2 浓度与NO的浓度相比可忽略不计,但在柴油机中 NO_2 可占到排气

中总 NO_x 的 10% ~30%。目前对于 NO_2 生成机理的研究还不透彻,大致上认为 NO 在火焰区可以迅速转变成 NO_2,反应机理如下:

$$NO + HO_2 \rightarrow NO_2 + OH \qquad (2\text{-}10)$$

然后 NO_2 又通过下述反应式转变为 NO:

$$NO_2 + O \rightarrow NO + O_2 \qquad (2\text{-}11)$$

只有在 NO_2 生成后,火焰被冷的空气所激冷,NO_2 才能保存下来,因此汽油机长期怠速会产生大量 NO_2。柴油机在小负荷运转时,燃烧室中存在很多低温区域,可以抑制 NO_2 向 NO 的再转化而使 NO_2 的浓度增大。NO_2 也会在低速下在排气管中生成,因为此时排气在有氧条件下停留较长时间。

二、影响氮氧化物生成的因素

1. 影响汽油机氮氧化物排放的因素

1)过量空气系数和燃烧室温度的影响

由于过量空气系数 ϕ_a 直接影响燃烧时的气体温度和可利用的氧浓度,所以对 NO_x 生成的影响是很大的。当 ϕ_a 小于 1 时,由于缺氧,即使燃烧室内温度很高,NO_x 的生成量仍会随着 ϕ_a 的降低而降低,此时氧浓度起着决定性作用;但当 ϕ_a 大于 1 时,NO_x 生成量随温度升高而迅速增大,此时温度起着决定性作用。由于燃烧室的最高温度通常出现在 $\phi_a \approx 1.1$,且此时也有适量的氧浓度,故 NO_x 排放浓度出现峰值。如果 ϕ_a 进一步增大,温度下降的作用占优势,则导致 NO 生成量减少。

2)残余废气分数的影响

汽油机中燃烧室内的混合气由空气、已蒸发的燃油蒸气和已燃气组成,后者是前一工作循环留下的残余废气,或由废气再循环系统(EGR)中从排气管回流到进气管并进入汽缸的燃烧废气。残余废气分数 x_i 定义为:缸内残余废气质量 m_i 与进气终了汽缸内充量质量 m_c 之比:

$$x_i = m_i - m_c \qquad (2\text{-}12)$$

式中:$m_c = m_e + m_i + m_r$,m_e 和 m_r 分别为进入汽缸的空气和燃油质量。

残余废气分数主要取决于发动机负荷和转速。减小发动机负荷即减小节气门开度和提高转速,均加大了进气阻力,使残余废气分数增大。压缩比较高的发动机残余废气分数较小。通过废气再循环可大大增加汽缸中的残余废气分数。当可燃混合气中废气分数增大时,既减小了可燃气体的发热量又增大了混合气的比热容,都使最高燃烧温度下降,从而使 NO 排放降低。

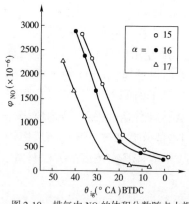

图 2-10　排气中 NO 的体积分数随点火提前角的变化趋势

3)点火时刻的影响

由于点火时刻对燃烧室内温度和压力有明显影响,因此其对 NO 生成的影响也很大。图 2-10 表示了三种空燃比下排气中 NO 的体积分数随点火提前角 θ_{ig} 的变化趋势。随着 θ_{ig} 的减小,NO 排放量不断下降;当 θ_{ig} 值很小时,下降速率趋缓。

增大点火提前角使较大部分燃料在压缩上止点前燃烧,增大了最高燃烧压力值,从而导致较高的燃烧温度,并使已燃气体在高温下停留的时间较长,这两个因素都将导致 NO 排放量增大。因此,延迟点火和使用比理论混合气较浓或较稀的混合气都能使 NO 排放降低,但同时也会导致发动机热效率降低,严重影响发动机经济性、动力性和运转稳定性,因此应慎重对待。

2. 影响柴油机氮氧化物排放的因素

柴油机与汽油机的主要差别之一在于燃油是在燃烧刚要开始前才喷入燃烧室的,燃烧期间燃油分布不均匀,引起已燃气体中温度和成分不均匀。前文所述的影响汽油机 NO_x 排放的大部分因素也适用于柴油机。

与汽油机一样,柴油机汽缸内达到的最高燃烧温度也有控制 NO 生成的作用。在燃烧过程中最先燃烧的混合气量(紧接着滞燃期的预混合燃烧)对 NO 的生成量有很大影响。因为这部分混合气在随后的压缩过程中由于被压缩,使温度升到较高值,从而导致 NO 生成量的增加。然后这些燃气在膨胀过程中膨胀并与空气或温度较低的燃气混合,冻结已生成的 NO。因此,在燃烧室中存在温度较低的空气是压燃式发动机的第二个独特之处。这也就是柴油机中 NO 成分的冻结发生得比汽油机早以及 NO 的分解倾向较小的原因。

1) 喷油定时的影响

图 2-11 表示现代车用柴油机的喷油定时在从压缩上止点前 8°CA 至压缩上止点后 4°CA 范围内变化时,柴油机性能和排放的相对变化趋势。试验表明,柴油机汽缸内 NO 生成率大约从燃烧开始后 20°CA 内达到最大值,其数值大小大致与预混合燃烧期内燃烧的混合气数量成正比。喷油提前角减小,使燃烧推迟,燃烧温度较低,生成的 NO_x 较少。这种推迟喷油的方法是降低柴油机 NO_x 排放的最简单易行且有效的方法,但会使燃油消耗率略有提高。

2) 放热规律的影响

图 2-12 表示柴油机燃烧放热规律的两种模式:传统放热规律模式(虚线)和低排放放热规律模式(实线)。图 2-12 中 x_e 为燃料已燃质量分数,$dx_e/d\theta$ 为放热率。传统模式在压缩上止点前即由于不可控预混合燃烧而出现一个很高的放热率尖峰,接着是由于扩散燃烧造成的一个平缓的放热率峰。前者导致生成大量 NO;而后者(缓慢拖拉的燃烧)导致柴油机热效率恶化,微粒排放增加。低排放放热模式一般都在上止点后开始放热,第一峰值较低,使 NO_x 生成较少;中期扩散燃烧尽可能加速,使燃烧过程提前结束,不仅提高热效率,也能降低微粒排放。

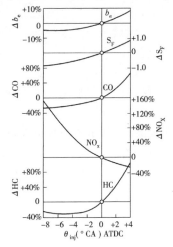

图 2-11 车用柴油机燃油消耗率 b_e、烟度 S_F、气体排放 CO、NO_x、HC 随喷油提前角 θ_{inj} 的变化

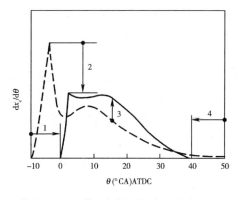

图 2-12 传统柴油机的典型放热规律(虚线)与低排放柴油机的优化放热规律(实线)

1-推迟燃烧始点,降低 NO_x 排放;2-降低初始燃烧温度减少 NO_x 生成;3-维持中期快速燃烧和燃烧温度,降低微粒排放;4-缩短扩散燃烧期,降低燃料消耗率、排气温度和微粒排放

3)负荷与转速的影响

柴油机的 NO_x 排放与负荷和转速的关系如图2-13所示。NO_x 排放随负荷增大而显著增加,这是因为随负荷增大可燃混合气的平均空燃比减小,使燃烧压力和温度提高所致。但当负荷超过某一限度时,NO_x 的摩尔分数反而下降,这是因为燃烧室中氧相对缺少而导致燃烧恶化,温度提高的效果被氧含量的相对减少所抵消,甚至有余。此情形在超负荷运转时更为明显。

柴油机转速对 NO_x 排放的影响比负荷的影响小。对非增压柴油机,一般最大转矩转速下的 NO_x 体积分数大于标定转速下的值,其原因主要在于低转速下,NO_x 生成反应占有较多的时间。

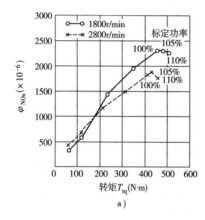 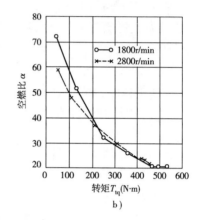

图2-13　柴油机不同负荷下的 NO_x 排放和对应的空燃比

(直喷式自然吸气车用柴油机,$\varepsilon_c = 16.5$)

第四节　微　粒

一、微粒的生成机理

1.汽油机微粒的生成机理

汽油机中的排气微粒有三种来源:含铅汽油中的铅、有机微粒(包括炭烟)、来自汽油中的硫所产生的硫酸盐。

车用汽油机用含铅量 $0.15g/L$ 的含铅汽油运转时,微粒排放量为 $100 \sim 150mg/km$,其主要成分为铅化合物,铅质量分数占 $25\% \sim 60\%$,微粒尺寸分布为 80% 的直径小于 $0.2\mu m$。这种微粒是由排气中的铅盐冷凝生成的。因此,以质量计的排放量在发动机冷起动时较高。目前,由于含铅汽油的淘汰及贵金属三效催化剂的应用,铅微粒当然也不再排放。

硫酸盐排放主要涉及排气系统中有氧化催化剂的车用发动机。汽油中的硫在燃烧中转化为 SO_2,被排气系统中催化剂氧化成 SO_3 后,与水结合生成硫酸雾。因此,汽油机硫酸盐的排放量直接取决于汽油中的硫含量。

炭烟排放只在使用很浓的混合气时才会遇到,对调整良好的汽油机不是主要问题。此外,当发动机技术状态不良(例如汽缸活塞组严重磨损)而导致润滑油消耗很大时,会使排气冒蓝烟,这是未燃烧润滑油微粒构成的气溶胶。此时发动机性能明显恶化,需立即检修。

2. 柴油机微粒的生成机理

1) 排气微粒的组成与特征

柴油机排气微粒由很多原生微球的聚集体而成,总体结构为团絮状或链状。柴油机排气微粒的组成取决于柴油机的运转工况,尤其是排气温度。当排气温度超过500℃时,排气微粒基本上是很多碳质微球的聚集体,称为炭烟,也称为烟粒(DS);当排气温度低于500℃时(柴油机的绝大部分工况),烟粒会吸附和凝聚多种有机物,称为有机可溶成分(SOF)。这些有机物在一定温度下可以挥发,而且绝大部分能溶解于一定的有机溶剂中。它在微粒中的含量变化范围很广,可从10%~90%,其含量决定于燃油性质、发动机类型及运转工况。如果沿柴油机的排气管道测试取样,可发现微粒粒度不断增大,且由于排气中的有机化合物不断吸附冷凝在微粒上,使排气中SOF含量增加。

柴油机微粒排放包括我们平日所说的白烟、蓝烟、黑烟。其中白烟、蓝烟中有较高的H/C值,其主要成分为未燃的燃料微粒,蓝烟中还有窜入燃烧室的润滑油成分。白烟微粒直径在1.3μm左右,通常在冷起动和怠速工况时发生,改善起动性能后则减少,暖机后则消失。蓝烟微粒直径较小,在0.4μm左右,通常在柴油机未完全预热或低温、小负荷时发生,在发动机正常运转后消失。白烟与蓝烟并无本质区别,只是由于微粒大小不同,使光照显色有异。

黑烟也就是炭烟,通常在大负荷时发生,具有较低的H/C值,烟中含有密度大、颗粒细微的碳粒子,其最小单元为片晶。片晶按一定方向随机排列聚结成碳晶粒子,其粒径大多在$(50~500) \times 10^{-4} \mu m$之间。在柴油机排气中碳晶粒子以球状凝结物形式出现,其直径由单粒的大约0.01μm到聚合物的10~30μm。

微粒中的SOF成分包括各种未燃碳氢化合物、含氧有机物(醛类、酮类、酯类、醚类、有机酸类等)和多环芳烃(PAH)及其含氧和含氮衍生物等。微粒的凝聚物中还包括少量无机物,如SO_2、NO_2和硫酸等,还有少量来自燃油和润滑油的钙、铁、硅、铬、锌、磷等元素的化合物。

排气微粒通常用溶液萃取等分析方法分成DS和SOF两部分。一般来说,SOF占PT质量的15%~30%。发动机负荷越小,SOF所占比例越大,这与温度的影响一致。由放射性元素示踪研究表明,炭烟中基本不含润滑油成分,后者全部进入SOF,在不同机型和不同工况下占SOF质量的15%~80%。燃油产生的物质有80%进入DS,20%进入SOF。

2) 烟粒的生成机理

柴油机排放的烟粒主要由燃油中的碳生成,并受燃油种类、燃油分子中的碳原子数及氢原子比的影响。虽然对微粒的生成机理已进行了大量的基础研究,但至今仍不很成熟。一般认为,柴油机炭烟也是不完全燃烧产物,是燃料在高温缺氧条件下经过裂解脱氢以后的产物。从高温裂解的观点出发,可以说炭烟微粒是在扩散火焰中燃油较浓的燃烧区形成的。

柴油机烟粒的生成和长大过程一般可分为两个阶段:

(1)烟粒生成阶段:这是一个诱导期,期间燃料分子经过其氧化中间产物或热解产物萌生凝聚相。在这些产物中有各种不饱和的烃类,特别是乙炔及其较高阶的同系物C_nH_{2n-2}和PAH,这类分子已被认为是火焰中形成炭烟粒子最可能的先兆物。这类粒子的生成有两种途径:其一,在高温(2000~3500K)富油缺氧区(如在扰流扩散火焰出现的喷注心部),已形成气相的燃油分子通过裂解和脱氢过程,经过核化形成先期产物;其二,在低于1500K的低温区(如燃烧室壁等非火焰区),则通过聚合和冷凝过程,缓慢产生较大分子量的物质,最后也生成炭烟微粒。

(2)烟粒长大阶段:包括表面生长和聚集两种形式。表面生长指烟粒表面粘住来自气相的物质使其质量增大,同时还发生脱氢反应,但不会改变烟粒数量。而聚集过程指通过碰撞使烟粒长大,烟粒数量减少,生成链状或团絮状的聚集物。在柴油机中,烟粒聚集过程常与烟粒在空气中的氧化过程同时发生,即在燃烧早期生成的炭烟微粒,在温度高于碳反应温度(约1000℃)的富氧区和扰流火焰出现的地方,在燃烧后期可能和氧混合而完全燃烧。

烟粒排放量取决于烟粒生成反应和氧化反应之间的平衡情况。对于烟粒的开始生成,可燃混合气的碳氧原子比是重要的影响因素。其当量反应式为(c、h、o分别表示 C、H、O 的原子数):

$$C_cH_h + 0.5oO_2 \rightarrow oCO + 0.5hH_2 + (c-o)C_s \tag{2-13}$$

式中,当 $c > o$,即 $c/o > 1$ 时,炭烟 $C_s > 0$,此时开始生成烟粒。

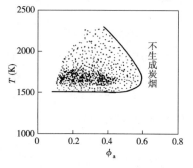

图 2-14 碳氢燃料燃烧时烟粒生成的温度 T 与过量空气系数 ϕ_a 的关系(区间内的密度,定性表示烟粒生成比例)

图 2-14 表示 HC 在燃烧器条件下,预混合火焰中生成烟粒的温度和过量空气系数 ϕ_a 的关系,组成柴油的各种烃类生成烟粒的条件基本上也在这个范围内。由图 2-14 可见,烟粒在极浓的混合气中生成,且为 1600 ~ 1700K 时,烟粒生成比例达到最大值。

图 2-15 则表示柴油机在燃烧中,生成烟粒和 NO_x 的温度与过量空气系数的关系,及柴油机压缩上止点附近各种浓度的混合气在燃烧前后的温度。由图 2-15 可见,$\phi_a < 0.5$ 的混合气燃烧后必定产生烟粒。图 2-15a) 的右上角是各种浓度的混合气在各种温度下燃烧 0.5ms 后 NO_x 的体积分数。要使柴油机燃烧后烟粒和 NO_x 都很少,ϕ_a 应为 0.6 ~ 0.9。实际燃烧区内当 $\phi_a > 0.9$ 时,NO_x 生成量增加;当 $\phi_a < 0.6$ 时,则烟粒生成量增加。

柴油机混合气在预混合燃烧中的各种典型状态的变化如图 2-15a) 上各箭头所示。在预混合燃烧中,由于燃油在空气中分布不均匀,既生成烟粒,也生成 NO_x,只有很少部分燃油形成 $\phi_a = 0.6 ~ 0.9$ 的混合气。所以,为降低柴油机排放,应缩短滞燃期和控制滞燃期内喷油量,使尽可能多的混合气的 ϕ_a 控制在 0.6 ~ 0.9。

柴油机扩散燃烧中混合气的状态变化,如图 2-15b) 中各箭头所示。变化路线上的数字表示燃油进入燃烧室时所直接接触的缸内混合气的 ϕ_a 值。可以看出,喷入 $\phi_a < 4$ 的混合气区内的燃油都会生成烟粒。在温度低于烟粒生成温度的过浓混合气中,将生成不完全燃烧的液态 HC。在扩散燃烧阶段,为减少生成的烟粒,应避免燃油与高温缺氧的燃气混合。强烈的气流运动和细微的燃油雾化,都有助于燃油与空气的混合均匀性、增大燃烧区的实际过量空气系数。喷油结束后,燃气与空气进一步混合,其状态变化趋势如图 2-15b) 中的虚线箭头所示。

(3)烟粒的氧化。在烟粒的整个生成过程中,不论是先兆物、晶核还是聚集物,都可能发生氧化。用专门的测试方法可测得,柴油机汽缸内的烟粒峰值浓度远远大于排放浓度,说明燃烧过程所生成的烟粒大部分已在排气过程开始前被氧化掉。在火焰中出现的多种化学物质,如 O_2、O、OH、CO_2、H_2O 等,可能参与烟粒的多相燃烧反应。在氧是重要氧化剂的稀混合气火焰中,由于大聚集物的破碎,烟粒的数目会增加;在 OH 基是主要氧化剂的浓混合气火焰中,OH 基以很高的反应活性起作用,而不会使聚集物破碎。由于烟粒的氧化为其表面的多相反应,因此聚集作用对氧化不利。氧化作用需要有一定的温度,至少在 700 ~ 800℃,故只能在燃烧过程和膨胀过程进行。在柴油机汽缸内高压条件下,烟粒的氧化速度很高。从开始氧化的

3ms 内,就可以氧化掉已生成炭烟总质量的 90% 以上。随后的氧化,则取决于炭烟与空气的混合速率,并随着膨胀过程逐渐缓慢下来。烟粒的多相氧化产物主要是 CO,而不是 CO_2。故排放的烟粒通常只占在燃烧室中所出现数量的很小比例(<10%)。

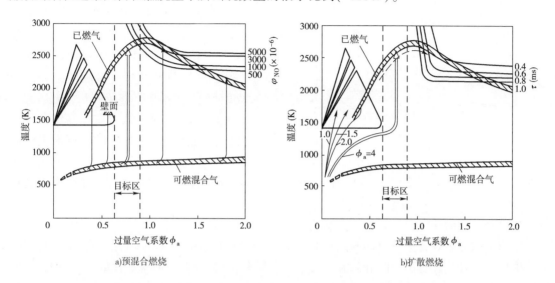

图 2-15　柴油机燃烧过程中生成烟粒和 NO_x 的温度与过量空气系数的关系以及典型燃料单元在燃烧过程中的状态变化

（4）SOF 的吸附与凝结。柴油机排气微粒生成过程的最后阶段,是组成 SOF 的重质有机化合物向烟粒聚集物的凝结与吸附,这个阶段主要发生在燃气从发动机排出并被空气稀释之时,通过吸附与凝结使烟粒表面覆盖 SOF。

吸附是未燃的 HC 或未完全燃烧的有机物分子通过化学键力或物理(范德华) 力黏附在炭烟粒子表面上。这个过程取决于烟粒具有的可吸附物质的总表面以及驱动吸附过程的吸附质的分压力。当排气的稀释比增大、温度下降时,烟粒表面活性吸附点的增加起主要作用,使 SOF 增加。但当温度下降过多时,吸附质分压力减小,SOF 下降。

凝结发生在烟粒周围的气体有机物的蒸气压力超过其饱和蒸气压时。增大稀释比会减小气体有机物的浓度,因而降低其蒸气压。此外,降低温度也会使饱和蒸气压降低。最容易凝结的是排气中的低挥发性的有机物,其来源为未燃燃油中的重馏分、已经热解但未燃烧的不完全燃烧有机物及窜入燃烧室的润滑油微粒。若柴油机排气中未解 HC 浓度高,则冷凝作用强烈。

二、影响微粒生成的因素

1. 负荷与转速的影响

图 2-16 为柴油机的微粒排放量与负荷和转速的关系。由图 2-16 可看出:在高速小负荷时,单位油耗的微粒排放量较大,且随负荷的增加,微粒排放量降低;而在低速大负荷时,微粒排放量又由于燃空比的增加而有所升高。

微粒排放量随负荷有这样的变化趋势,是由于小负荷时燃空比和温度均较低,汽缸内稀薄混合气区较大,且处于燃烧界限之外而不能燃烧,造成了冷凝聚合的有利条件,从而有较多微粒(主要成分是未燃燃油成分和部分氧化反应产物) 生成;在大负荷时,燃空比和温度均较高,造成了裂解和脱氢的有利条件,使微粒(主要成分是炭烟) 排放量又有了升高;在接近全负荷

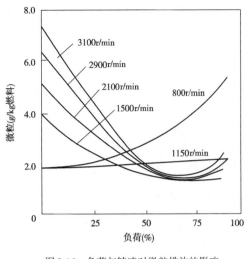

图2-16 负荷与转速对微粒排放的影响

时微粒排放急剧增加(接近冒烟界限),这时虽然总体过量空气系数尚大于1,但由于燃烧室内可燃混合气不均匀,局部会有过浓,导致烟粒大量生成。

微粒排放量与转速有如此变化关系,是由于在小负荷时温度低,以未燃油滴为主的微粒的氧化作用微弱。当转速升高时,这种氧化作用又受到时间因素的制约,故微粒排放量随转速升高而增加;在大负荷时,转速的升高有利于气流运动的加强,使燃烧速度加快,对炭烟微粒在高温条件下与空气混合氧化起促进作用,故以炭烟为主的微粒排放量随转速的升高而减小。如仅考虑炭烟排放,对车速适应性好的柴油机而言,其峰值浓度往往出现在低速大负荷区。

2. 燃料的影响

柴油中的芳香烃含量及柴油的馏程对柴油机的微粒排放有明显的影响。试验表明,燃油中芳香烃含量及馏程越高,在相同的试验条件下,微粒排放量越大;而烷烃含量越高,微粒排放量越少。

燃油的十六烷值对烟粒排放也有明显影响。试验表明,柴油机的排烟浓度随十六烷值的提高而增大。其原因可能是由于十六烷值较高的燃油稳定性较差,在燃烧过程中炭粒的生成速率较高所致。若从柴油的十六烷值对燃烧过程的影响考虑,则由于十六烷值高的燃油具有良好的发火性,其滞燃期短,参与预混合燃烧的燃油较少,大部分燃油以扩散燃烧的方式进行,故排烟浓度较大。然而,以降低十六烷来获得排烟的改善,会带来柴油机工作粗暴等严重后果。

3. 喷油参数的影响

1)喷油定时的影响

在直喷式柴油机中,当所有其他参数不变时,提前喷油或非常迟的喷油,可以降低排气烟度,如图2-17所示。

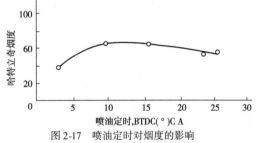

图2-17 喷油定时对烟度的影响

提前喷油使排烟下降的原因是:滞燃期随喷油提前角的加大而延长,因此使着火前的喷油量较多,燃烧温度较高,燃烧过程结束较早,从而使排气烟度下降。但喷油提前会使燃烧噪声和柴油机机械负荷与热负荷加大,还会引起NO_x排放量增加。

非常迟的喷油使排烟下降的原因是:这种喷油定时发生于最小滞燃期之后,由于扩散火焰大部分发生在膨胀过程中,火焰温度较低,使炭烟的生成速率降低。

2)喷油规律的影响

在喷油定时、喷油持续角、循环供油量、涡流比和发动机转速不变的条件下,直喷式柴油机的喷油规律对NO和炭烟排放的影响如图2-18所示。当大部分燃油在前半时间内喷入汽缸时,参与预混燃烧的油量增多,故排烟浓度低而NO浓度高;反之,当大部分燃油在后半时间喷入汽缸时,参与扩散燃烧的油量增多,故排烟浓度高而NO浓度低。

在提高初始喷油速率的前提下,如能减小喷油持续角,可使燃烧过程较快结束,以改善炭烟排放。

3）喷油嘴不正常喷射的影响

当喷油嘴由于针阀密封面漏油或针阀落座缓慢而造成滴漏，或针阀落座后再次升起而产生二次喷射时，燃油雾化和混合变差，对炭烟、未燃烃、CO 的排放及发动机运转均有不利影响。

4）喷油压力的影响

提高喷油压力，改善燃油雾化（减小油雾的平均直径），能促进燃油与空气的混合，改善油气混合的均匀性，从而减少烟粒的生成。试验证明，不论柴油机转速高低、负荷大小，烟粒排放均随最大喷油压力的提高而降低。应注意，在较高的转速和较大负荷（较大循环供油量）下，同样的喷油装置有较高的喷油压力。采用较高的喷油压力还可使柴油机具有较高的 EGR 耐力。如前所述，增大 EGR 率可降低 NO_x 排放，但也往往导致烟粒和 HC 排放上升。从图 2-19 可看出，当喷油压力 p_{inj} 从 42MPa 提高到 82MPa 时，烟粒（S_F）排放可下降一半以上，HC 下降 1/3 左右。

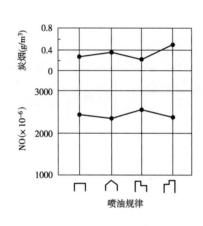

图 2-18　直喷式柴油机喷油规律对排放的影响（喷油提前角 17° BTDC；$n = 1250 r/min$；涡流比 3.5；喷油持续角 25°）

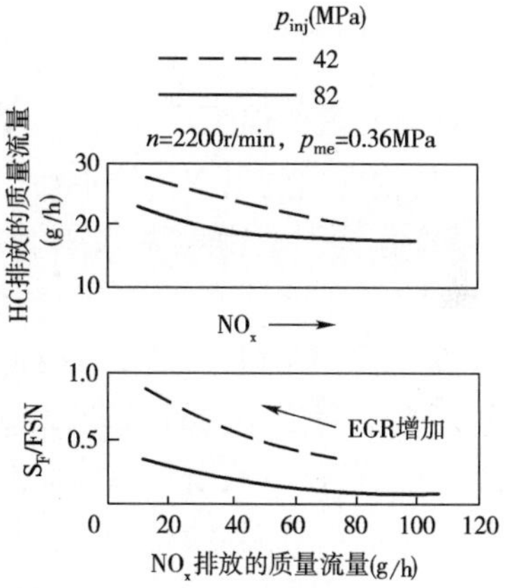

图 2-19　柴油机在不同喷油压力下通过 EGR 得出的烟度 S_F 和 HC 排放与 NO_x 排放的关系

4. 空气涡流的影响

适当增加空气涡流，可使油滴蒸发加快，空气卷入量增多，有利于改善混合气品质，以减少炭烟排放量。但是，对减少炭烟排放有利的涡流，不一定有利于减少其他微粒和有害物的排放。例如，当喷油率较低时，增大空气涡流会吹散较多的燃油，形成较宽的过稀不着火区，使未燃烃排放量增加。

5. 其他因素的影响

由于高温缺氧是造成炭烟生成量增加的重要原因，所以凡能提高充气效率以增大进气量的措施，都可以减少炭烟排放。适当提高燃烧室内的空气温度和壁温，可以改善燃料着火条件，减少微粒排放。

第五节　其他排放污染物

汽车排放污染物除主要的 CO、HC、NO_x 和微粒以外，还包括重金属污染物和硫氧化合物等。随着世界汽车工业的不断发展,汽车 CO_2 的排放量迅速增加,由 CO_2 引起的温室效应也更加引人关注。

一、重金属污染物的排放

汽车排放的重金属污染物主要包括铅、锌、铜、镉等,污染来源主要包括含铅汽油、润滑油的燃烧、汽车轮胎和制动系统的机械磨损等。随着国家大力发展电动汽车,电池中富含的汞等重金属污染问题也将会日益严重。

重金属可直接对环境中的大气、水、土壤造成污染,致使土壤肥力下降、资源退化、农作物产量和品质降低,且重金属在土壤中不易被淋滤,不能被微生物分解,有些重金属元素还可以在土壤中转化为毒性更大的甲基化合物。在遭受污染的土壤中种植农产品或是用遭受污染的地表水灌溉农产品,能使农产品吸收大量有毒、有害物质,由此形成土壤—植物—动物—人体之间的食物链,严重损害人类的身体健康。

二、二氧化碳的排放

随着汽车保有量的逐年增加,汽车尾气已经成为我国 CO_2 排放的"大户"。CO_2 对人体无害,但在导致气候变化的温室气体中却是最主要的成分。目前越来越多的国家和地区将 CO_2 同 HC、CO 一样作为污染物对待,并对其提出了明确的限值。

CO_2 能吸收红外辐射,在大气层里能捕获地球表面辐射出去的部分热量并使之逆辐射到地面,阻止地球表面夜间温度过低,这种类似温室的保温作用,称为"温室效应"。它对于维持地球目前的能量平衡是必要的,如果大气中的 CO_2 含量增加,吸收的热量随着增加,则地面辐射散失的热量随着减少,从而导致温度上升。

温室效应对地球可能造成多种危害,主要如下。

(1)人体健康:①温室效应直接导致部分地区夏天出现超高温,因为心脏病及引发的各种呼吸系统疾病,每年都会夺去很多人的生命;②温室效应导致臭氧浓度增加,低空中的臭氧是非常危险的污染物,会破坏人的肺部组织,引发哮喘或其他肺病;③温室效应造成某些传染性疾病的传播。

(2)海平面上升:①海平面上升可淹没一些低洼的沿海地区;②海平面的上升会使风暴潮强度加剧,频次增多,不仅危及沿海地区人民的生命财产,而且会使土地盐碱化;③海平面随时都在上升,海水内侵,造成农业减产,破坏生态环境。

(3)动植物的影响:气候是决定生物群落分布的主要因素,气候变化能改变一个地区不同物种的适应性并能改变生态系统内部不同种群的竞争力。

三、硫氧化合物的排放

汽车排气中的硫氧化合物的含量与燃料中的含硫量有关。一般来说,柴油机排放的硫氧化合物比汽油机排放的硫氧化合物多些。硫氧化合物对发动机使用的催化转化装置有破坏作用,即使少量的硫氧化合物堆积在催化剂表面,也会降低催化剂的使用寿命。硫氧化合物还极易与大气中的水蒸气结合生成酸雾,达到一定积聚量后便形成酸雨,使水土酸化,破坏植物的生长。

思　考　题

2-1　一氧化碳的生成机理和影响因素是什么？

2-2　碳氢化合物的生成机理和影响因素是什么？

2-3　氮氧化物和微粒的生成机理和影响因素是什么？二者有何区别？

第三章 汽车发动机的排放特性

本章主要介绍汽油机和柴油机的稳态和瞬态排放特性。叙述了汽油机和柴油机稳态条件下转速和负荷对各排放污染物浓度的影响及其起动、加减速等瞬态工况下的各排放污染物浓度变化的趋势,并分析了其产生的原因。

发动机排放污染物的浓度是随发动机的工况(负荷与转速)变化的,各种排气污染物(CO、HC 等)的排放量随发动机运转工况参数如转速 n、平均有效压力 p_{me} 等的变化规律,称为发动机的排放特性。在环保法规日益严格的今天,对发动机的排放要求越来越高,掌握了发动机的排放特性,对于我们按照低排放要求正确使用发动机有着重要的指导意义。根据发动机的排放特性,可以找出其运转时排放最严重的工况区,从而为低排放改造指出方向,以适应环保法规的要求。

第一节 发动机的稳态排放特性

一、汽油机的稳态排放特性

图 3-1、图 3-2 和图 3-3 分别为一台比较有代表性的排量为 2L 的 4 气门现代车用进气道电子喷射汽油机的 CO、HC 和 NO$_x$ 稳态排放特性图。各种排放均用比排放量(比排放量指每千瓦小时所排放出的污染物的质量)表示。实际上,发动机有害排放物对大气污染的程度,不仅取决于其排放浓度 x_i($\times 10^{-6}$),而且还取决于其质量排放量 G_i(g/h),二者之间的关系为:

$$G_i = V_g x_i \rho_i \times 10^{-3}$$

式中:V_g——排气容积流量,m³/h;

ρ_i——污染物的密度,kg/m³。

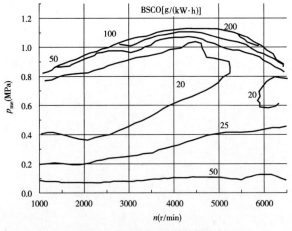

图 3-1 汽油机 CO 比排放特性

对于量调节的汽油机来说，其排气容积流量既与转速有关，也与负荷有关。因此，其污染物排放量的变化规律是不同于污染物浓度的。由图 3-1 可见，为了满足三效催化转化器高效率工作的要求，现代汽油机在常用的部分负荷区将过量空气系数 ϕ_a 控制在 1.0 左右，所以 CO 排放较低；而在负荷很小时，为了保证燃烧的稳定，混合气被适当的加浓，从而导致了 CO 排放略有上升。当工作负荷接近全负荷时，为了使发动机能发出较大的功率和转矩，混合气被显著加浓，从图 3-1 中可以看到，CO 比排放量 BSCO 开始急剧升高，而绝对排放浓度和质量则上升更快。

图 3-2 表示了车用汽油机未燃 HC 比排放特性的变化趋势。从图 3-2 中可见 HC 比排放特性的变化趋势和 CO 比较相似，中等负荷时比排放量较小，大负荷和小负荷时相对增加。但有两个不同之处：一是 HC 在全负荷时，其排放没有像 CO 那样显著增加，只是稍有增加，基本和中等负荷时保持同一水平；二是小负荷时，HC 比排放量 BSHC 随负荷的减小增加的程度更加明显。CO 和 HC 生成机理不同可以解释造成这两种情况的原因。在大负荷时采用过浓的混合气来提供更大的功率和转矩，这时氧气相对较少，燃料不可能完全氧化，从而生成大量的 CO，而 HC 的排放主要来自淬熄等多种因素，每循环绝对排放量的变化是不大的，当汽油机转速一定时，随着负荷增加，空燃比增大，混合气变稀，排气中 HC 比排放量下降。若进一步加大负荷，混合气变浓，特别是全负荷时排气中严重缺氧，未燃的 HC 无法完全氧化，其比排放量又会增加。在低速小负荷时，缸内温度低，对未燃 HC 的氧化不利，缸壁的激冷作用变强，因此 HC 比排放量同样会增加。

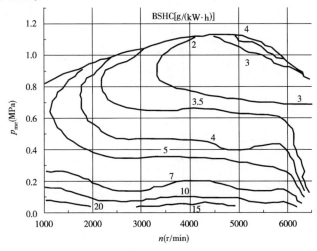

图 3-2　汽油机 HC 比排放特性

汽油机 NO_x 比排放特性如图 3-3 所示，其排放规律与 CO、HC 排放规律有很大区别。当转速一定时，NO_x 比排放量 $BSNO_x$ 随负荷增大而不断减小。而实际上在中等负荷区，随着负荷的增大，由于燃烧温度提高了，NO_x 绝对排放量增加，但 NO_x 排放的增加与负荷是不成正比的，因而 NO_x 比排放量却是逐渐下降的。在大负荷时，由于混合气过浓，氧气不足，不利于 NO_x 的生成，NO_x 绝对排放量下降，比排放量下降更快。从图 3-3 中还可以看出，当负荷一定时，随着转速的增加，NO_x 比排放量增大，其绝对排放量显著增加。

由于影响汽油机排放的因素甚多，因此各种汽油机排放特性有很大差异。尽管如此，其有害排放物的排放量随负荷及转速的变化而变化的趋势则是一致的，为了使汽油机排放的有害污染物较少，应尽量使其在中等负荷下运行。

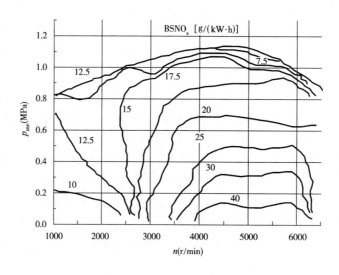

图 3-3　汽油机 NO_x 比排放特性

二、柴油机的稳态排放特性

图 3-4、图 3-5 和图 3-6 分别是一台具有代表性的 2.8L 排量的现代涡轮增压中冷直接喷射式柴油机的 CO、HC、NO_x 的稳态排放特性图。

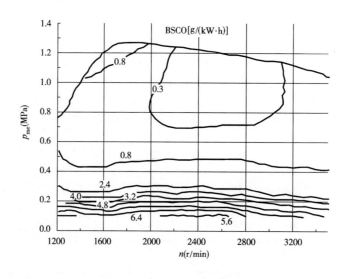

图 3-4　柴油机 CO 比排放特性

从图 3-4 可见,涡轮增压直喷柴油机在整个工况范围 CO 的排放都很少,在大多数工况下,CO 比排放量 BSCO 都比较小,这是由于涡轮增压直喷柴油机的空燃比非常大,不易生成CO,在中速、中负荷工况下,柴油机的 CO 排放量最少。柴油机 CO 的高排放量也出现在小负荷工况区,原因是由于柴油机循环供油量较少,燃烧室内存在较多过稀混合气区,使火焰传播困难,燃烧室内气流运动弱,混合气形成不均匀,CO 难以有效燃烧形成 CO_2。另外,在大负荷工况下柴油机 CO 排放也不容忽视。在大负荷工况下,柴油机每循环供油量较多,燃烧室内存在过多的过浓混合气区,氧气的缺乏使 CO 不能得到及时氧化。

从图 3-5 可见,柴油机未燃 HC 排放比汽油机少得多。这是因为柴油机喷油压燃的工作特性使燃油停留在燃烧室中的时间比汽油机中要短得多,从而受一些多种因素影响较小。由图 3-5 还可以看出,柴油机的 HC 比排放量 BSHC 基本上是随负荷的上升而下降,但绝对排放量基本不变。其未燃 HC 排放主要来自柴油喷注外缘混合过度造成的过稀混合气区域,当负荷较小或低速时,柴油机循环供油量较少:一方面,燃烧室内存在较多的稀混合气区,使部分燃料不能得以及时燃烧;另一方面,燃烧室温度相对较低,加大了火焰激冷淬熄的可能性,结果使柴油机低速或者小负荷运转时 HC 排放较高。

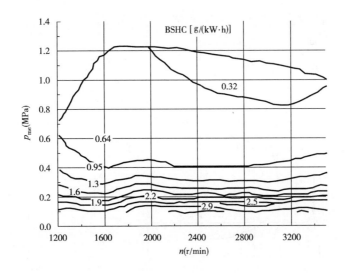

图 3-5 柴油机 HC 比排放特性

从图 3-6 中可以看出,柴油机 NO_x 高排放区主要出现在小负荷和高速工况。当柴油机负荷较小时,燃烧始点时的燃烧室内温度较低,滞燃期增长,混合时间加长,增大了氧气与高温燃气接触的机会,使 NO_x 排放较高。高转速工况下 NO_x 的高排放量可能与汽缸内涡流强度有直接关系。在高转速下,汽缸内存在较强的涡流水平,使高温燃气与氧分子接触的机会加大,燃烧速度加快,温度比较高,使 NO_x 大量生成,在高速小负荷工况时尤为突出。

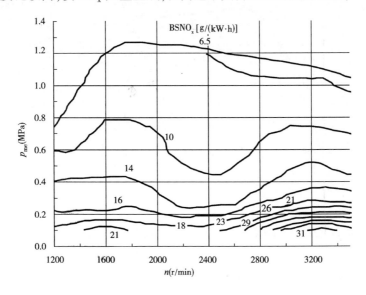

图 3-6 柴油机 NO_x 比排放特性

图 3-7、图 3-8 和图 3-9 分别为该柴油机排气不透光度线性分度 N、PT 质量浓度和比排放特性。当转速不变时,不透光度线性分度 N 基本上是随着负荷增大而增大的,这主要和过量空气系数的下降有关,当负荷不变时,柴油机的不透光度线性分度 N 先降后升,在某一转速时达到最小值。PT 排放浓度由低速小负荷向高速大负荷增加,在接近最大功率时明显增加;PT 比排放量在小负荷和高速大负荷时较高。

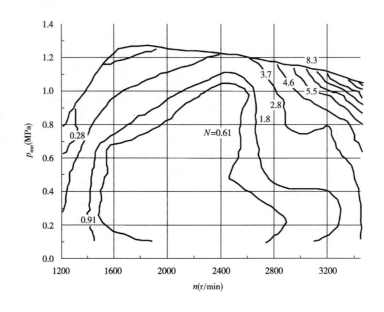

图 3-7　不透光度线性分度

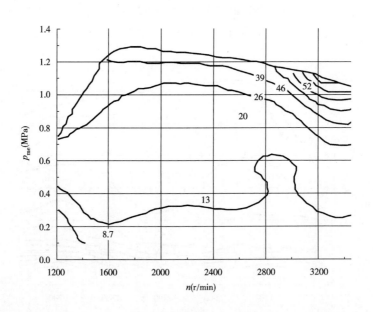

图 3-8　PT 质量浓度

30

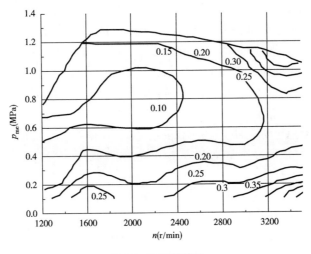

图 3-9　PT 比排放量

第二节　发动机的瞬态排放特性

发动机的转矩和角速度随时间迅速变化的工况,称为发动机的瞬态工况。汽车的冷态及热态起动、加速、行驶时负载突然增加的工况,都是典型的瞬态工况。在这种工况下,其转速和负荷不断地变化,发动机各部件的温度以及工作循环参数也在不断地变化,此时发动机的排放与稳态工况有很大的不同。

一、汽油机的瞬态排放特性

1. 起动工况

图 3-10 和图 3-11 分别表示了某型汽油机常温起动和热起动时 CO、HC 和 NO_x 排放随时间的变化。

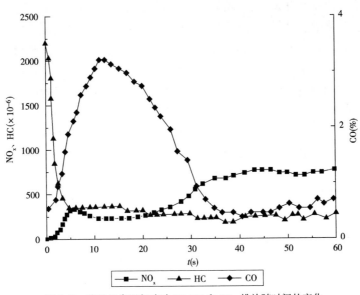

图 3-10　汽油机常温起动时 CO、HC 和 NO_x 排放随时间的变化

在常温起动时汽油机的转速、进气系统和汽缸温度较低,空气流动速度也低,汽油很难完全蒸发,较多的汽油沉积在进气系统和汽缸壁面上,形成油膜,导致汽油雾化差,混合气质量欠佳,燃油壁流现象严重,各缸混合气分配不均匀。在低温下,汽油的饱和蒸气压力下降,难以形成在着火界限可燃的混合气。为了顺利起动,须向汽油机提供很浓的混合气,浓混合气、低的压缩温度和壁面温度等,都使得燃烧不完全,CO 和 HC 的排放浓度增加。另一方面,起动时混合气过浓及气体温度低、氧气的缺乏使得 NOₓ 排放浓度低,但呈上升趋势,这可能是由于机体温度升高造成的。汽油机热起动时由于其较常温起动时的进气量少,混合气浓,CO 排放的峰值高,HC 排放低,同时热起动时发动机缸内混合气温度高于常温起动,NOₓ 在热起动后大约 29s 内高于常温起动。

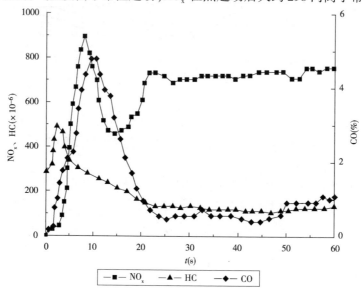

图 3-11　汽油机热起动时 CO、HC 和 NOₓ 排放随时间的变化

2. 加减速工况

汽油机加速工况,一般指迅速开启节气门增加转矩到最大值,使转速急剧提高。化油器式汽油机加速时,节气门突然开大,化油器和进气管内会发生短时的混合气变稀现象,为改进汽油机的加速性能,在化油器中设有加速泵。加速泵可在短时间内供给额外的燃油,使化油器提供过浓的混合气,以使汽油机在加速时功率和转速迅速增加,混合气过稀会使 HC 排放增加;而混合气过浓,又会因燃烧不完全而使 CO 和 HC 排放都增加。此外,燃烧温度提高,NOₓ 排放量也会增加。汽油喷射发动机由于不需特别的加浓混合气,其排放与相应的各稳定工况相似。汽油机的减速工况指的是节气门迅速关闭,发动机由汽车倒拖,在较高转速下空转。对于化油器式汽油机而言,当汽车减速时,节气门开度突然减小,进气管内产生较大的真空度,壁面上的燃油蒸发加速。另外,从量孔中流出的燃油,由于惯性来不及降低流速,仍大量进入进气管,形成过浓的混合气。这样,HC 和 CO 排放浓度都会增加,燃油经济性变差。对于汽油喷射发动机而言,在减速时不再供油,进气系统中液态油膜少,因此 HC 和 CO 排放很少。

3. 怠速工况

汽油机怠速运转的特点是转速低,节气门开度小,供油量少,但混合气浓度较高,雾化不良。节气门开度小,使剩余废气相对较多,有的汽油机残余废气系数可达 0.35～0.8,而且各缸差别较大。这种情况造成燃烧缓慢,燃烧不完全,甚至因点不着火而出现间断着火现象。一般来说,在怠速时 CO 和 HC 排放浓度高而 NOₓ 排放浓度则较低。适当提高汽油机怠速转速,使进气节流度减小,新鲜充量增加,剩余废气量相对减少,对改善燃烧、降低 CO 及 HC 的排放有利。

汽油机起动后,其构成燃烧室的主要零件以及润滑系、冷却系是不能立即达到正常工作温度的,需要一个暖机的过程,暖机过程属于怠速运转,这时采用浓混合气来弥补汽油在进气道和汽缸壁面上的冷凝,保证燃烧的稳定。因此,CO 及 HC 排放浓度高,但燃烧温度不高,所以 NO$_x$ 排放浓度不高。

二、柴油机的瞬态排放特性

试验表明,柴油机在瞬态工况下一些排放物浓度比稳定工况时高,有的高达 5 倍以上。有些净化措施(如柴油掺水),对降低稳定工况时的排放物有利,但对瞬态工况却不利。在柴油机工作过程中,瞬态工况是难以避免的,如地下工程机械用柴油机,常处于瞬态工况下工作,而对这些柴油机的排放要求又较高。涡流燃烧室柴油机和直喷小缸径柴油机的起动都较难,起动时其污染物排放量都有所增加。

1. 起动工况

多缸柴油机的起动过程有其自身的特点。首先,在起动时缸内压缩温度很低,喷入缸内的燃油的雾化、气化很差,很难发展为扩散燃烧,这种极不完善的燃烧使排放增加,柴油机起动过程包括若干加速阶段及转速"踌躇"阶段。在第一次加速的初期,每缸每个循环的燃烧压力都在增加,压力产生的转矩使柴油机转速增加,然而由于起动阶段内压缩温度低,燃烧雾化质量差,这种转速的增加,使以曲轴转角表示的滞燃期相对更长,在压缩上止点后更大的曲轴转角位置时着火,导致柴油机转速不会增加或稍有降低,即所谓的"踌躇"阶段。随着缸内温度提高,燃油雾化改善,滞燃期缩短,"踌躇"现象消除,起动才得以完成。在缸内的初始条件较差时,必须供应较多的油,但这时燃烧并不稳定,也很不完善,因此 CO、HC 及微粒等有害物排放量比稳态时高。

2. 加减速等瞬态工况

在加速开始阶段由于喷油泵供油量猛增,使油泵驱动轴系产生扭转变形,燃油喷射时间推迟,供油速率也与稳态时稍有不同。加速初期喷入缸内的燃油增加,而缸内气体温度升高缓慢,因此燃油汽化不能迅速得到足够的热量,滞燃期变长。以后燃烧室壁温度及缸内气体温度上升,滞燃期才逐步趋向于稳态工况时的值,但由于柴油机转速增加,以曲轴转角表示的滞燃期仍略有增加。尽管开始加速时滞燃期增加,但由于混合气质量较差等,预混合燃烧量将减少或者基本不变,因此由滞燃期及预混合燃烧量所决定的最大燃烧压力及压力升高率,将稍有降低以后才又逐步增加,因此排气烟度在加速刚开始时明显增加,以后才逐渐减少。小型柴油机瞬态工况的排放与稳态工况的不一样,CO、HC 及微粒排放都有所增加,而且加速加载时增加的程度,要比减速卸载时的高。废气涡轮增压柴油机由于增压器转子的惯性,响应特性差。当加速加负荷时,喷油量增加,但是压气机转速及供气量不能很快适应喷油量的增加,因而混合气变浓,燃烧恶化,排气冒黑烟。

思 考 题

3-1 稳态时汽油机 NO$_x$ 排放变化趋势与 CO、HC 排放变化趋势的区别是什么?

3-2 汽油机与柴油机 NO$_x$ 的高排放区显著不同的原因是什么?

3-3 适当提高汽油机怠速转速有哪些优点?

第四章　汽油机机内净化技术

本章主要介绍汽油机机内净化技术,包括汽油喷射电控系统及其对排放的影响、典型低排放燃烧系统及其对排放的影响、废气再循环系统的工作原理及其对汽油机性能的影响以及其他机内净化技术。

第一节　概　　述

所谓机内净化就是从有害排放物的生成机理及影响因素出发,以改进汽油机燃烧过程为核心,达到减少和抑制污染物生成的各种技术。简单说就是降低污染物生成量的技术,如改进汽油机的燃烧室结构、改进点火系统、改进进气系统、采用电控汽油喷射、采用废气再循环技术等。机内净化被公认为是治理车用汽油机排气污染的治本措施。

一、汽油机的燃烧过程

按燃烧过程的物理—化学状态,将燃烧过程分为三个阶段:着火延迟期、明显燃烧期和补燃期。汽油机燃烧过程的展开示功图如图4-1所示。汽油和空气按一定的比例组成的混合气,进入汽缸后被压缩受热。火花塞跳火放电时,两极电压在15000V以上,电火花能量40～80mJ,局部温度可达2000℃以上,致使电极周围的预混合气热反应加速,当反应生成的热积累使反应区温度急剧升高而使火花塞电极附近的混合气着火时,即形成火焰中心。从电火花跳火到形成火焰中心阶段称为着火延迟期(图4-1中的1～2点),这是燃烧的第Ⅰ阶段。

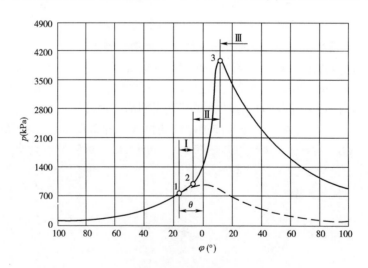

图4-1　汽油机的燃烧过程

Ⅰ-着火延迟期;Ⅱ-明显燃烧期;Ⅲ-补燃期

1-火花塞跳火;2-形成火焰中心;3-最高压力点

燃烧的第 Ⅱ 阶段是指火焰由火焰中心传播至整个燃烧室,约90%的燃料被烧掉。如图4-1 中的 2 ~ 3 点,被称为明显燃烧期。在均质预混合气中,火焰核心形成后,即以此为中心,由极薄的火焰层(即火焰前锋)开始向四周未燃混合气传播,直到火焰前锋扫过整个燃烧室。这一期间的燃烧是急剧的,燃烧室的温度和压力急剧上升,通常将缸内压力达到最大值时作为急燃期的终点。在此阶段,压力升高率和最高燃烧压力到达时刻是两个重要指标,会对发动机动力性、经济性和排放产生重大影响。

从到达最高燃烧压力点 3(图 4-1)至燃料基本完全烧完为止,称为补燃期,即燃烧的第 Ⅲ 阶段。此时,混合气燃烧速度已开始降低,加上活塞向下止点运动,缸内压力开始下降。由于90%左右的燃烧放热已完成,因而继续燃烧的是火焰前锋面扫过后未完全燃烧的燃料以及壁面及其附近的未燃混合气。

二、汽油机主要排放物

汽油机的理想燃烧是指混合气完全燃烧,汽车的排放物应为 CO_2、N_2 和水。但汽油机在实际工作过程中,混合气燃烧往往是不完全的,燃烧生成物除了以上三种之外,还有 HC、CO、NO_x、铅化物以及 SO_2 等,这几种排放物会对大气环境造成污染,对人体造成危害。

三、汽油机的主要机内净化技术

(1)大力推广汽油喷射电控系统。电控汽油喷射是取代传统化油器供油方式的新技术。我国目前生产的轿车用汽油机都采用汽油喷射电控系统。它利用各种传感器检测发动机的信息反馈,经微机的判断、计算,使发动机在不同工况下均能获得合适空燃比的混合气,从而有效地改善燃油经济性和排气净化性能。

(2)改善点火系统。采用新的电控点火系统和无触点点火系统,提高点火能量和点火可靠性,对点火正时实行最佳调节,以改善燃烧过程,降低有害排放物的含量。

(3)积极开发分层充气及均质稀燃的新型燃烧系统。目前,美、日、德等国已开发出了不少新型燃烧系统,其净化性能及中、小负荷时的经济性均较好。

(4)选用结构紧凑和面容比较小的燃烧室,缩短燃烧室狭缝长度,适当提高燃烧室壁温,以削弱缝隙和壁面对火焰传播的阻挡与淬熄作用,可以降低 HC 和 CO 的排放量。采用 4 气门或 5 气门结构,组织进气涡流、滚流或挤流,并兼用电控配气定时、可变进气流通截面等可变技术,可以有效地改善发动机的动力性、经济性和排气净化性能。

(5)采用废气再循环技术。它是目前控制汽油机 NO_x 排放的常用和有效措施。

(6)采用增压技术,如废气涡轮增压,对提高汽油机功率和改善其燃油经济性及排放都有积极意义。

(7)采用可变气门正时技术。可变气门正时技术是近些年来被逐渐应用于现代轿车上的一种新技术,根据汽油机的状态控制进气凸轮轴,通过调整凸轮轴转角对配气时机进行优化,以获得最佳的配气正时,从而在所有速度范围内提高转矩,并能改善燃油经济性,从而有效提高汽油机性能,目前已被广泛应用。

汽油机的使用工况与排放性能密切相关。作为车用汽油机,应选择有害排放物较低,而且动力性和经济性又较好的工况为常用工况。因此,在汽车中就需要使用电子控制系统,它可根据驾驶人对车速的要求及路面状况的变化,对汽油机转速和负荷进行优化控制。

第二节　汽油喷射电控系统

无论化油器系统还是汽油喷射系统都有一个共同的设计目标,就是在任何工况下都应向发动机提供最佳的燃油混合气。汽油喷射系统尤其是电子控制的喷射系统,利用各种传感器检测发动机的各种状态,经微机判断、计算,控制发动机在不同的工况下均能获得合适空燃比的混合气,使汽车的燃油经济性、动力性、舒适性和操纵性方面更胜一筹。随着排放法规的日趋严格,电控汽油喷射系统正得到越来越广泛的应用。

一、典型汽油喷射电控系统

1. 电控汽油喷射系统概述

电控汽油喷射系统(Electronic Fuel Injection System,简称为 EFI),利用各种传感器检测发动机的各种状态,经微机的判断、计算,控制发动机在不同工况下均能获得合适空燃比的混合气。

在闭环控制系统中采用氧传感器反馈控制,可使空燃比的控制精度进一步提高。在汽车运行的各种条件下空燃比均可得到适当的修正,使发动机在各种工况下均能获得最佳的空燃比。与传统的化油器发动机相比,装有电控汽油喷射系统的发动机,发动机功率可提高 5% ~ 10%,燃油消耗率可降低 5% ~ 15%,汽车有害排放物也可得到很好的控制。

1)电控汽油喷射系统的特点

与化油器式汽油机相比,电控汽油喷射系统具有以下特点:

(1)采用电控汽油喷射,用微机来控制每循环的喷油量和喷油时刻,可按各种工况的要求对燃油量进行校正,其废气排放指标比化油器汽油机好得多。

(2)在电控多点喷射系统中,每缸采用单独喷油器供油,以提高各缸空燃比的均匀性和喷油量的精确性。

(3)燃油雾化特性是由喷油器的特性决定的,与汽油机的转速无关。因此,起动时仍能保持良好的雾化特性,起动性能良好,且起动时 HC 排放量少。

(4)进气系统中没有化油器喉管的节流作用,减少了进气系统的阻力损失,充气效率高。

2)电控汽油喷射系统的类型

电控汽油喷射可根据多种类型分类如下。

(1)按喷油器数目分:单点喷射(SPI)、多点喷射(MPI)。

(2)按喷射区域分:进气(管)道喷射、缸内喷射。

(3)按喷射方式分:连续喷射、间歇喷射。

(4)按进气量检测方法来分:空气流量型和进气压力型。

单点喷射又称节气门体喷射,它由化油器发展而来,将喷油器安装在节气门体上方,将燃料连续喷入进气总管。燃油与空气混合后,形成的混合气通过进气歧管分配至各个汽缸。多点喷射,每个汽缸安装一个喷油器,将燃油直接喷入各缸进气门前方的气道处,各缸混合气分配均匀。

进气道喷射可采用低压喷射(约 0.3MPa),是目前常用的喷射系统。缸内喷射需要较高的喷射压力(5 ~ 13MPa),在压缩行程开始前或刚开始时将汽油喷入汽缸内,这项技术用于稀薄燃烧的汽油机。

连续喷射主要用于进气(管)道喷射,喷射时间占有全部循环时间,大部分燃料是在进气道内蒸发后进入汽缸的。对缸内喷射以及大多数进气道喷射,都采用间歇喷射的方式,喷射只在进气过程的一段时间内进行,喷射持续时间的长短即控制喷油量的多少。

空气流量型,用空气流量计直接测量单位时间吸入进气歧管的空气量,再根据转速算出每循环吸气量。按照博世公司的命名,空气流量型被称为 L 型。进气压力型,通过测量进气歧管内的真空度和温度,再间接换算成进气量。由于空气在进气管内压力波动,测量精度较差。按照博世公司的命名,进气压力型被称为 D 型。

2. 典型汽油喷射电控系统

1)L-Jetronic 系统

L-Jetronic 是一种对多点燃油喷射汽油机喷油量进行控制的电控燃油喷射系统。它利用各种传感器采集汽油机各种工况的参数,并把它们转化成电信号传送到电子控制单元(ECU),经计算处理后,确定出实际所要的燃油喷射量。L-Jetronic 系统原理示意图如图 4-2 所示。

L-Jetronic 系统主要由以下几个功能模块组成:燃油供给系、工况数据采集系和喷油控制系。L-Jetronic 系统示意图如图 4-3 所示。

燃油供给系,其功能是将燃油箱中的汽油输送给各喷油器,建立喷油所需要的压力。

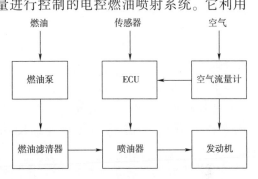

图 4-2　L-Jetronic 系统原理示意图

工况数据采集系,利用各传感器采集发动机各种工况的参数,并输入到 ECU 中。其中最重要的参数是发动机吸入的空气量,它由空气流量计测出。其他传感器分别测量节气门开度、发动机转速、进气温度以及冷却液温度。

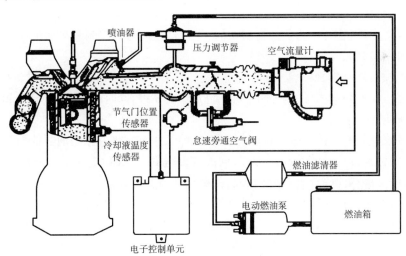

图 4-3　L-Jetronic 系统示意图

喷油控制系,将各传感器采集到的信号输送到电子控制单元经计算处理后,便产生了用来控制喷油器的合适脉冲。

L-Jetronic 系统的特点:电控单元以由节气门开度决定的吸入空气量为控制喷油量的基础;以空气流量计和转速传感器检测到的空气流量和发动机转速为确定基本喷油量的依据。采用分组喷射方式,曲轴每转一周各组喷射一次。

2)Motronic 系统

它是在 L-Jetronic 系统的基础上,用一个电子控制单元将最重要的喷油量控制和点火控制集中在一起,加上其他控制内容,形成一个集中电控系统,即电控发动机管理系统(EMS)。

Motronic 系统的特点:整个系统除喷油和点火两个基本子系统外,可根据控制项目扩展的需要而设置其他控制装置,在一个电子控制单元上实现多参数、多目标的程序控制,具有很好的灵活性和适应性;电控单元根据不同的控制内容,按所存储的由发动机台架试验得到的有关三维脉谱图确定基本控制量,简化了控制程序,提高了控制精度;系统具有故障自诊断、安全保护功能及应急状态控制功能;在使用三效催化转化器时,系统具有用氧传感器进行空燃比反馈控制的功能。

二、喷油控制

汽油机供给系统的功用是供给数量足够、品质优良、各缸间分配均匀的可燃混合气。混合气形成的空燃比特性是决定汽油机燃烧性能和排放的关键因素。

传统的化油器式汽油机利用机械式化油器来控制空燃比。化油器经过 100 多年的发展,基本满足了车用汽油机各种工况对混合气成分的多方面要求,但受流体力学固有规律的限制,空燃比的控制不可能很理想、很精确,而且对多缸机来说,各缸的空燃比也不可能很均匀。

随着排放法规的逐步严格,需要用三效催化转化器来降低车用汽油机的排放(详见第六章第二节)。而三效催化转化器,只有在化学计量比附近的狭窄区间内对 CO、HC 和 NO$_x$ 的转化率同时达到最高。传统的机械式化油器很难保证这样精确的空燃比。

随着电子控制技术的发展,电控汽油喷射系统得到了广泛应用。现代汽油机常用的供给系统是进气道汽油喷射系统,目前我国生产的轿车用汽油机都采用此汽油喷射系统,且多为多点喷射。

喷油控制是发动机 ECU 的主要控制功能,它包括喷油时刻控制和喷油量控制。

1. 喷油时刻的控制

对于多点喷射发动机,ECU 以曲轴转角传感器的信号为依据进行喷油时刻的控制,使各缸喷油器能在设定的时刻喷油。喷油时刻控制方式有 3 种:同时喷射、分组喷射和顺序喷射。

1)同时喷射

早期电控汽油喷射系统多采用同时喷射。这种喷射方式将各缸喷油器的控制电路连接在一起,所有的喷油器并联连接,通过一条共同的控制电路与 ECU 连接。在发动机的每个工作循环中,各缸喷油器同时喷油一次或两次。由于这种喷射方式是所有各缸喷油器同时喷射,所以喷油时刻与发动机进气、压缩、做功、排气的工作循环无关。其缺点是各缸喷油时刻距进气行程开始的时间间隔差别太大,喷入的燃油在进气道内停留的时间不同,导致各缸混合气形成的品质不一,影响了各缸工作的均匀性。但这种喷射方式,不需要汽缸判别信号,其喷油器的控制电路和控制程序都较简单,而且喷射驱动回路通用性好。

2)分组喷射

这种喷射方式是将多缸发动机的喷油器分成 2 ~ 4 组,每组 2 ~ 4 支喷油器,分别通过控制电路与 ECU 连接。如四缸发动机一般把喷油器分成两组,ECU 分组控制喷油器,两组喷油器轮流交替喷油。在发动机的每个工作循环中,各组喷油器各自同时喷油一次。分组喷射方式既可简化控制电路,又可提高各缸混合气品质的一致性。

3）顺序喷射

顺序喷射也叫独立喷射。这种喷射方式的各缸喷油器分别由各自的控制电路与 ECU 连接，ECU 分别控制各喷油器在各自的汽缸接近进气行程开始的时刻喷油。由于顺序喷射可以设立在最佳时间喷油，对混合气形成十分有利，它对提高燃油经济性和降低污染物的排放等都有一定的好处。顺序喷射方式的控制电路和控制程序都较复杂。但是，随着电子控制技术的快速发展，这种喷射方式必将得到越来越广泛的应用。

2．喷油量的控制

喷油量的控制亦即喷油器喷射持续时间的控制，其目的是使发动机燃烧混合气的空燃比符合各工况的需要。ECU 根据各种传感器测得的发动机进气量、转速、节气门开度、冷却液温度和进气温度等多项运行参数，按设定的程序进行计算，并按计算结果向喷油器发出电脉冲，通过改变每个电脉冲的宽度来控制各喷油器每次喷油的持续时间，从而达到控制喷油量的目的。脉冲的宽度越大，喷油持续时间越长，喷油量也越多。

发动机运转工况不同，对混合气浓度的要求也不同。特别在一些特殊工况（如起动、急加速、急减速等）下，对混合气浓度有特殊的要求。ECU 要根据有关传感器测得的信息，按不同的方式控制喷油量。喷油量的控制方式有起动喷油控制、运转喷油控制、断油控制和反馈控制等。

1）起动喷油控制

起动时，ECU 根据起动装置开关信号和发动机转速（300r/min 以下），判定发动机处于起动状态。

起动时，由于吸入的空气量少，转速低，转速波动也大，空气流量计不能精确检测。所以，起动时，ECU 不以空气流量计的信号作为喷油量的计算依据，而是按预先设定的起动程序来进行喷油控制。在起动喷油控制程序中，ECU 按发动机冷却液温度、进气温度、起动转速计算出一个固定的喷油量。这一喷油量能使发动机获得顺利起动所需的浓混合气。发动机冷却液温度或进气温度越低，喷油量越多。

2）运转喷油控制

发动机运转时，ECU 主要根据进气量和发动机转速来计算喷油量。此外，还要参考节气门开度、发动机冷却液温度和进气温度、海拔以及怠速工况、加速工况、全负荷工况等运转参数来修正喷油量，以提高控制精度。为适应不同的工况，ECU 的程序通常将喷油量分成基本喷油量、修正油量、增加油量 3 个部分，并分别计算出结果，然后再将 3 个部分叠加在一起，作为总喷油量来控制电控喷油器喷油。

（1）基本喷油量：据汽油机每个工作循环的进气量，按理论混合空燃比计算出的喷油量。

（2）修正油量：根据进气温度、大气压力、蓄电池电压等实际情况，对基本喷油量进行适当修正，以使汽油机在不同运转条件下都能获得最佳浓度的混合气。

（3）增量：在一些特殊工况（如暖机、加速等）下，为加浓混合气而增加的喷油量。

3）断油控制

断油控制是指 ECU 在某些特殊工况下暂时中断燃油喷射，以满足发动机运转过程中的这些特殊要求。

（1）超速断油控制：当发动机转速超过允许的最高转速时，由 ECU 自动中断喷油，以防止发动机超速运转。超速断油控制可以避免造成机件损坏，也有利于降低油耗，减少有害物排放。

（2）减速断油控制：当汽车在高速运转时突然减速，发动机仍在汽车惯性的带动下高速运转。此时节气门已关闭，进入汽缸的空气量很少，若继续正常喷油，则会造成燃烧不完全，废气中的 HC 和 CO 排放物增多。减速断油控制要能在汽车突然减速时，由 ECU 自动控制中断燃油喷射，直至发动机转速下降到设定的低转速时再恢复喷油。其目的是为了控制急减速时有害物的排放，减少燃油消耗量，促使发动机转速尽快下降，有利于汽车减速。

减速断油控制是由计算机根据节气门位置、发动机转速、冷却液温度等参数，作出判断，在满足一定条件时执行减速断油控制。这些条件是：

①节气门位置传感器中的怠速开关接通。

②冷却液温度正常。

③汽油机转速高于某一数值，该转速称为减速断油转速，其值由发动机冷却液温度、负荷等参数确定。

4）反馈控制

反馈控制又称闭环控制。它是在排气管上加装氧传感器，根据排气管中氧的含量，测定进入发动机燃烧室混合气的空燃比值，并输入给 ECU。ECU 将此信号与设定的目标空燃比值进行比较，不断修正喷油量，使空燃比保持在设定目标值附近。

3. 喷油控制对排放的影响

1）氧传感器及三效催化转化器闭环控制

它是通过氧传感器和三效催化转化器来实现的。三效催化转化器装在车辆排气管中的消声器之前，可同时降低排气中未燃 HC、CO 和 NOₓ 的含量（图4-4）。汽油机的空燃比接近理论空燃比时，三效催化器的转化率最高，这是通过氧传感器闭环控制来实现的。其净化机理是当催化转化器达到起燃温度后，有害气体通过三效催化器时，在贵金属催化剂作用下，发生氧化和还原反应，转化为无害气体。这是汽车满足国Ⅲ及以上排放标准的主要措施。

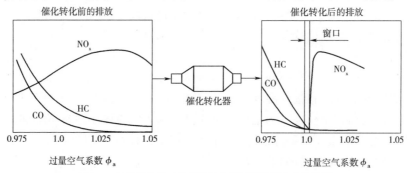

图 4-4　氧传感器及三效催化转化器闭环控制的净化效果

2）冷起动及暖机阶段排放控制

发动机在冷起动时油气混合不足，仍需要适当过量供油才能使发动机可靠起动。这将造成大量未燃 HC 进入排气管中的催化转化器。一方面，此时发动机不是工作在化学计量比附近；另一方面，冷起动时，催化剂正处于低温状态，远未达到起燃温度（250～300℃），这就造成了很高的 HC 排放。

为了减小汽油喷射汽油机冷起动和暖机阶段的排放，要对开环控制的空燃比进行精确的标定，不要过量供给燃油。

冷起动阶段要对不同温度下的起动初始空燃比进行恰当的标定，以能顺利起动为原则，混合气浓度一般要低于化油器式发动机。暖机阶段也不要提供太浓的混合气，因为暖机工况下，起燃温度偏高的催化转化器尚未工作,使用相对较稀的混合气燃烧后产生的 CO 和未燃 HC 较少。另外,相对较稀的混合气使排气温度较高,配合推迟点火的方法,有利于催化转化器的迅速升温,尽快达到起燃温度。但是,使用相对较稀的混合气可能使暖机怠速不稳定,因此需要适当提高暖机转速。如图 4-5 所示,某轿车用汽油喷射发动机在环境温度为 8℃时的冷起动暖机过程中,CO 排放与空燃比标定的关系。当空燃比标定较浓时(图 4-5 中实线),从发动机起动到冷却液温度达到 65℃ 需要 11min 时间,且 CO 排放高。当空燃比标定较稀时(图 4-5 中虚线),暖机时间缩短为 7min,CO 排放大为减少。未燃 HC 排放也有类似的变化趋势。

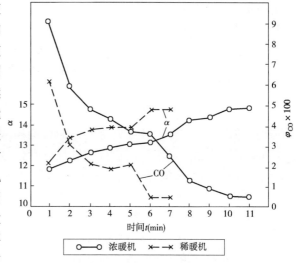

图 4-5　车用进气道喷射汽油机在冷起动暖机过程中 CO 排放与空燃比标定的关系

三、点火系统的控制

在汽油机中,点火系统的任务是提供足够能量的电火花适时的点燃燃烧室内的混合气。点火系统的性能,如点火正时和点火能量对汽油机的燃烧有很重要的影响,从而影响发动机的性能和排放。为使汽油机高效节能、动力强劲、排放低,要求点火可靠、正时优化。

由于传统电子点火系的点火提前角仍采用真空和离心机械式点火提前机构进行控制,存在点火提前角控制不精确,考虑影响点火提前角的因素不全面等缺点。而微机控制的点火系能克服以上缺点。

1. 微机控制点火系的组成与控制策略

1)组成

微机控制点火系主要由监测发动机运行状况的传感器,处理信号、发出执行指令的微处理机(ECU),响应微机发出指令的点火器、点火线圈等组成(图 4-6)。

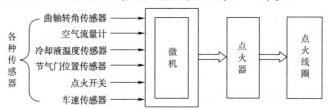

图 4-6　微机控制点火系的组成简图

微机控制点火系由于废除了真空、离心点火提前装置,点火提前角由微机控制,从而使发动机在各种工况下都能调整至最佳点火时刻,使发动机在动力性、经济性、加速性和排放等方面达到最优。通过爆震传感器,可将点火提前角调整到发动机刚好不至于产生爆震的范围。

2)控制策略

(1)起动时点火提前角的控制。在起动期间或发动机转速在规定转速(通常约为

500r/min)以下时,进气歧管压力或进气流量信号不稳定,因此点火提前角设为固定值,通常将此值定为初始点火提前角。

(2)怠速时点火提前角的控制。此时,微机根据发动机转速、冷却液温度来控制点火提前角的大小。为了保证怠速稳定性,防止由于空燃比闭环控制造成转速波动,可在减速时增加点火提前角。

(3)正常行驶时点火提前角的控制。当微机接收到节气门位置传感器的怠速触点打开的信号时,即进入正常行驶时点火提前角的控制模式,其值是微机根据发动机转速和负荷信号(歧管绝对压力信号和空气流量计的进气流量信号)在存储器中查到这一工况下运行时的基本点火提前角。部分负荷时,要根据冷却液温度、进气温度和节气门位置等信号进行修正;满负荷时,要特别小心控制点火提前角,以免产生爆震。

2.点火系统对排放的影响

点火系统通过火花品质和点火正时(点火提前角)对排放产生影响。

(1)火花品质决定点燃混合气的能力。当点燃稀薄混合气时,火花的持续时间对有害排放物的影响是非常大的。火花越弱,出现失火的机会就越多,而失火将会生成大量的未燃HC。火花品质主要取决于点火能量,此外还要求火花塞工作可靠。

现代发动机上普遍采用高能点火系统,其点火电压已高达 30～40kV,火花塞间隙已达1～1.5mm,能保证可靠点火,增大火花强度,延长火花持续时间,从而改善了混合气燃烧过程,降低了 HC 排放。

(2)点火正时会影响发动机输出功率、燃油消耗量、汽车驱动性能和燃烧生成的有害排放物,因此点火正时需对多种因素进行优化。点火提前角对燃油消耗率和有害排放物的影响(图4-7)。

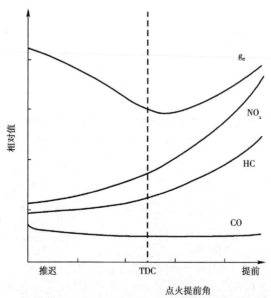

图4-7 点火提前角对燃油消耗率和有害排放物的影响

推迟点火即减小点火提前角;一方面降低了燃烧气体的最高燃烧温度和缸内最高燃烧压力;另一方面缩短了着火燃烧产物的反应时间。NO_x 是高温下的产物,因而可使 NO_x 排放物降低。此外,推迟点火还使未燃 HC 排放下降,这是因在做功行程后期,燃气温度升高,未燃的 HC 会继续燃烧所致。另外,推迟点火提高排气温度也是加速催化剂起燃的有效手段,尤其在冷起动和暖机阶段。但推迟点火对汽油机的动力性和经济性会产生不利影响。因此,必须采取折中的办法,兼顾热效率和排气净化两方面的要求。

点火提前角对 NO_x 的影响还与混合气空燃比有关(图 4-8),在化学计量比附近,点火提前角的影响最大。因为 NO_x 是在富氧高温条件下产生的,当混合气过浓时,由于缺氧,NO_x 不易生成;当混合气过稀时,燃烧速度慢,燃烧最高温度低,NO_x 也不易生成。只有当混合气空燃比略大于化学计量比时,NO_x 生成量最大。因此,当采用电控汽油喷射加三效催化转化器进行闭环控制时,为了满足更严格的排放法规的要求,可通过推迟点火来降低 NO_x 排放物。

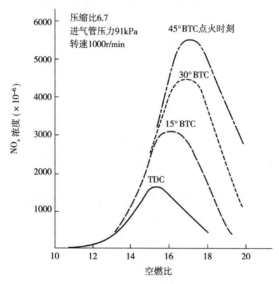

图 4-8　NO_x 与点火提前角的关系

当负荷一定时,CO 排放物只与空燃比有关,点火提前角对其影响不大。但是,过分推迟点火时刻会使 CO 排放因没有充分时间氧化而显著增加。

四、怠速转速控制

所谓怠速,通常是指发动机在无负荷(对外无动力输出)情况下的一种工作状态。发动机怠速运转要有满意的燃油经济性、良好的驱动舒适性和排放性能。为使怠速省油,传统上把怠速转速调的尽可能低,但考虑到减少有害物的排放,怠速转速又不能过低。另外,还应考虑所有怠速使用条件,如冷车运转与电器负荷、空调装置、动力转向伺服机构的接入等情况,它们都会引起怠速转速的变化,使发动机运转不稳定甚至出现熄火现象。因此,汽油机对怠速控制系统提出了很高的要求。

1. 怠速自动控制系统

怠速转速控制的实质是对怠速时充气量的控制。怠速时喷油量的控制,一般按与充气量相匹配的原则(见前文所述)进行增减,以达到适宜空燃比的混合气。

发动机怠速运转时,节气门全闭,节气门位置传感器内的怠速开关触点闭合,ECU 根据这一信号,开始进行怠速自动控制。如图 4-9 所示为怠速自动控制系统结构示意图。

怠速时的进气是通过两条绕过节气门的旁通气道进入发动机的。一条旁通气道的流通截面由怠速调节螺钉调整,在使用中保持不变;另一条旁通气道的流通截面由怠速控制阀控制。

目前,大部分电控汽油车上采用步进电动机来控制怠速控制阀,从而控制怠速转速。步进电动机由 ECU 控制,其一般控制程序如图4-10 所示。首先 ECU 根据节气门全关信号(怠速开关)、车速信号,来判断汽油机处于怠速转速状态。然后 ECU 根据汽油机冷却液温度传感器、空调器、动力转向以及自动变速器等负荷情况,按照存储器存储的参考数据,确定相应的目标转速。在怠速自动控制过程中,ECU 不断地从发动机转速传感器得到发动机的实际转速信号,并将这一实际转速与目标转速相比较,最后按实际转速和目标转速的偏差,向怠速控制阀发出脉冲控制信号,以控制怠速控制阀的开度。

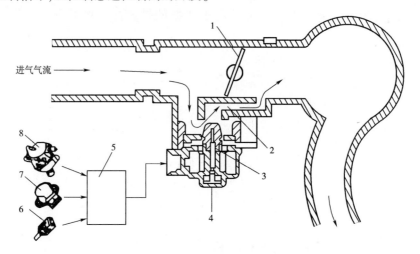

图4-9 怠速自动控制系统

1-节气门;2-旁通气道;3-旁通阀;4-怠速控制阀;5-ECU;6-转速传感器;7-节气门位置传感器;8-冷却液温度传感器

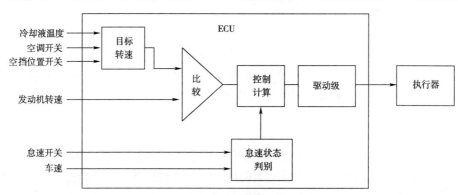

图4-10 怠速控制程序图

由于这一部分旁通空气已过空气流量计的计量,因此喷油量也会随旁通空气量的大小作出相应的变化。这样,通过调整旁通空气量就可使怠速转速得到调整。

2.怠速排放控制

发动机怠速是排放很严重的工况。汽油机在怠速工况运行时,特别是在化油器式发动机中,化油器供给的是较浓的混合气,由于部分燃料因缺氧而不能完全燃烧,造成大量燃烧中间产物排出机外,所以怠速工况是汽油机 HC、CO 排放浓度很高的工况。不过,由于燃烧温度很低,怠速时的 NO_x 排放很少。

汽油机怠速工况下 HC 和 CO 排放较高的根本原因在于燃烧组织不良,所以燃烧完全程度是影响 HC 和 CO 生成的最直接因素。因此,降低怠速排放的根本措施在于改善其燃烧过程,下面叙述汽油机在怠速工况下降低 HC 和 CO 排放的方法。

44

1）提高怠速转速

怠速转速对怠速排放有很大的影响。怠速转速越低，就要求节气门开度越小，使得残余废气的稀释严重，就需要更浓的混合气，这就增加了怠速时 CO 与 HC 排放(图4-11)。怠速转速与怠速所需的空燃比有直接关系，因为转速提高要对应较大的节气门开度和较小的残余废气系数，就可用较大的空燃比。提高怠速转速可使混合气形成和燃烧均获得改善，这是由于：①可燃混合气在进气管中的移动速度增加；②提高充气效率和减少残余废气稀释度的结果。

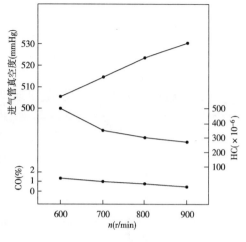

图4-11　汽油机怠速 CO、HC 排放随怠速转速 n 的变化

近年来对汽车驱动舒适性要求越来越高，既要求发动机怠速稳定、不熄火，又要求有良好的瞬态响应，即一旦节气门开启，发动机就能迅速平稳地过渡到所需要的任何工况。一般来说，较高的怠速转速有利于瞬态响应。此外，汽车空调和动力转向系统等，也要求发动机以较高的转速空转。因此，怠速转速的提高不仅对改善怠速排放有利，还对从怠速平滑地向正常行驶工况过渡和缩短加速时的燃油滞后时间有利。

综上所述，对于怠速转速，传统的观点是把怠速转速调得尽可能低，因为怠速时的燃料消耗量随怠速转速提高而增大。因此，怠速转速多为 400～500r/min。但在这样低的怠速转速下，降低怠速排放是很困难的。现代汽油机的怠速转速多为 800～1000r/min，使怠速排放大大下降。正如前面所述，较高的怠速对驱动舒适性和附件驱动也很有利。

2）高能点火

高能点火对 HC 排放的作用有两方面：一是增大了初始火核半径，有助于提高燃烧速率和减小循环变动；二是降低了混合气较稀时的失火概率，使发动机可燃用稍稀的混合气，从而减少了 HC 排放。图4-12 所示为高能点火和普通点火时 HC 排放量随空燃比的变化。可见，在怠速工况时，高能点火使 HC 最低排放量的空燃比增大到了 13 左右，HC 排放也有了明显的下降。

3）增大气门间隙，减小气门重叠角

在进排气门同时开启时，怠速状态进气管内存在较大的真空度，排气管内一部分废气便被吸入汽缸与新鲜混合气混合，由于这部分废气几乎不能参与燃烧，重新进入汽缸后使燃烧温度降低，易造成失火现象，因此使怠速时的 HC 排放恶化。气门重叠角越大，进入汽缸的废气量就越多，HC 排放就越多。

发动机进排气门间隙影响气门重叠角，从而影响汽缸内残余废气的比率。图4-13 呈现了气门间隙对 HC、CO 排放的影响规律。气门间隙越大，HC、CO 排放浓度越低。

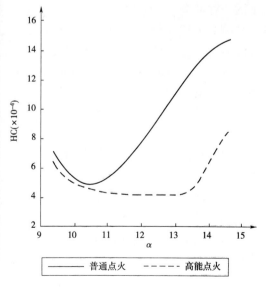

图4-12　高能点火对 HC 排放的影响

45

此外,对进气进行预热,对发动机进行定期维护,及时清除燃烧室内积炭,对减少怠速排放污染物也有重要作用。

对于化油器式发动机,要进一步改进化油器怠速系统设计,提高其制造精度,改善怠速调整的一致性和耐久性,以降低怠速排放。

对于电控汽油喷射式发动机,怠速排放要比化油器式发动机少。这是因为此时雾化、气化的质量大大改善;各缸的空燃比均匀性好;空燃比的控制程度高且稳定;点火时刻的精确控制与点火能量的提高。所有这些因素使进气道多点喷射的汽油机,已可在热怠速时使用过量空气系数 ϕ_a 接近1(空燃比闭环控制)的混合气,而化油器式汽油机,一般怠速时 $\phi_a = 0.7 \sim 0.8$。

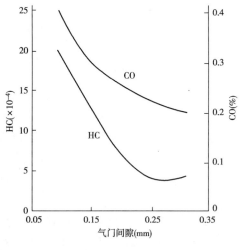

图4-13　气门间隙对 HC 和 CO 排放的影响

五、缸内直接喷射技术

20世纪90年代以来,日益严峻的能源和环境问题使得人们在追求车用汽油机良好动力性的同时,对汽油机的燃油经济性和排放提出了越来越高的要求。为此,近年来世界各大汽车公司和科研机构相继开发了许多发动机新技术。其中,缸内直接喷射技术已成为汽油机一个十分重要的发展方向。随着电子控制技术的进步,各国都加大了对汽油机缸内直接喷射技术的研究。

1. 缸内直接喷射汽油机的特点及存在的问题

缸内直接喷射汽油机与一般汽油机的主要区别在于汽油喷射的位置,它将喷油器安装在燃烧室内,汽油直接喷入燃烧室,空气则通过进气门进入燃烧室与汽油混合成混合气被点燃做功,这种形式与直喷式柴油机相似,因此有人认为缸内喷射式汽油机是将柴油机的形式移植到汽油机上的一种创举。

缸内直喷的关键在于产生与传统发动机不同的缸内气流运动状态,通过相关先进技术使喷入汽缸的汽油与空气形成一种多层次的旋转涡流,因此缸内直喷采用了立式进气道、弯曲顶面活塞、高压旋转喷射器等技术。

图4-14为三菱公司开发的直喷式发动机结构图。其采用很有特色的立式进气道,通过来自上方的强大下降气流,形成与以往发动机相反的缸内空气流动——纵向涡流即滚流。弯曲顶面活塞利用活塞顶的凸起形状,增强了滚流强度,再通过高压旋转喷射器喷射出雾状汽油,在压缩行程后期的点火前夕,被气体的纵涡流融合成球状雾化体,形成一种以火花塞为中心,由浓到稀的层状混合气状态。这样,从总体上看,虽然混合比达到40:1,但

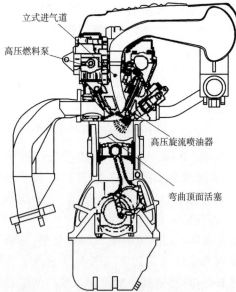

立式进气道

高压燃料泵

高压旋流喷油器

弯曲顶面活塞

图4-14　三菱公司直喷式汽油机结构图

46

聚集在火花塞周围的混合气却很浓,很容易点火燃烧。

这种汽油机现存的问题首先是排放方面的问题,主要体现在下列几个方面。

1)中小负荷工况未燃 HC 的排放较多

其可能的原因是燃油喷雾碰到活塞顶和缸壁的机会较多,采用分层混合气时引起火焰由浓区向稀区的熄灭,或缸内温度偏低,不利于未燃 HC 后燃等。

2)NOx 排放较多

因为分层燃烧时将不可避免地在火花塞附近出现混合气局部过浓或浓混合气区域过大的状况,这些区域恰恰是高温区域,使 NO_x 生成增加,较高的压缩比和放热率也将导致大负荷工况 NO_x 增多。另外,稀燃时由于排气中始终处于氧化氛围,使 NO_x 的还原比较困难。

3)微粒排放较高

直喷式汽油机的微粒排放在小负荷、过渡工况和冷起动的情况下比传统的进气道喷射汽油机有较多的增加,但仍比柴油机要低一个到几个数量级。其主要原因可能是局部区域混合气过浓或有类似于柴油机的液态油滴扩散燃烧。此外,缸内温度低也造成了微粒氧化不完全。

2. 缸内直接喷射式汽油机的排放对策

由于缸内直接喷射式汽油机大负荷时 NOx、微粒排放高,在起动和小负荷运行时 HC 和 CO 排放也较高,因此日本三菱公司研制成功的三菱二阶段混合和二阶段燃烧成功地解决了这一问题,这也是充分发挥电控装置功能的一个例子。图 4-15 所示为二阶段混合示意图。在进气冲程开始时第一次喷油,在缸内生成很稀的均质混合气,第二次喷射在压缩上止点前,在汽缸滚流和活塞顶形状的作用下产生分层混合气,然后点火燃烧。这种混合气生成法的好处是:①抑制敲缸的发生,原因是第一次喷射均质混合气很稀不可能产生敲缸,第二次喷射燃油在缸内停留的时间短,来不及完成着火前的低温氧化反应;②促进炭烟烧尽,分层燃烧产生炭烟,但第一次喷射的稀混合气中产生的过氧化物将有助于燃烧,此时的高温炭烟将成为稳定的点火源,将自己燃尽。至于 NOx 排放仍依靠稀 NOx 催化系统,且要经常应用短期浓混合气,来还原被捕捉的 NOx。

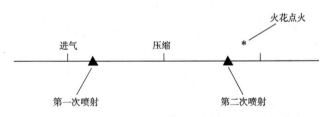

图 4-15　二阶段混合示意图

图 4-16 所示为二阶段燃烧的示意图。其目的是改善冷起动和小负荷运行时的 HC 和 CO 排放,CO 的氧化温度比 HC 的低,因此辅助喷射燃烧首先使催化剂加热,然后使 CO 燃烧产生较高温度,再使 HC 燃烧。但是二阶段燃烧会导致燃油消耗率增加,所以应尽量减少二阶段燃烧方式的应用。

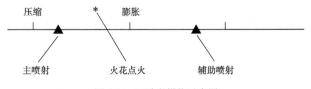

图 4-16　二阶段燃烧示意图

3. 二冲程缸内直喷稀燃汽油机

二冲程汽油机有其固有的优点,如低速转矩特性好,升功率高,结构简单,便于实现发动机的小型轻量化,且维修方便。但由于在一个行程内(向下行程)要完成排气过程和扫气过程,对于化油器式二冲程发动机,会出现换气过程的短路损失,导致油耗升高,排气污染物(尤其是 HC)相对严重,目前在汽车上很少应用。

近年来,随着发动机在混合气形成和燃烧方面的研究进展以及电子控制技术的快速发展,二冲程汽油机再次成为研究热点,开发了很多新技术。其中缸内直接喷射技术可以实现空气扫气,从根本上解决了传统扫气方式新鲜混合充量的逃逸问题,大大改善了燃油经济性和排放,使其能够适应当今降低排放和节约能源的社会要求。

澳大利亚的 ORBITAL(奥必托)公司成功开发了用压缩空气辅助喷射的喷油器的缸内直喷式二冲程发动机。经曲轴箱扫气进入汽缸的是空气,汽油在喷油器中与少量空气混合后,以 0.62MPa 的压力喷入汽缸,喷雾粒度平均达到 $5\mu m$。通过喷雾特性、燃烧室形状、气流运动的优化配合,可在空燃比为 20 ~ 50 的宽广范围内稳定运转。图 4-17 是排量为 0.8L 的三缸二冲程汽油机在 1500r/min 时的排放特性——CO 排放只有美国超低排放法规限值(ULEV)的 1/10,HC 和 NO_x 排放也明显低于超低排放法规。

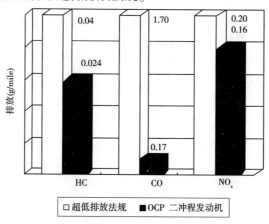

图 4-17　奥必托三缸二冲程汽油机排放特性

第三节　低排放燃烧系统

低排放燃烧主要依靠稀燃技术和汽油直接喷射技术来完成。分层燃烧技术是实现稀燃和汽油直接喷射的辅助措施。同时,提高汽油机的压缩比、采用多气门技术和增压技术也可以改善汽油机的排放。

一、稀薄燃烧系统

1. 稀薄燃烧对排放的影响

稀薄燃烧就是使过量空气系数从 $\phi_a = 1$ 左右提高到 ϕ_a 远远超过 1.1 的水平。由理论循环热效率的公式 $\eta_\kappa = 1 - 1/\varepsilon^{\kappa-1}$ 可知,热效率 η_κ 将随着绝热指数 K 的增加而提高。汽油机工质是汽油蒸气与空气以及燃烧产物的混合体,其燃烧产物主要由 CO_2 和 H_2O 等多原子分子组成。所以,当混合气较浓时,多原子成分的比例较大,绝热指数 K 较小,当混合气较稀时,绝热指数 K 反而增大。从理论上讲,混合气越稀,K 值越大,热效率也越大。因此在汽油机不使其失火的前提下,应尽可能进行稀薄燃烧。

1)稀薄燃烧对 CO 排放量的影响

从宏观角度来看,当可燃混合气的空燃比小于理论上空燃比时,就会有部分燃料不能完全燃烧而产生 CO。由于汽缸内可燃混合气的微观浓度分布不均匀,即使缸内空燃比在超过理论空燃比的情况下,排气中仍可能存在较多的 CO。尾气中 CO 的浓度主要受过量空气系数 ϕ_a 的影响,而转速与负荷对 CO 造成的影响也是通过 ϕ_a 值的变化起作用的。所以采用稀薄燃烧后,在 $\phi_a > 1$ 的某一范围内,CO 的含量可以得到有效控制。

2)稀薄燃烧对 HC 排放量的影响

对汽油机而言,在实际空燃比稍大于理论空燃比的情况下,尾气中未燃 HC 的含量较少,但当空燃比小于或大大超过理论空燃比的时候,未燃 HC 排放量就会增多。如图 4-18 所示,HC 排放量随着空燃比的增大而减少,主要是由于混合气较稀薄,燃烧效率提高,且氧气充裕,能在排气行程和排气道中进一步对 HC 进行氧化;但当空燃比超过 18 时,HC 排放量就因为熄火和部分燃烧而大大增加,所以进行恰当的稀薄燃烧才可改善 HC 排放。

3)稀薄燃烧对 NO$_x$ 排放量的影响

如图 4-18 所示,在理论空燃比右侧某位置,NO$_x$ 排放量最多,而高于或低于这一位置时,NO$_x$ 排放量均降低。因为在燃料浓的区域氧含量少,而在稀薄区域运转时最高燃烧温度会下降,这都有利于 NO$_x$ 排放量的降低。

稀燃的最大优点在于提高指示热效率的同时,大大降低 NO$_x$ 排放量。此外,稀燃发动机一般不受敲缸界限的限制,可采用高压缩比,泵气损失小,有利于改进部分负荷特性。然而,要使发动机能在稀混合气下运转,还必须采用涡流或其他方法,使燃烧快速而稳定地进行。但引入涡流后,发动机功率常因进气道流量系数减小而降低。同时,稀燃发动机排气恶化了氧化条件,使三效催化剂不能有效地工作,因而必须配合使用其他措施才能使 NO$_x$ 排放达到满意的水平。

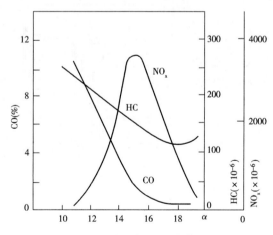

图 4-18　空燃比与排气中有害气体成分含量

2. 实现稀燃的具体措施

具体措施一般包括下列几个方面:

(1)应用可变涡流控制系统,在部分负荷工况下,产生较强的涡流,得到高的输出转矩;在全负荷时,为了得到高的充气效率,保证高功率输出,要减小涡流强度甚至不用涡流。

（2）采用结构紧凑的燃烧室，提高燃烧速率，减小热损失，并采用尽可能高的压缩比。

（3）采用电控顺序喷射系统，扩展稀燃失火极限。

（4）应用高精度空燃比控制系统，把 NO_x 排放降到足够低的水平。

（5）应用分层燃烧技术，在火花塞周围形成较浓混合气，使着火稳定。

（6）采用废气再循环，使排气中的 NO_x 进一步降低。

如图 4-19 所示，日本本田紊流型燃烧室、三菱的喷流阀控制系统、火球型燃烧室以及天津大学研制的射流型燃烧室，它们的特点均是在实现稀混合气稳定燃烧的同时，加快燃烧速度，以达到提高经济性和降低排放的目的。

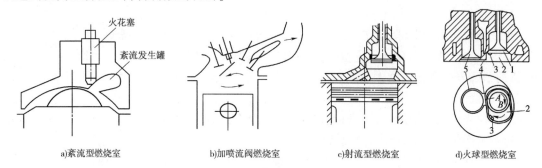

图 4-19　几种稀燃汽油机的燃烧室

1-排气门;2-燃烧室;3-火花塞;4-导向槽;5-进气门

3. 丰田 D-4 稀燃系统

丰田公司于 1996 年成功开发的 D-4 缸内直喷式稀燃系统（图 4-20）具有一定的代表意义。其特点如下。

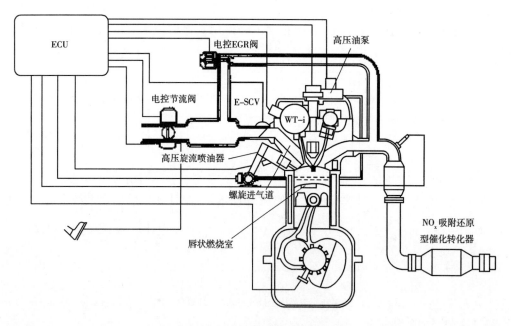

图 4-20　丰田 D-4 缸内直喷式稀燃汽油机

（1）通过安装在进气道上的电子涡流控制阀（E-SCV），形成不同角度的斜向进气涡流，大大促进了缸内的混合气形成。

(2)如图 4-21 所示,燃烧室为半球屋顶形。活塞顶部极富特色的唇形深皿凹坑与进气涡流旋向以及高精度的喷油时间和喷油方向控制相配合,在火花塞周围形成较浓的易点燃混合气区域,见图 4-21b)。

(3)为抑制扩散燃烧所产生的黑烟,采用高压(8~13MPa)旋流喷射器,可实现高度微粒化(喷雾粒度小于 5μm)汽油喷射。

(4)为了控制分层燃烧时 NO_x 的产生,采用了电控 EGR 系统。

(5)带有宽域氧传感器、紧凑耦合三效催化转化器和 NO_x 吸附还原型催化转化器。

(6)灵活的电喷控制系统,可实现对不同的工况范围采用不同的燃烧方式,以保证所有工况下都能稳定燃烧。

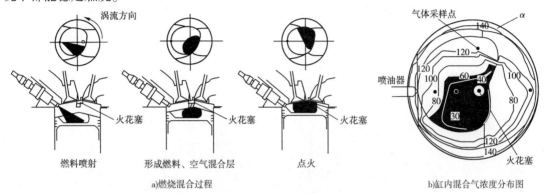

图 4-21 丰田 D-4 燃烧室

二、分层燃烧系统

1. 分层燃烧的目的

燃用过稀的、已处于汽油机失火范围内的混合气的问题在于难以形成火核。即使用高能点火系统进行点火,因为在微小体积内的燃料量太少,所以也往往不足以支持火焰的正常传播。分层燃烧就是要合理地组织汽缸内的混合气分布,使在火花塞周围有较浓的混合气,而在燃烧室内的大部分区域具有很稀的混合气,这样可确保正常点火和燃烧,同时也扩展了稀燃失火极限,并可提高经济性、减少排放。基于上述原因,在实际的稀燃系统中,大多采取分层混合气组织燃烧。

2. 复合涡流受控燃烧系统

日本本田公司研制生产的复合涡流受控燃烧系统(Compound Vortex Controlled Combustion,缩写为 CVCC),是一种典型的非直喷式稀燃系统,而且其分层燃烧系统也有一定的代表性,其结构如图 4-22 所示。

1)CVCC 汽油机结构特点及工作过程

如图 4-23 所示,CVCC 发动机为了实现分层燃烧,特别选用半球形燃烧室作为主室,主室类似于传统点燃式发动机的燃烧室,设有一个进气门和一个排气门。除了主室外还有一个副室,这种副室有别于压燃式发动机的预燃室和其他一些混合式发动机的副室,副室本身安置了进气门,与主室过量空气系数不同的混合气通过这个相对较小的进气门进入副室。主、副室之间通过一个很窄的通道相连接。

因为这种汽油机拥有两个化油器或两套进气管喷射装置,所以可以分别提供不同过量空气系数的混合气给主、副室的进气系统。如图 4-24 所示,进气行程时,混合气通过节气门向两个进气系统运动,要通往主室的混合气受到严重的节流,使得混合气通过副室流向主室,进气时便可以实现较好的扫气,因而只有极少量废气残留在副室中。

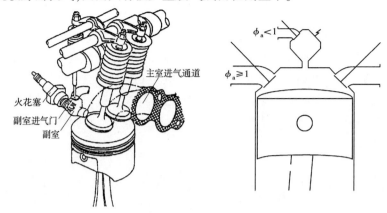

图 4-22　CVCC 汽油机结构

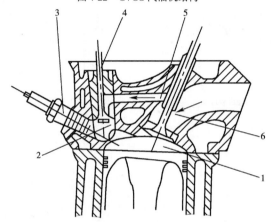

图 4-23　CVCC 汽油机的燃烧室

1-主室;2-主进气门;3-火花塞;4-副进气门;5-副进气通道;6-预燃室

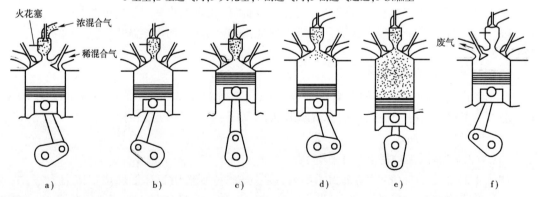

图 4-24　CVCC 汽油机工作示意图

压缩行程期间,混合气从主室压入副室。因为主、副室连接通道处的节流作用,副室混合气着火后压力高于主室,高压气体通过节流通道进入主室。因为火花塞安置在副室,火花塞处电极间混合气不仅能点火,同时火焰也能从这部分已燃的混合气向外传播并最终引燃主室中的稀混合气。

2）CVCC 汽油机与传统点燃式汽油机的排放性能对比

CVCC 汽油机与传统点燃式汽油机的排放性能对比如图 4-25 所示。

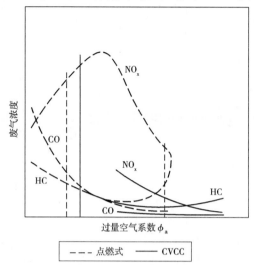

图 4-25　点燃式汽油机、CVCC 汽油机的排放与过量空气系数的关系

传统的点燃式汽油机只能在 $\phi_a = 0.95 \sim 1.15$ 运行，从而废气中要么 CO、HC 浓度很高，要么 NO_x 浓度很高，而且运行范围还不能避开这个过量空气系数区段。而 CVCC 汽油机采用了以下的燃烧方式，首先燃烧的那部分混合气（在副室）具有小的过量空气系数（如 $\phi_a = 0.95$），虽然出现较高的 HC 和 CO 浓度，但混合气所占容积很小，而后燃烧的混合气（在主室）具有较高的过量空气系数（如 $\phi_a = 1.3$）。此时可能出现较大的 HC 浓度，但由于废气温度高，可以在排气中继续氧化。由此可见，小过量空气系数混合气的排放对总的废气排放影响较小，而废气排放取决于过量空气系数较大的混合气，在 $\phi_a = 1.3$ 时比较合适。当然这时 NO_x 和 HC 都具有较高的值，而 CVCC 汽油机通过推迟点火提前角可以进一步降低 NO_x 和 HC 排放量。

3.轴向分层稀燃系统

轴向分层稀燃系统的工作原理如图 4-26 所示。首先，由进气管造成强烈的进气涡流；进气过程后期进气门开启到接近最大升程时，通过安装在进气道上的喷油器将燃料喷入缸内；燃料在涡流作用下，沿汽缸轴向产生上浓下稀的分层。这种分层一直维持到压缩行程后期，以保证在火花塞附近是较浓的混合气。

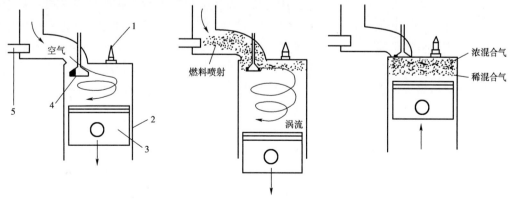

图 4-26　轴向分层稀燃系统工作原理

1-火花塞;2-汽缸;3-活塞;4-导气屏进气门;5-喷油器

4. 滚流(纵涡)分层稀燃系统

在进气过程中形成的绕垂直于汽缸轴线方向旋转的有组织的空气旋流,称为滚流,也称为纵涡或横向涡流。滚流在压缩过程中逐渐被压扁,在上止点附近破碎成许多小尺寸的涡流和湍流,可大大改善混合气燃烧过程。如图4-27所示,滚流在压缩上止点附近形成的湍流强度,比进气涡流强得多,约是普通进气道标准气流的2倍。

综上所述,分层燃烧系统的发展,为降低尾气有害物排放,提高发动机的经济性和动力性都起到了很大的推动作用,至20世纪中后期出现以来已得到广泛的应用,在此基础上,人们还在继续摸索其他方法以进一步改善发动机的排放性能。

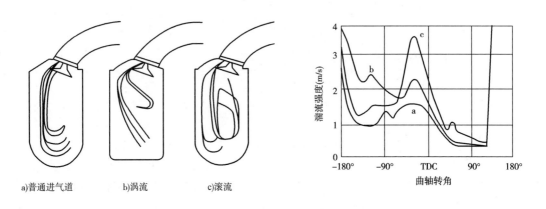

a)普通进气道 b)涡流 c)滚流

图4-27　三种进气形式对比

三、高压缩比燃烧系统

1. 高压缩比燃烧系统对排放的影响

点燃式发动机的压缩比是最重要的结构参数之一,一般都是在燃料辛烷值允许的前提下尽可能用较高的压缩比,以获得较好的功率和油耗指标。然而一味提高压缩比对排气净化不利,在这方面的性能与排放是有矛盾的。压缩比提高使燃烧室更扁平,面容比 S/V 增大,导致未燃 HC 增加。压缩比提高使排温下降,未燃 HC 的后氧化减弱,使 HC 排放量增大。高压缩比发动机最高燃烧温度较高,使得 NO_x 生成量增加,热分解产生的 CO 也增多。但这并不意味着为降低污染物排放要人为降低发动机的压缩比,事实上恰恰相反。传统的汽油机往往根据最易发生爆震的工况(如最大转矩工况,MBT 点火定时)选择压缩比,这样在其他常用的中小负荷工况下,汽油机抗爆能力并没有得到充分利用。现代汽油机则选择更高一些的压缩比,在大部分工况下能正常燃烧,而在少数工况发生爆震时,通过爆震传感器得到信号并传给电控器,后者可通过适当推迟点火消除爆震。电控点火系统的采用使精确控制点火定时成为可能,为高压缩比点燃机在性能与排放方面得到更好的折中提供很大的潜力。

2. HR-CC 型高压缩比燃烧系统

英国里卡多公司生产的 HR-CC 型燃烧系统是代表性的高压缩比燃烧系统,它的燃烧室有两种形式:一种在汽缸盖内;另一种在活塞顶内。这种燃烧室有较大的挤气面积,能产生较强的紊流,火花塞电极伸到燃烧室中,使火焰传播距离缩短,压缩比由 9 提高到 13,大大减少了缸内废气,NO_x 可降低 80%,CO 降低 50%。

第四节　废气再循环技术

一、工作原理

1. 废气再循环(EGR)及其净化原理

废气再循环(EGR)技术是控制 NO_x 排放的主要措施,它将汽油机排出的一部分废气重新引入发动机进气系统,与混合气一起再进入汽缸燃烧,如图4-28 所示。

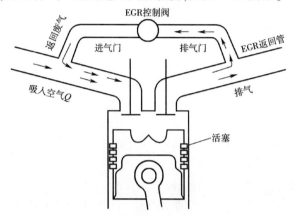

图4-28　废气再循环系统工作原理

废气混入的多少用 EGR 率表示,其定义如下:

$$EGR\ 率 = \frac{返回废气量}{进气量 + 返回废气量} \times 100\%$$

NO_x 是在高温和富氧条件下 N_2 和 O_2 发生化学反应的产物。燃烧温度和氧浓度越高,持续时间越长,NO_x 的生成物也越多。一方面废气对新气的稀释作用意味着降低了氧浓度;另一方面,考虑到除急速外的其他工况下的 CO、HC 和 NO_x 浓度均小于1%,废气中的主要成分为 N_2、CO_2 和 H_2O,而且三原子气体的比热较高,从而提高了混合气的比热容,加热这种经过废气稀释后的混合气所需要的热量也随之增大,在燃料燃烧放出的热量不变的情况下,最高燃烧温度可以降低。从而可使 NO_x 在燃烧过程中的生成受到抑制,明显地降低 NO_x 排放。

2. 废气再循环的控制策略

随着 EGR 率的增加,燃烧开始不稳定,燃烧波动增加,HC 排放上升,功率下降,燃油经济性趋于恶化。小负荷特别是急速时进行 EGR 会使燃烧不稳定,甚至导致失火,使 HC 排放急增。全负荷追求最大动力性,使用 EGR 会使最大功率降低,动力受损。因此,必须对 EGR 率进行适当控制,使之在各种不同工况下,得到各种性能的最佳折中,实现 NO_x 的控制目标。

对 EGR 系统的控制要求如下:

(1)由于 NO_x 排放量随负荷增加而增加,因而 EGR 量亦应随负荷的增加而增加。

(2)急速和小负荷时,NO_x 排放浓度低,为了保证稳定燃烧,不进行 EGR。

(3)在汽油机暖机过程中,冷却液温度和进气温度均较低,NO_x 排放浓度也很低,混合气供给不均匀,为防止 EGR 破坏燃烧稳定性,起动暖机时不进行 EGR。

(4)大负荷、高速时,为了保证汽油机有较好的动力性,此时虽温度很高,但氧浓度不足,NO_x 排放生成物较少,通常也不进行 EGR 或减少 EGR 率。

(5)为了实现EGR的最佳效果,需保证再循环的排气在各缸之间分配均匀,即保证各缸的EGR率一致。

3. EGR系统及EGR阀

图4-29为车用汽油机三种典型的EGR系统。

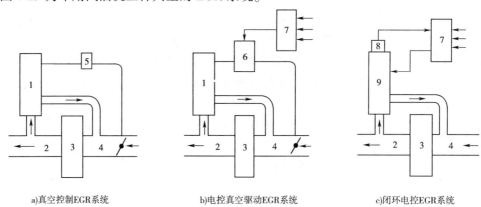

　　a)真空控制EGR系统　　　　　b)电控真空驱动EGR系统　　　　c)闭环电控EGR系统

图4-29　车用汽油机的EGR系统简图

1-真空驱动EGR阀;2-排气管;3-汽油机;4-进气管;5-温度控制阀;6-电控真空调节器;7-电控单元;8-EGR阀位置传感器;9-电磁驱动EGR阀

图4-29a)所示的真空控制EGR系统,除低温切断EGR用温度控制阀5实现外,其余控制规律由进气管节气门后的真空度和真空驱动EGR阀的构造保证(如采用双膜片式EGR阀等)。真空控制EGR系统是一种机械式EGR系统,在现代电控汽油机上已很少应用。图4-29b)所示的为电控真空驱动EGR系统,用电控单元7控制真空调节器6,后者控制真空驱动EGR阀1的开度。在此系统中,通过预先标定的EGR脉谱有可能针对不同工况实现EGR的优化控制。图4-29c)所示的为闭环电控EGR系统,广泛应用于现代电控汽油机中。这种系统应用了带EGR阀位置传感器8的线性位移电磁驱动EGR阀9,由电控单元7发出的PWM信号驱动。传感器8发出的EGR阀位置信号反馈给电控单元7,保证精确实现预定的电控脉谱。而电控脉谱由发动机的EGR标定试验确定。

在EGR控制系统中,EGR阀是其中最为关键的部件。不同的EGR率是通过EGR阀的调节来实现的。废气再循环阀常用的控制方式有温控真空式、真空背压式、真空电磁式、电磁阀式等。随着电子技术在汽车上的广泛使用,现代汽车大多采用电子控制的废气再循环阀。

4. 内部废气再循环

通常把发动机排气经过EGR阀进入进气歧管,与新鲜混合气混合在一起的方式称为外部EGR。实际上,EGR的这种效果也可以通过不充分排气以增大滞留于缸内的废气量(即增大残余废气系数)来实现。与上述外部EGR相对应,称这种方法为内部EGR。滞留在缸内的废气量决定于配气相位重叠角的大小,重叠角大,则内部废气再循环量也大。

高比功率的发动机,由于有较好的充气,通常重叠角较大,内部废气再循环量也大,因而NO_x排放物相对较低,但是重叠角也不能无限加大。过大的重叠角使发动机燃烧不稳定、失火并使HC排放量增加等,因此在确定配气相位重叠角时必须对动力性、经济性和排放性能进行综合考虑。

二、废气再循环对汽油机净化与性能的影响

采用废气再循环能有效地降低汽油机的NO_x排放。但EGR率过大会使燃烧恶化,燃油消耗率增大,HC排放上升。小负荷下进行EGR会使燃烧不稳定,表现为缸内压力变动率增大,工作粗暴,HC 排放急剧增加。大负荷时进行 EGR,会使发动机动力性受损。因此,在进行 EGR 时必须要考虑其对发动机动力性、经济性的影响。

EGR 率对 NO_x 排放浓度和燃油消耗率的影响分别如图 4-30 和图 4-31 所示。图 4-30 中,空燃比被作为参变量,实验结果是在各点的最佳点火提前角条件下得到的。随着 EGR 率的增大,对降低 NO_x 排放越有利。但 EGR 率越大,燃油消耗率也将增加(图 4-31)。故要提高 NO_x 净化率,势必要增加燃油消耗率。

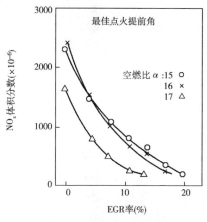

图 4-30　EGR 率对 NO_x 排放浓度的影响图

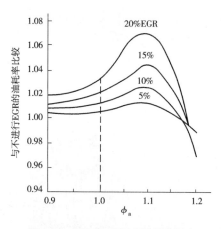

图 4-31　EGR 率对燃油经济性的影响

EGR 率对汽油机净化与性能的影响如图 4-32 所示。该试验是在转速、进气管负压及空燃比一定条件下进行的,试验所用的机型是一台日本丰田 3R 型汽油机。试验结果表明,当 EGR 率超过 15% ~ 20% 时,发动机的动力性和经济性开始恶化,未燃 HC 排放浓度也因 EGR 率加大发生失火现象而上升,而且此时对进一步降低 NO_x 排放浓度的作用不大。因此,通常将 EGR 率控制在 10% ~20% 范围内较合适。

EGR 技术在汽车 NO_x 排放控制中具有重要地位,是目前降低 NO_x 排放的主流技术。完善的电子闭环控制 EGR 技术的应用,为 EGR 净化技术的推广应用创造了优越的条件。即使在不采用 NO_x 后处理的情况下,也能满足我国现行排放法规对 NO_x 限值的要求。

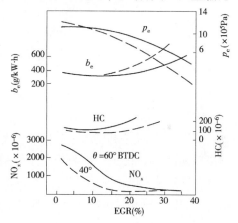

图 4-32　EGR 率对汽油机净化与性能的影响

值得注意的是采用 EGR 技术的同时升高了进气温度,降低了充气效率,恶化了燃油经济性。在此基础上,提出了冷却 EGR 技术,即再循环废气经冷却器冷却后再送入进气端,进一步降低进气温度,更有利于降低 NO_x 排放,同时改善燃油经济性。冷却 EGR 技术是今后降低 NO_x 排放的发展方向,目前在国外已得到部分应用;而在我国,由于排放立法滞后,此项技术的研究及产品开发严重落后,直接影响了汽车工业的发展及排放法规的实施。

第五节　增 压 技 术

在汽油机中,燃料所供能量中有 20% ~ 45% 是由排气带走的,对于非增压汽油机可取上述百分比范围的低限值,对高增压汽油机可取高限值。例如,一台平均有效压力为1.8MPa的高增压中速四冲程汽油机,燃料中将近47%的能量传给活塞做功,约10%的能量通过汽缸壁散失掉,约43%的能量随排气流出汽缸。增压技术的作用就在于利用这部分排气能量,使它转换为压缩空气的有效功以增加汽油机的充气量。增压对提高汽油机功率和改善其燃油经济性及排放都有积极意义。图4-33为汽油机增压的几种形式。

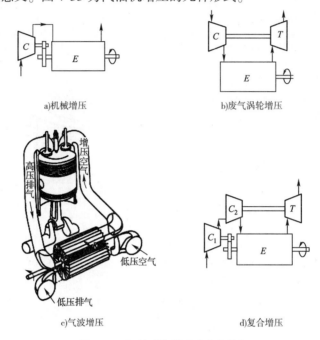

a)机械增压   b)废气涡轮增压

c)气波增压   d)复合增压

图4-33 汽油机增压的几种基本形式
E-汽油机;C-压气机;T-涡轮机

一、增压原理

所谓增压,就是利用增压器将空气或可燃混合气预先进行压缩,再送入汽油机汽缸的过程。增压后,虽然汽缸的工作容积不变,但每循环进入汽缸的新鲜空气或混合气充量密度增大,使实际混合气充量增加,因此不仅可使燃料燃烧更加充分,还可增加每循环的燃料添加量,从而达到提高汽油机功率和经济性,改善排放性能的目的。增压比是指增压后气体压力与增压前气体压力之比。

根据增压的方式不同,汽油机增压可分为下述四种类型,其工作示意图如图4-33所示。

1. 机械增压

在机械增压系统中,增压器的转子,由汽油机曲轴通过齿轮增速箱或其他传动装置来驱动,将气体压缩并送入汽油机汽缸。增压器可用离心式压气机、螺旋转子式压气机或滑片转子式压气机等。

机械增压系统可有效地提高汽油机功率并能用于二冲程汽油机扫气,以及用于复合增压系统中。但是增压后的气体压力不宜超过160~170kPa,因为增压后的气体压力过高将使驱动压气机的消耗功率急剧增加,最终导致整机性能下降,特别是比油耗上升。

2. 废气涡轮增压

利用汽油机排出的具有一定能量的废气进入涡轮并膨胀做功,废气涡轮的全部功率用于驱动与涡轮机同轴旋转的压气机,在压气机中将新鲜空气压缩后再送入汽缸。废气涡轮与压气机通常装成一体,称为废气涡轮增压器。其结构简单,工作可靠,在一般自吸式汽油机上做必要的改装,即可使功率提高30%～50%,燃油消耗率降低5%左右,有利于改善整机的动力性、经济性和排放性能,因而获得广泛应用。

3. 气波增压

由曲轴驱动一个特殊转子,在转子中废气直接与空气接触,利用高压废气流的脉冲气波迫使空气在互相不混合的情况下受到压缩,从而提高进气压力。气波增压器由瑞士 Brwon Boveri 公司最先研制成功。

与废气涡轮增压相比,气波增压有其独特之处。如具有良好的瞬态响应性,使汽油机加速性能好,具有低速转矩大,很适合于工程机械用汽油机。另外,它还具有排气烟度低、废气污染小等优点。然而,到目前为止,气波增压系统由于其体积大、装配复杂、成本高、噪声大等原因,一直没有被普遍接受。

4. 复合增压

严格地说,复合增压不是一种独立的增压方式,它只是前面三种增压方式的组合,如机械增压和废气涡轮增压的组合。

二、涡轮增压技术

作为目前车载应用最普遍的增压技术,涡轮增压技术的核心部件是涡轮增压器。它由装在同一根增压器轴上的涡轮机叶轮和压气机叶轮组成,增压器轴支承在增压器壳体内的轴承上,涡轮机叶轮和压气机叶轮上都有一定数量的叶片,从汽缸排出的废气直接进入涡轮机,并推动叶轮和增压器轴旋转,因为压气机叶轮固定在增压器轴的另一端,所以压气机叶轮随轴也一起旋转,空气被吸入进气管道,经压气机压缩之后送入进气管。大多数增压汽油机是气道燃油喷射式汽油机,喷入进气道内的燃油与压缩空气混合形成密度较大的空气燃油混合气,提高汽油机的混合气充量,从而提高汽油机功率。

根据废气在涡轮中流动的方向不同,废气涡轮增压器可分为两大类:径流式涡轮增压器和轴流式涡轮增压器。一般多采用径流式,以满足高转速及较高响应性能的要求。增压器的压气机部分,一般都采用单级离心式结构。图4-34是车用径流式废气涡轮增压器的结构图。

1. 离心式压气机的工作原理

离心式压气机(图4-35)主要由进气道、工作轮(含导风轮)、扩压器和出气蜗壳等部件组成。

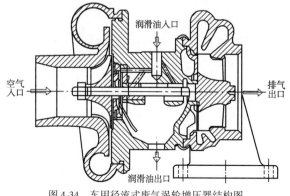

图4-34 车用径流式废气涡轮增压器结构图

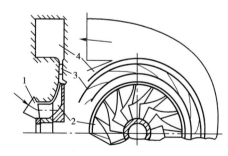

图4-35 离心式压气机简图
1-进气道;2-工作轮;3-扩压器;4-蜗壳

首先,新鲜充量沿截面收缩的轴向进气道进入工作轮,气流略有加速。然后气流进入工作轮上叶片组成的气流通道。由于工作轮的转速一般为每分钟几万转,有时高达每分钟十几万转,离心力的作用使得新鲜充量得到了很大的压缩,其压力、温度以及气流速度均有较大程度的增加,这部分能量是由驱动工作轮的机械功转化而来,而机械功又是来源于与之同轴相连的涡轮。随后,压力提高了的气体沿工作轮径向流出,进入扩压器和出气蜗壳。由于两者均是截面逐渐增大的通道,气体所拥有的动能的大部分会在其中转变为压力能,这样,压力得以进一步升高,而气流速度则相应下降。

由此可见,新鲜充量在压气机中完成了一系列的功能转换,并将涡轮机传给压气机工作轮的机械能,尽可能多的转变为进气充量的压力能。

每一转速下,当空气流量减少到低于某一数值时,压气机的工作便开始不稳定,气流产生强烈的脉动,引起工作轮叶片强烈的振动,并产生很大的噪声,这种不稳定工作现象称为压气机的喘振。发生喘振是由于流量过小时,在叶片扩压器内和工作轮进口处气流与壁面分离所致。分离产生气流旋涡,撞击损失开始增大,气流分离现象扩展到整个叶片扩压器和工作轮通道内,导致气流产生强烈的振荡和倒流,即发生喘振。当流量较大时,也会发生气流与壁面的分离现象,但由于气流惯性的存在,使得发生分离的气体受到其他气体的压缩而局限在入口边缘,无法扩展到整个叶片,故此时仅仅增大了撞击损失,而不会产生喘振现象。压气机在工作时应尽量避免喘振,长时间喘振工作将使机件损坏。

除喘振外,压气机中还存在堵塞现象。增压器在某一转速下,通过压气机的气体流量随增压比的降低而增加,当流量增加到一定数值后,压气机通道中的某个截面达到临界条件(即流速达到当地声速,马赫数为1)。此后,增压比继续降低气体流量也不再增加,此时的气体流量称为堵塞流量,也是该转速下压气机所能达到的最大流量。

2.径流式涡轮机的工作原理

涡轮机的作用是将排气所拥有的能量尽可能多地转化为涡轮旋转的机械功。径流式涡轮机(图4-36)主要由进气蜗壳、喷嘴环、工作轮以及出气道等组成。

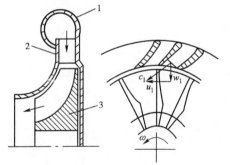

图4-36 径流式涡轮机的工作简图
1-进气蜗壳;2-喷嘴环;3-工作轮

排气从工作轮转子的外缘由进气蜗壳流入,做功后从涡轮中心轴向流出。进气蜗壳的作用是引导发动机的排气均匀地进入涡轮。根据增压系统的要求,蜗壳可以有多个进气口。由于发动机的排气具有一定的压力、温度和速度,经进气蜗壳后直接流入喷嘴环中。喷嘴环沿周向均匀安装、带有一定倾角的叶片所组成的多个渐缩通道。气流流过喷嘴环时,部分压力能转变为动能,气体得到加速而压力、温度下降,且具有很强的方向性,便于均匀有序地流入涡轮机的工作轮。

在工作轮中,气体向心流动,工作轮上叶片之间的通道呈渐缩状,气体在通道中将继续膨胀。气流在工作轮叶片的导向下转弯,由于离心力作用在叶面的凹面上压力得到提高,而在凸面则压力降低。作用在叶片表面压力的合力,产生了转矩。此时,在工作轮出口处的压力、温度以及速度均下降,且出口处的气体速度已远小于进口速度,说明废气在喷嘴中膨胀所获得的动能已大部分传给了工作轮。

在排气涡轮的工作过程中,具有一定动能及压力能的排气在喷嘴环通道中仅部分地得到加速,流经工作轮时大部分转变为机械功用来驱动压气机。

3. 涡轮增压系统

在涡轮增压系统中,按排气能量利用的方式主要分为定压涡轮增压和脉冲涡轮增压两种基本形式,如图4-37所示。其他的增压方式可以认为都是由这两种系统演变和发展而来的。

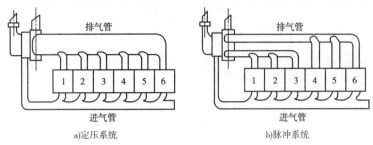

图4-37　涡轮增压系统的两种基本形式

1)定压涡轮增压系统

如图4-37a)所示的定压涡轮增压系统将各缸的排气集中排入一个体积较大的排气总管内,排气总管实际起到了集气箱和稳容器的作用,然后再将排气引向涡轮整个喷嘴环。由于排气总管内的压力振荡较小,进入涡轮前的压力基本不变,所以被称为定压增压系统。

定压涡轮增压系统的主要特点是:涡轮在定压下全周进气,气流引起的激振较小,不易引起叶片断裂。但定压涡轮增压系统对排气能量的利用率较低。试验表明,当增压压力较小时,定压涡轮增压系统仅仅利用了排气能量的12%～15%。采用定压涡轮增压的发动机,低速转矩特性和加速性能较差。

2)脉冲涡轮增压系统

如图4-37b)所示的脉冲涡轮增压系统的特点是尽可能将汽缸中的废气直接、迅速地送到涡轮机中,在排气管中产生尽可能大的周期性的压力脉动,推动涡轮机工作。为此,将涡轮机靠近汽缸,排气管尽量短而细。为了减少各缸排气压力波的相互干扰,用多根排气歧管将点火次序相邻汽缸的排气相互隔开。

脉冲系统有两缸共用一排气支管或三缸共用一排气支管的结构,依据发火顺序将扫气不发生干扰的汽缸连接在同一根排气支管。这样既可避免扫气干扰,又可较好地利用排气脉冲能量,低速性能好。对于缸数为3的倍数的发动机,三缸共用一排气支管时排气支管内能量供给连续,增压系统效率较高。但如果缸数不是3的倍数,就会剩余一个汽缸或两个汽缸用一根排气支管的情况。这样,涡轮与该排气支管相连的一段就会在发动机一个循环的某些时间段得不到排气能量,影响增压系统的效率。

脉冲增压系统的特点是:低增压时废气能的利用率比定压增压系统高;背压相对较低,扫气作用明显,即使在部分负荷下也能保证良好扫气;排气管容积小,负荷变化时排气压力波立即发生变化并迅速传到涡轮,使增压器转速迅速改变,即动态响应好;但脉冲系统的尺寸较大,排气管结构也较复杂。

从以上分析可以看出:低增压时采用脉冲涡轮增压系统较为有利,而在高增压时宜采用定压增压系统。对于车用柴油机,由于大部分时间是在部分负荷下工作,且对加速性能和转矩特性要求较高,因此多采用脉冲涡轮增压系统。

为了弥补定压增压和脉冲增压系统各自的不足,还可以采用一些新型的增压系统。比如脉冲转换增压系统、多脉冲转换增压系统以及模块式脉冲转换器系统等。

三、增压对汽油机净化与性能的影响

汽油机涡轮增压后动力性能可得到较大提高,对高原地区工作的适应性,CO 和 HC 排放以及噪声等性能均可得到较大程度的改善。但由于汽油机的过量空气系数接近于 1,因此增压技术对汽油机的作用主要在于提升动力性,提高燃油利用率。同时,由于汽油机的转速高,空气流速快而且变化范围大,因此与柴油机相比对涡轮增压器的要求更高。

汽油机采用增压技术与柴油机相比难度大,主要表现如下所述。

(1)汽油机增压易发生爆震。

增压使压缩终了混合气的温度、压力趋于升高,致使爆震的倾向增大。汽油机由于受爆震限制,压缩比 ε 较低,因而造成膨胀不充分,致使排气温度较高,热效率下降。

(2)汽油机增压热负荷大。

汽油机混合气的浓度范围窄(过量空气系数 $\phi_a = 0.85 \sim 1.1$),燃烧时的过量空气少,造成单位数量混合气的发热量大;同时,汽油机又不能通过提高气门重叠角 δ_m 加大扫气来冷却受热零件(如气门、燃烧室等),这势必造成汽油机在增压后的热负荷偏高。汽油机增压后热负荷大又促使爆震倾向的发生。

(3)汽油机与增压器匹配困难。

与柴油机相比,汽油机的转速范围宽,从低速到高速混合气质量流量变化大。当节气门突然开大时,增压器响应滞后造成动力响应的滞后;汽油机增压后其排气温度高,易造成增压器损坏,并出现低速时增压压力不足,高速时增压压力过高及寿命降低的情况。

由于以上问题的存在,汽油机增压技术普及受到限制,近些年来,随着涡轮增压器设计技术和制造工艺的成熟,工作可靠性得到改善,成本也逐渐降低,增压汽油机的加速响应性也得到明显的改善。

增压技术对汽油机的排放性能影响主要表现在以下几点。

(1)对 CO 排放的影响。

汽油机中 CO 是燃料不完全燃烧的产物,主要在局部缺氧或低温下形成。汽油机工作时过量空气系数通常在 $0.8 \sim 1.2$ 范围内,因此 CO 排放量比柴油机要高,尤其是在起动暖机和急加速、急减速时。汽油机采用涡轮增压后过量空气系数增大,燃料的雾化和混合进一步得到改善,汽油机的缸内温度能保证燃料更充分燃烧,CO 排放可进一步降低。

(2)对 HC 排放的影响。

汽油机排气中的 HC 主要是燃烧过程中未燃烧或燃烧不完全的碳氢燃料、从间隙中窜入曲轴箱的少量未燃燃料以及燃油系统蒸发的燃油蒸气。增压后进气密度增加、过量空气系数增大,可以提高燃油雾化质量,促进燃料燃烧,减少未燃碳氢燃料,HC 排放减少。

(3)对 NO_x 及微粒排放的影响。

汽油机 NO_x 及微粒排放主要受燃烧室温度与过量空气系数的影响。增压后,过量空气系数增大,但同时燃烧温度也有明显升高,因此 NO_x 排放增加,而微粒排放则减少。但由于汽油机中 NO_x 及微粒排放相对于柴油机较少,因此增压技术对汽油机 NO_x 及微粒排放的影响有限。

针对汽油机单纯增压后可能会因过量空气系数增大和燃烧温度升高而导致 NO_x 增加的问题,实际上,在汽油机增压的同时,常采用降低压缩比、中冷技术和组织 EGR 等措施来减小热负荷、降低最高燃烧温度。压缩比的减小可以降低压缩终了的介质温度从而降低燃烧火焰温度;采用中冷技术可以降低压缩终了温度,使燃烧温度得到有效控制;废气再循环在一定程

度上抑制了着火反应速度,可以控制最高温度。

(4)对 CO_2 排放的影响。

CO_2 是导致全球环境温度上升的主要温室效应气体之一,发达国家已达成共识,控制 CO_2 的排放量。欧盟规定到 2015 年所生产的新车的 CO_2 排放量全部要控制在 130g/km。低燃油消耗意味着更少的有害污染物排放量和 CO_2 的生成量。增压汽油机的燃油经济性改善得益于废气能量的利用和燃烧效率的提高。采用增压技术,功率不变的情况下,可大大降低汽油机尺寸,对汽油机及整车的小型化、轻量化、降低成本有重要意义。

第六节 汽油机均质压燃技术

随着汽油机技术的发展以及排放法规的日益严格,特别是欧 V 乃至将来的欧 VI 法规,对现有汽油机技术提出了更为严峻的挑战。目前已应用的较先进的技术,如汽油机的分层稀薄混合气燃烧和缸内直喷,以及 EGR、废气催化转化等,都难以满足新法规的要求。近几年提出并正在积极研究的一种汽油机均质混合气压燃技术则有望使汽油机技术在性能与排放方面获得新的突破。

汽油机均质压燃技术是均质混合气压燃技术 HCCI(Homogeneous Charge Compression Ignition)的一种,简单来说就是以往复式汽油机为基础的采用压燃方式的新型燃烧模式。与传统的火花点火汽油机相比,HCCI 技术利用燃料的自燃能力,采用高的压缩比和稀燃技术,实现空气和燃料均质混合压缩着火,如图 4-38 所示。

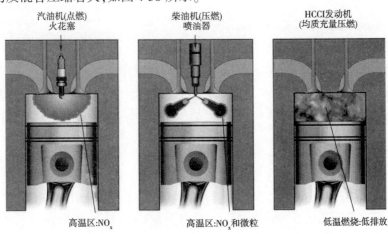

图 4-38 传统汽油机,柴油机和 HCCI 汽油机的比较

一、均质混合气的形成

HCCI 汽油机的均质混合气的形成机理和传统汽油机一样,都是利用燃油的易挥发特性,使一定的燃油与新鲜空气充分混合,形成均匀的可燃混合气。对于 HCCI 汽油机而言,均质混合气的形成可通过两种方法形成。

(1)一种是进气管内汽油喷射,包括单点喷射和多点喷射,即采用电控汽油喷射,喷油器布置在进气道内,燃油直接喷射到进气管内,与新鲜空气混合,此方法通过微机来控制每循环的喷油量和喷油时刻,使空燃比更加精确,各缸的混合气也更加均匀。

(2)另一种是缸内直接喷射,即喷油器布置在汽缸内,也是通过微机来控制每循环的喷油量和喷油时刻,区别在于,混合气直接在汽缸内形成。

二、燃烧特性

传统的汽油机通过火花塞点火,点燃混合气产生能量。但 HCCI 汽油机不同于常规汽油机的单点点火方式,HCCI 是均匀的可燃混合气在汽缸内被压缩直至自行着火燃烧的方式。通过提高压缩比、采用 EGR、进气加温以及增压等手段提高汽缸内混合气的温度和压力,已混合均匀或基本混合均匀的可燃混合气多点同时达到自燃条件,使燃烧在多点同时发生,而且没有明显的火焰前锋,燃烧反应迅速,燃烧温度低且分布较均匀,因而,只生成较少的 NO_x 和微粒,在小负荷时具有很高的热效率。

当汽油机的压缩行程快结束时,汽油通过喷油嘴喷进汽缸,HCCI 汽油机压缩比高于普通的汽油机。所以喷出的小油滴在压缩行程完成时,有时间在汽缸内形成均匀的分布,这时汽缸的压力足够使均匀分布的油滴自动压燃,所有的燃料都在同一时间燃烧,提高了燃油的使用效率。而且由于它采用压燃的缘故,可使相当稀薄的混合气,故能够直接通过调节喷油量来调节转矩,不需要节气门,避免了节气损失。

汽油机 HCCI 燃烧方式的优点在于:首先,由于采用均质燃烧混合气,保持了原汽油机比功率高的特点;其次,由于节流损失减小且压缩比高,采用多点同时着火的燃烧方式使得能量释放率较高,接近于理想的等容燃烧,热效率较高,改善了部分负荷下燃油经济性。

三、均质压燃汽油机的排放性能

1. 均质压燃技术对 CO 排放的影响

对于点燃式汽油机,CO 主要是由于采用过量空气系数 $\phi_a < 1$ 的浓混合气,燃油燃烧不充分的产物。对于采用均质压燃技术的汽油机,其燃烧过程虽然是在较稀的混合气下进行的,但由于汽缸内的燃烧温度较低,燃料和中间物质不能完全氧化成最终产物,燃烧室余隙中排出的一些 HC 也部分氧化成 CO,因此使 CO 排放有所增加。实际上,可通过采用氧化催化这一尾气后处理技术来解决这一问题。

2. 均质压燃技术对 HC 排放的影响

对于点燃式汽油机,HC 排放主要是由于在燃烧过程中未来得及燃烧或未完全燃烧的 HC 随尾气排出和漏入曲轴箱的窜气以及蒸发排放物生成。对于采用均质压燃技术的汽油机,虽然能够使均质可燃混合气充分的燃烧,但同样由于汽缸内的燃烧温度较低,燃料氧化不完全,因此使得 HC 排放有所增加。

3. 均质压燃技术对 NO_x 排放的影响

对于点燃式汽油机,NO_x 的产生主要是由于燃烧温度高、富氧两个因素,采用均质压燃技术后,虽然混合气变稀,但由于多点燃烧的特性,燃烧温度降低,因此可有效地降低 NO_x 排放。

虽然均质压燃技术可提高汽油机性能、降低排放,但均质压燃技术的应用仍存在以下几个难点。

(1)冷起动时着火困难。

汽油机均质压燃技术燃烧的起燃温度在 1000K 左右。冷起动时,燃烧室壁面温度低,不能从进气歧管吸收热量,也没有可用的高温废气,要在燃烧室内得到高温均质混合气比较困难,不容易使均质压燃汽油机实现自燃。因此,若无温度补偿,在冷起动阶段要实现均质压燃非常困难。

（2）运行工况范围有限。

均质压燃汽油机在小负荷工况下由于是稀薄燃烧，容易失火（混合气过稀）。均质压燃汽油机燃烧非常迅速，在大负荷工况下，混合气过浓，易发生爆震。因此目前均质压燃技术在汽油机上主要应用在中小负荷工况。

（3）着火时刻和燃烧速率难以控制。

均质压燃汽油机着火过程主要受化学反应动力学控制，着火时刻取决于混合气的成分、温度和压力，只能间接控制着火时刻和燃烧过程。如果均质压燃汽油机燃烧控制较好，则汽油机可在较宽的大空燃比范围内进行高效稳定的燃烧，循环波动压力小，工作柔和。如果均质压燃汽油机燃烧组织的不好，则容易出现爆震或失火，汽油机的性能变差。

正是由于以上技术难题，使得均质压燃汽油机的广泛应用受到了限制。因此，目前及今后一段时期内的该领域的许多研究都将主要集中在燃烧技术的控制方面，包括燃烧诊断、燃烧模式切换和瞬态工况过渡等。

第七节　可变气门正时技术

可变气门正时技术（Variable Valve Timing，VVT），是近些年来被逐渐应用于现代汽油机上的一种新技术，其原理是根据汽油机的状态调整配气相位，优化进、排气门开启和关闭时刻，从而获得最佳的配气正时，提高进气充量，在所有速度范围内使汽油机的转矩和功率得到进一步的提高，实现改善燃油经济性和提高汽油机排放性能的目的。

一、可变气门正时技术种类及原理

如图4-39所示，可变配气机构，按照有无凸轮轴，可分为两大类：基于凸轮轴的可变气门配气机构和无凸轮轴的可变配气机构。其中，基于凸轮轴的可变气门配气机构又可分为三类：可变凸轮相位、可变凸轮型线、可变凸轮从动件。可变气门正时技术（VVT）严格意义上即指可变凸轮相位，一般分为两类：机械式和液压式。目前液压式VVT已被广泛使用，是市场上的主流产品。

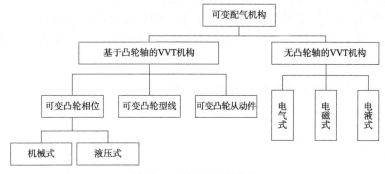

图4-39　可变配气机构分类

下面通过对常见的VVT结构和丰田智能型可变气门正时机构（VVT-i）来介绍VVT的工作原理。

1. 可变凸轮相位的配气机构（VVT）

如图4-40所示结构为采用带轮驱动的螺旋齿轮式可变凸轮相位的配气机构结构图。

其控制原理为：由ECU根据节气门的位置、转速及负荷等电气信号来确定时间提前量。在凸轮轴的正时齿轮上有电磁阀，通过控制电磁阀的关闭，利用汽油机机油泵使装置内建立起油压,升高的油压推动可活动活塞,活塞通过螺旋花键带动与凸轮轴连接的正时齿轮转动,可使凸轮轴旋转一定角度,从而实现对进、排气门关闭和开启时刻的控制。利用凸轮转角传感器,可以准确判断凸轮轴旋转的角度是否达到目标值。当ECU判定需要滞后配气正时时,凸轮轴前段的电磁阀打开,油压下降,正时齿轮内部的回位弹簧使活塞退回原位,从而实现气门正时。

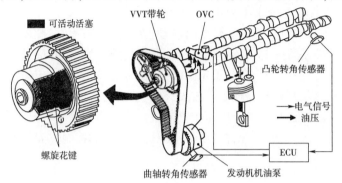

图4-40　可变凸轮相位配气机构结构图

目前除上述结构外,基于相同原理的可变凸轮相位配气机构市场上还有采用链轮驱动的,正时机构也有叶片调节器式、液压张紧器式等结构。

2. 丰田智能型可变气门正时机构(VVT-i)

丰田智能型可变气门正时机构(VVT-i)结构如图4-41所示,可变气门正时控制器1主要由固定在进气凸轮轴上的内螺旋齿轮12、液压活塞8和外螺旋齿轮11所组成。当液压活塞在机油压力下作轴向移动时,固定在液压活塞8上的内螺旋齿轮12相对于外螺旋齿轮11发生轴向移动和转动。这样,凸轮轴相对于正时带轮20发生转动,使气门正时可连续(无级)变化。也就是说液压活塞8移动,则气门正时发生变化,而当液压活塞保持在某一位置,则气门正时(实际上是"气门重叠角")也保持在某一角度。在图4-41中压力机油是从凸轮轴中油道流到液压活塞8的左边。当液压活塞8位于如图4-41所示的Ⅱ位置时,是向减小气门重叠角(进气门延迟开启)位置转动进气凸轮轴18。而当液压活塞8位于如图4-41所示Ⅰ位置时,是向增加气门重叠角(进气门提前开启)位置转动进气凸轮轴18。

在汽车各种行驶工况下,汽油机ECU主要根据来自凸轮轴位置传感器和曲轴位置传感器的信号,向机油控制阀发出提前、延迟或保持信号,控制液压活塞8向左侧或右侧移动,从而控制气门正时。

二、可变气门正时对汽油机净化与性能的影响

1. VVT对CO排放的影响

从CO的生成机理可知,CO排放较高的原因在于燃烧组织不良。汽油机瞬态工况下可燃混合气的不均匀燃烧是导致CO排放超标的主要原因,尤其是在冷起动和怠速工况下,燃烧温度低,燃料汽化条件差,导致了因不完全燃烧而产生的CO高排放。在怠速工况下,可变气门正时机构通过控制进气门开启和排气门关闭的时刻,使气门重叠角达到最小,缸内残余废气量减少,使缸内混合气的燃烧更均匀稳定,有利于降低CO排放;在瞬态工况下,可变气门正时机构通过改变气门重叠角和排气门迟闭角,直接或间接的控制残余废气量,使废气中的CO二次燃烧,从而在一定程度上降低CO排放;对于搭载了三效催化转化器的汽油机而言,稳态工况下的空燃比控制在14.6左右,CO排放量较为稳定,此时,可变气门正时对CO排放的影响程度较小。

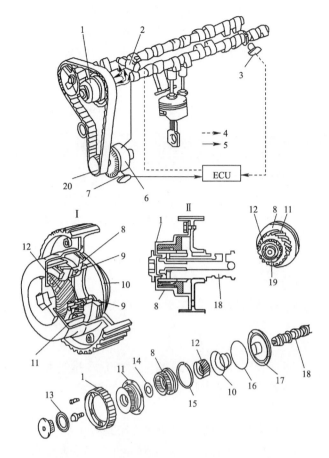

图 4-41　丰田智能型可变气门正时机构(VVT-i)

1-可变气门正时控制器;2-机油控制阀;3-凸轮轴位置传感器;4-电气信号;5-压力机油回路;6-机油泵;7-曲轴位置传感器;8-液压活塞;9-压力弹簧;10-复位弹簧;11-外螺旋齿轮;12-内螺旋齿轮;13-垫圈;14-锥形垫圈;15-弹性挡圈;16-O 形密封圈;17-安装板;18-进气凸轮轴;19-固定螺母;20-正时带轮

　　若可变气门正时控制不当,将会导致 CO 排放增加,如过大的气门重叠角,由于新鲜混合气被缸内的残余废气过分稀释,使着火困难、燃烧恶化,从而出现燃烧不稳定,严重时甚至失火。一般当缸内的残余废气量超过每循环新鲜充量的 20% 左右时,燃烧恶化趋势增加,CO 排放大量增加,特别是在冷起动和怠速工况下,极易发生失火,造成未燃的燃料在排气系统中继续燃烧,使催化器温度过高而烧结损坏,导致更多的排放。

　　2. VVT 对 HC 排放的影响

　　可变气门正时技术对 HC 排放的控制,主要通过使缸内未燃 HC 和残余废气参与二次燃烧来实现。

　　VVT 机构通过调整配气相位,提前开启进气门来增大气门重叠角,此时由于进气门处节流和进气受到高温废气加热的作用,使得排气行程中某段时间内汽缸中的气体压力高于进气管中的压力,将排气行程结束时由于缝隙效应储存的未燃 HC 随部分气体提前压入进气歧管内,并在后面的进气阶段被重新抽吸回汽缸内参与下一次燃烧,从而减少残余废气中未燃 HC 排放。

　　若可变气门正时控制不当,不论使气门重叠角过大或过小,都会使 HC 排放增加。与对 CO 的影响相同,在某些工况下,特别是冷起动怠速阶段和低速小负荷阶段,采用过大的气门重叠角,过多的废气回流会导致燃烧不稳定,燃烧迟缓,燃烧速率下降,功率锐减,油耗增加,形成大量未燃的 HC;而在中高转速和负荷较大的情况下,若采用过小的气门重叠角,上述对 HC 排放的净化效果就会减弱,部分排气和缝隙效应等带来的未燃 HC 失去了被二次氧化的机会,使 HC 排放增加。

3. VVT 对 NO_x 排放的影响

从 NO_x 的生成机理来看,NO_x 产生的必要条件是高的燃烧温度和氧浓度,可变气门正时机构通过控制气门相位,增大气门重叠角,使一部分废气残留在汽缸内,从以下三个方面减少了 NO_x 的生成。

(1)残余废气稀释新鲜混合气,由于废气中 H_2O 及 CO_2 等三原子气体的比热容相比 O_2、N_2 等双原子气体大很多,从而降低了可燃混合气燃烧的最高温度。

(2)由于一部分空气被废气所取代,混合气中氧气的浓度相应降低,NO_x 的生成受到了抑制。

(3)以上两种因素使燃烧速率降低,燃烧的热量得到了控制,从而进一步降低了最高燃烧温度,大幅度减少了 NO_x 排放。

在大多数工况下,NO_x 排放会随内部 EGR 率的增大而减小,但过小的气门重叠角也会使 NO_x 排放增加。

4. VVT 的不同实现方式对排放性能的影响

对于可变气门正时,通常有四种不同方式,即:进气可变、排气可变、进排气等相位调节、进排气独立相位调节等,各种方式对汽油机排放性能的影响各有不同。

1)进气凸轮相位连续可变

进气凸轮相位连续可变可通过调节进气相位,控制各工况下气门重叠角,从而影响缸内的残余废气系数,达到减少排放的目的。在限定的 NO_x 排放水平下,可有效降低 HC 排放。

当汽油机处于怠速时,通过调整进气门开启角,推迟进气门开启时间,从而获得较小的气门重叠角,把残余废气系数调到最低,减少废气回流,使得燃烧更好,提高了怠速稳定性,减少了 HC 和 CO 排放。

中高转速下,随负荷的增大,使进气门开启时间提前,加大气门重叠角,增加了内部残余废气量,在内部 EGR 的作用下降低最高燃烧温度,改变富氧状态,使 NO_x 排放量减少。同时,二次燃烧使得未燃 HC 及 CO 排放也相应较少。在改善汽油机排放性能的同时,进气门可变气门正时还可提高充气效率,增大进气速度,减少泵气损失,从而使汽油机动力性和经济性也有较大提高。

2)排气凸轮相位连续可变

排气凸轮相位连续可变对汽油机排放性能的影响,其原理与进气凸轮相位连续可变类似,都是通过内部 EGR 来降低排放,实现方式有两种。

(1)排气门关闭时刻滞后,使气门重叠角增大,在进气行程活塞下行阶段将部分废气重新吸入汽缸中,实现内部 EGR。

(2)排气门关闭时刻提前,使缸内的残余废气量增多。

由于排气正时能更直接调节缸内残余废气量,所以在某些工况下比进气正时调节的减排效果要好。对于冷起动和怠速工况而言,最大限度的提前开启排气门以减小气门重叠角,消除气体回流,可以提高排气温度以及进气系统和燃烧系统的表面温度,改善经济性和排放性能。

随着转速和负荷的提高,通过调整排气门关闭时刻来增大缸内残余废气量,达到改善排放的目的。

3)进、排气等相位调节

进、排气等相位调节方法通过凸轮连续可变调节来实现,保持气门重叠角大小不变,只改变相对于活塞运动的相位。此种方式,对排放性能产生直接影响的是排气相位的控制,排气门的关闭时刻直接决定了缸内的残余废气量。

4)进排气独立相位调节

进排气独立相位调节能够同时连续改变进排气门的开启和关闭时间,集成了进气和排气可变凸轮相位改善排放的优点。

5. 可变气门正时的控制策略

合理的气门重叠角可实现内部 EGR,改善汽油机各种性能,但是气门重叠角过大或过小都会给汽油机带来不良影响。因此汽油机在不同工况下对气门正时应有一个合理的控制策略。

(1)冷起动和怠速工况下,为防止进气管回火和废气回流至汽缸,使燃烧不稳定,应采用较小的气门重叠角,这样可提高汽油机在冷起动和怠速状态下的稳定性,改善燃油经济性,降低汽油机的怠速转速,提高排放性能。

(2)小负荷时,较大的气门重叠角产生的废气回流对进气的加热作用明显,虽然进气温度高,可以改善汽油的雾化,促进混合,使得汽油机动力性和经济性得到改善,但是进气温度过高,将会导致缸内进气密度下降,影响汽油机的充量系数并引起爆震等不良现象,同时,缸内残余废气系数也较高,因此应调节进、排气门正时,保证较小的气门重叠角,推迟进气门的开启时间,直至活塞具有较高的向下运行速度,从而提高进气速度,加强进气涡流,提高火焰传播速度和燃烧速率。

随着负荷的增加,汽油机对进气充量的要求逐渐增高,同时考虑到内部 EGR 对排放的影响,应增加气门重叠角和进气门迟闭角,从而降低进气真空度,减小泵气损失,提高进气充量,改善汽油机动力性和排放性能。

(3)中、低转速大负荷时,使进气相位提前、排气相位滞后,通过增大气门重叠角范围使汽油机内部 EGR 效果达到最佳,废气稀释量调节到最大,可有效降低 NO_x 和 HC 排放。

(4)高转速大负荷和各转速下的全负荷工况,汽油机对进气充量的要求最高,因此通常采用进、排气相位相对滞后的正时策略,这样可以利用进气过程中形成的气流惯性,增加进气充量,实现最好的充气效率。

第八节 多气门技术

以前的汽油机每个汽缸只有 2 个气门(进、排气门各 1 个),如果每个汽缸多于 2 个气门,就称为多气门汽油机。车用汽油机的转速一般可达 6000r/min 以上,完成一个工作行程只有极短的时间。高转速的汽油机需要燃烧更多的燃料,相应也需要更多的新鲜空气,传统的二气门已很难在这么短的时间内完成换气工作。在一段时间内气门技术甚至成为阻碍汽油机技术进步的瓶颈。唯一的办法只能是扩大气体出入的空间,为此,多气门技术应运而生。

一、气流组织

适当的缸内气流运动有利于燃烧室中燃油喷雾与空气的混合,使燃烧更迅速更完全。尤其当喷油系统的压力不够高使得喷雾不够细时,要求较强的涡流运动来促进油气混合。强烈的进气涡流一般由螺旋进气道或切向进气道产生,它们均以不同程度地增加进气阻力为代价获得较强的涡流运动,结果是泵气损失增大,充量系数下降。另外,对于小缸径高速汽油机,其工作转速范围很大,进气系统产生的涡流往往难以同时满足各种转速下的要求,涡流转速过高和过低同样不利于燃烧。多气门汽油机的开发从根本上改变了上述情况。

随着多气门汽油机的发展,人们发现,在二进气门的汽油机上,传统的进气涡流很难维持到压缩上止点。从缸内气流运动的三维流动模型计算中发现,在平行于汽缸轴线平面内也存在涡流,即滚流(或称垂直涡流以区别于水平涡流),而且相当稳定,并可保持到压缩行程的末期,之后在挤流的冲击下破碎成湍流,大大提高了上止点附近的湍流强度。

滚流是多气门汽油机缸内气体流动的主要形式,通过对不同进气门处的气流导向来实现。在对称进气的多气门汽油机中较易出现进气滚流,当气门升程较小时,进气在缸内的流动比较紊乱,这时存在两个旋转轴相互平行而垂直于汽缸轴线的涡团:一个在进气门下方靠进气道一侧,而另一个则在进气道对面大致位于排气门下方,此为非滚流期;当气门升程加大时,位于进气道对面的涡团突然加强进而占据整个燃烧室,与此同时另一个涡团逐渐消失,此为滚流产生期;随着气门升程的加大和活塞下移,滚流不断加强直至进气行程下止点附近,滚流达到最强,此为滚流发展期;压缩行程属滚流持续期,在压缩行程后期,由于燃烧室空间变得扁平不适于滚流而使其衰减,活塞到达上止点前后,滚流几乎被压碎而成为湍流,此为滚流破碎期。湍流的寿命很短,在燃烧过程中很快消失。

进气道结构是影响进气在缸内滚流强度的主要因素。滚流进气道通常设计为俯冲式直气道,将喉口附近截面设计为上大下小可得到较强的滚流。然而滚流的增强是以增加进气阻力为代价的,难以提高进气的综合性能指标,如果在普通滚流进气道下方加设副气道,就可以达到提高滚流强度15%以上而不损失进气流量的效果。在多气门汽油机上,改变进气门数,可以得到不同强度的进气滚流。

二、多气门对汽油机净化与性能的影响

20世纪80年代,正是由于多气门技术的推广,汽油机的整体质量有了一次质的飞跃。在各种多气门汽油机中,除了2个进气门和1个排气门的三气门式汽油机,目前市场上更常见的是2个进气门和2个排气门的四气门或3个进气门和2个排气门的五气门式汽油机。

四气门式汽油机在目前的轿车上最为常见。增加了气门数目就要增加相应的配气机构装置,构造也比较复杂。气门排列有两种方式:一种是进气门和排气门混合排列;另一种是进气门和排气门各自排成一列。前者的所有气门由一根凸轮轴通过T形杆驱动,但因气门在进气道中所处的位置不同,导致工作条件和效果不好,后者则无此缺点,但需配备两根凸轮轴,即顶置式双凸轮轴(Double Over Head Camshaft,简称DOHC),这两根凸轮轴分别控制排列在汽缸中心线两侧的进、排气门。近年来推出的汽油机多采用这种形式。气门布置在汽缸中心线两侧且倾斜一定角度,目的是为了尽量扩大气门头的直径,加大气流通过面积,改善换气性能。

五气门汽油机由于比四气门多一个进气门,进气更充分,燃烧效率也相应得到提高,燃油经济性相对较好。例如,大众公司的系列产品如宝来、帕萨特、POLO等都是采用五气门汽油机。

从二气门、四气门到五气门,燃烧效率越来越高,但并不是气门数目越多,汽油机的性能就越好。热力学有一个叫"帘区"的概念,指气门的圆周乘以气门的升程,即气门开启的空间。"帘区"越大说明气门开启的空间越大,进气量也就越大。但并不是气门越多"帘区"值就越大,据计算,当每个汽缸的气门数增加到六个时,"帘区"值反而会下降。而且,增加了气门数目就要增加相应的配气机构装置,使结构变得更复杂。

采用多气门的汽油机的净化及性能的主要影响如下。

(1)扩大进、排气门的总流通截面积,增大汽油机的进、排气量,降低泵气损失,使汽油机的燃烧更彻底,功率提高。

(2)可实现关闭部分通道,形成与汽油机转速相适应的进气滚流强度,拓宽汽油机的高效工作转速范围。低速运转时采用上述方法,可使进气滚流强度比高速时更强,提高了低速时的混合气质量,使燃烧更充分,功率也得到提升。

(3)气门增多,则气门变小变轻,不但允许气门以更快的速度开启和关闭,增大了气门开启的时间断面值,而且使相邻气门之间被浪费的燃烧室面积大为减少,从而增加了燃烧室表面积利用率,气门流通总面积增加。

(4)由于多气门改善了进气能力,因此进、排气重叠角可以减小,从而有效地降低小负荷工况时的排放;再者,多气门排气阻力小,进气量大,扫除缸内废气效果提升。

总之,采用多气门技术,能够有效降低汽油机的主要排放物,并且有效提升动力性和燃油经济性,因此多气门技术目前已被广泛应用。

思 考 题

4-1 汽油机的主要机内净化技术有哪些?各技术对汽油机的净化和性能的影响如何?

4-2 电控系统是如何改善汽油机性能的?

4-3 EGR技术、增压技术和可变气门正时技术的工作原理是什么?

第五章 柴油机机内净化技术

本章主要介绍柴油机的低排放燃烧、低排放燃油喷射、电控燃油喷射、废气再循环、增压、均质压燃以及多气门等柴油机机内净化技术。

第一节 概　　述

一、柴油机的燃烧过程

由于柴油的蒸发性差,柴油机靠喷油器将柴油在高压下喷入汽缸,分散成数以百万计的细小油滴,这些油滴在汽缸内高温、高压的热空气中,经加热、蒸发、扩散、混合和焰前反应等一系列物理、化学准备,最后着火。由于每次喷射要持续一定的时间,一般在缸内着火时喷射过程尚未结束,故混合气形成过程和燃烧会重叠进行,即:边喷油边燃烧。柴油机靠调节循环喷油量的多少来调节负荷,而循环进气量则基本不变。因此,每循环平均的混合气浓度随负荷变化而变化,这种负荷调节方式被称为"质调节"。这与汽油机的负荷调节方式大不相同。

柴油机的燃烧过程可划分为滞燃期、速燃期、缓燃期和后燃期四个阶段。

第Ⅰ阶段——滞燃期,指柴油开始喷入汽缸到着火开始的这一段时期。此阶段包括燃油的雾化、加热、蒸发、扩散与空气混合等物理变化,以及重分子的裂化、燃油的低温氧化等化学变化,到混合气浓度和温度比较合适、氧化充分的一处或几处同时着火。

第Ⅱ阶段——速燃期,指从着火开始到出现最高压力的这一段时期。此阶段并没有把滞燃期内喷入的燃油全部烧光,主要取决于混合气形成条件的情况,但至少会把相当部分已喷入汽缸并混合好的油量烧掉,所以这一阶段的燃烧又叫预混合燃烧。

第Ⅲ阶段——缓燃期,指从最高压力点开始到出现最高温度时的这一段时期。缓燃期开始时,虽然汽缸内已形成燃烧产物,但仍有大量混合气正在燃烧。在缓燃期的初期,喷油过程可能仍未结束,因此缓燃期中燃烧过程仍以相当高的速度进行,并放出大量热量,使气体温度升高到最大值。但由于是在汽缸容积增大的情况下进行的,因此汽缸内气体压力迅速下降。

第Ⅳ阶段——后燃期,指从缓燃期终点到燃油基本烧完(一般放热量达到循环总放热量的95%~97%时)的这一段时期。前一阶段燃烧中,燃料由喷注中心向外扩散的过程中受到已燃废气的包围,使一部分燃料拖到后期燃烧,形成后燃期。

柴油机燃烧过程的特性,是分析柴油机有害排放物形成特点和研究排放物控制的基础。

二、柴油机的主要排放污染物

柴油机是通过把柴油高压喷入已压缩到温度很高的空气中迅速混合、自燃而工作的。油气混合不像汽油机那么均匀,总有部分燃料不能完全燃烧,分解为以炭为主体的微粒。同时,由于混合气不均匀,在燃烧过程中局部温度很高,并有过量空气,导致 NO_x 的大量生成。相对于汽油机而言,柴油机由于过量空气系数比较大,CO 和 HC 排放量要低得多,但普通的燃油供给系统使柴油机具有致癌作用的微粒排放量比汽油机大几十倍甚至更多。因此,控制柴油机排放物的重点,就在于降低柴油机的 NO_x 和微粒(包括碳烟)排放。表 5-1 对车用柴油机和汽油机的排放进行了比较。

柴油机与汽油机排放比较　　　　　　　　　　　　　　　　　表 5-1

有害成分	汽 油 机	柴 油 机
微粒(g/m^3)	0.005	0.15 ~ 0.30
CO(%)	0.1 ~ 6	0.05 ~ 0.50
HC($\times 10^{-6}$)	2000	200 ~ 1000
NO_x($\times 10^{-6}$)	2000 ~ 4000	700 ~ 2000

三、柴油机的主要机内净化技术

就燃烧过程来比较,柴油机远比汽油机复杂得多,因而可用于控制有害物生成的燃烧特性参数也远比汽油机复杂得多,这使得寻求一种兼顾排放、热效率等各种性能的理想放热规律成了柴油机排放控制的核心问题。为达到此目的,研究理想的喷油规律、理想的混合气运动规律以及与之匹配的燃烧室形状是必需的。

然而,降低柴油机 NO_x 排放和微粒排放之间往往存在着矛盾。一般有利于降低柴油机 NO_x 的技术都有使微粒排放增加的趋势,而减少微粒排放的措施又可能将使 NO_x 排放升高。尽管如此,近年来,柴油机排放控制技术还是取得了很大的进展,研制出了一些低排放、高燃油经济性的柴油机,这些机型不用任何后处理装置即可以达到较高的排放法规要求,显示出柴油机机内净化技术的巨大潜力。

表 5-2 给出了降低柴油机 NO_x 和微粒排放的相关技术措施。

降低柴油机 NO_x 和微粒排放的相关机内净化技术措施　　　　　表 5-2

技 术 对 策	实 施 方 法	主要控制对象
燃烧室设计	设计参数优化、新型燃烧方式	NO_x、微粒
喷油规律改进	预喷射、多段喷射	NO_x
进排气系统	可变进气涡流、多气门	微粒
增压技术	增压、增压中冷、可变几何参数增压	微粒
废气再循环	EGR、中冷 EGR	NO_x
高压喷射	电控高压油泵、共轨系统、泵喷嘴	微粒
均质压燃技术	HCCI	NO_x、微粒

需要指出的是,每一种技术措施在降低某种排放成分时,往往效果有限,过度使用则会带来另一种排放成分增加或动力性、经济性的恶化,因而在工程实际中常常是几种技术措施同时并用。

第二节　低排放燃烧系统

柴油机燃烧室是进气系统进入的空气与喷油系统喷入的燃油进行混合和燃烧的场所,所以燃烧室的几何形状对柴油机的性能和排放具有重要的影响。

柴油机按其燃烧室设计形式,可以分为直喷式柴油机和非直喷式柴油机。这两类燃烧系统在燃烧组织、混合气形成和适应性方面都各有特点,因而在有害排放物的生成量方面也有所不同。

一、非直喷式燃烧系统

非直喷式燃烧室有主、副燃烧室两部分,燃油首先喷入副燃烧室内进行混合燃烧,然后冲入主燃烧室进行二次混合燃烧。燃烧室按构造划分,主要有涡流室式燃烧室和预燃室式燃烧室两种。

1. 涡流室式燃烧室

图 5-1 为涡流室式燃烧室的结构图。作为副燃烧室的涡流室设置在汽缸盖上,其容积 V_k 与整个燃烧室容积 V_c 之比 $V_k/V_c = 50\% \sim 70\%$。主燃烧室由活塞顶与汽缸盖之间的空间构成,主、副燃烧室之间有一通道,其截面积 F_k 与活塞面积 F 之比 $F_k/F = 1\% \sim 3.5\%$,通道方向与涡流室壁面相切。

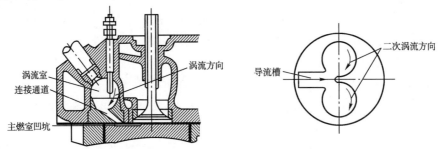

图 5-1　涡流室式燃烧室结构

柴油机在压缩过程中,汽缸内的空气受活塞挤压,经连接通道导流并进入涡流室,形成强烈的有组织的压缩涡流(一次涡流)。燃油顺涡流方向喷入涡流室,迅速扩散蒸发性与气流混合。由于这种混合方式对喷雾质量要求不高,因而对喷油系统要求较低,一般采用轴针式喷油器,起喷压力为 $10 \sim 12MPa$,远低于直喷式燃烧室用的孔式喷油器。压力一般由喷注的前端开始着火,火焰在随涡流作旋转运动的同时,很快传遍整个涡流室。随着涡流室内温度和压力的升高,燃气带着未完全燃烧的燃料和中间产物经主、副燃烧室的连接通道高速冲入主燃烧室,在活塞顶部导流槽处再次形成强烈的涡流(二次涡流),与主燃烧室内的空气进一步混合燃烧,最终完成整个燃烧过程。

由于涡流室式燃烧室的燃烧过程采用浓、稀两段混合燃烧方式,前段的浓混合气抑制了 NO_x 的生成和燃烧温度,而后段的稀混合气和二次涡流又加速了燃烧,促使炭烟的快速氧化,因而 NO_x 和微粒排放都比较低,即使大负荷时烟度一般也是 BSU <3。

2. 预燃室式燃烧室

预燃室式燃烧室的结构如图 5-2 所示。

燃烧室由位于汽缸盖内的预燃室和活塞上方的主燃烧室所组成,两者之间由一个(图 5-2a)或数个(图 5-2b)孔道相连。对于二气门柴油机,预燃室可偏置于汽缸一侧(图 5-2a),对于四气门柴油机,预燃室可置于汽缸中央(图 5-2b)。预燃室与整个燃烧室的容积之比 $V_k/V_c = 35\% \sim 45\%$,连接孔道截面积与活塞顶面积之比 $F_k/F = 0.3\% \sim 0.6\%$,均小于涡流室式燃烧室。

预燃室式燃烧室的工作原理与涡流室式燃烧室相似,都是采用浓、稀两段混合燃烧。由于预燃室式燃烧室的通孔方向不与预燃室相切,所以在压缩行程期间气流在预燃室内形成的是

74

无组织的紊流运动,这是与涡流室的主要区别。轴针式喷油器安装在预燃室中心线附近,低压喷出的燃油在强烈的空气湍流下扩散混合。着火燃烧后,随着预燃室内的压力和温度升高,燃烧气体经狭小的连通孔高速喷入主燃烧室,产生强烈的燃烧涡流或湍流,与汽缸内的空气进行第二次混合燃烧。

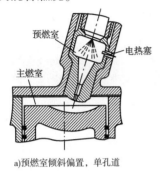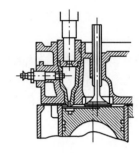

a)预燃室倾斜偏置,单孔道　　　　　　b)预燃室中央正置,多孔道　　　　　　c)预燃室侧面正置,单孔道

图 5-2　预燃室式燃烧室

二、直喷式燃烧系统

直喷式燃烧系统的燃烧室相对集中,只在活塞顶上设置一个单独的凹坑,燃油直接喷入其内,凹坑与汽缸盖和活塞顶间的容积共同组成燃烧室。常见的有代表性的结构见图 5-3 所示。浅盆形燃烧室中的活塞凹坑较浅且开口较大,与凹坑以外的燃烧室空间连通面积大,形成了一个相对统一的燃烧室空间,因而也称为开式燃烧室或统一式燃烧室;相反,深坑形和球形燃烧室由于坑深、开口相对较小,被称为半开式燃烧室。

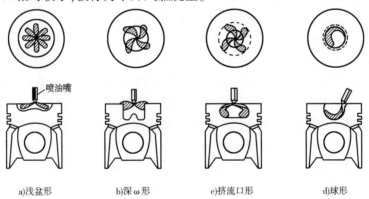

a)浅盆形　　　　　b)深 ω 形　　　　　c)挤流口形　　　　　d)球形

图 5-3　典型的直喷式燃烧室结构示意图

1. 浅盆形燃烧室

如图 5-3a)所示,浅盆形燃烧室的结构比较简单,在活塞顶部设有开口大、深度浅的燃烧室凹坑,凹坑口径 d_k 与活塞直径 D 之比 $d_k/D = 0.72 \sim 0.88$,凹坑口径 d_k 与凹坑深度 h 之比 $d_k/h = 5 \sim 7$。燃烧室中一般不组织或只组织很弱的进气涡流,混合气形成主要靠燃油喷注的运动和雾化。因此均采用小孔径(0.2 ~ 0.4mm)、多孔(6 ~ 12 孔)喷油器,喷油起喷压力较高(20 ~ 40MPa),最高喷油压力可高达 100MPa 以上,以使燃油尽可能分布到整个燃烧室空间。为了避免过多的燃油喷到燃烧室壁面上而不能及时与空气混合燃烧并产生积炭,喷注贯穿率一般在 1 左右。

浅盆形燃烧室内的油气混合属于空间混合方式,在燃烧过程的滞燃期内,形成较多的可燃混合气,因而燃烧初期压力升高率和最高燃烧压力均较高,工作粗暴,燃烧温度高,NO_x 和排气烟度高。这种主要靠喷注的被动混合方式,决定了浅盆形燃烧室的空气利用率低,必须在过量空气系数大于 1.6 以上才能保证较好的燃烧。

2. 深坑形燃烧室

与浅盆形燃烧室的混合形式相比,深坑形燃烧室采用燃油和空气相互运动的混合气形成方式,以满足车用高速柴油机混合气形成和燃烧速度更高的要求。最具代表性的燃烧室有 ω 形(图 5-3b)和挤流口形(图 5-3c)。深坑形燃烧室一般适用于缸径为 80 ~ 140mm 的柴油机,其特点为燃油消耗率较低、转速高、起动性好,因此在车用中小型高速柴油机上获得了广泛的应用。为了获得理想的综合性能指标,必须对涡流强度、流场、喷油速率、喷孔数、喷孔直径、喷射角度、燃烧室等进行大量的优化匹配工作。

1) ω 形燃烧室

ω 形燃烧室(图 5-3b),在活塞顶部设有比较深的凹坑,底部呈 ω 形,目的是为了帮助形成涡流以及排除气流运动很弱的中心区域的空气。一般 d_k/D 为 0.6 左右,$d_k/h = 1.5 \sim 3.5$。ω 形燃烧室的柴油机一般采用 4 ~ 6 孔均布的多孔喷油器,中央布置(四气门)或偏心布置(二气门),喷孔直径较浅盆形燃烧室的大,喷雾贯穿率一般为 1.05。燃烧室内的空气运动以进气涡流为主,挤流为辅。

2) 挤流口形燃烧室

挤流口形燃烧室如图 5-3c)所示,其混合气形成原理与 ω 形燃烧室基本相同,最大的区别就是采用了缩口形的燃烧室凹坑,这就使得挤流和逆挤流运动更强烈,涡流和湍流能保持较长的时间。挤流口式燃烧室的燃烧过程较柔和,挤流口抑制了较浓的混合气过早地流出燃烧室凹坑,使初期燃烧减慢,压力升高率较低,因此 NO_x 排放较 ω 形燃烧室低。

3. 球形燃烧室

球形燃烧室与浅盆形和深坑形燃烧系统的空间混合方式不同,是以油膜蒸发混合方式为主。球形燃烧室的结构形状如图 5-4 所示。活塞顶部的燃烧室凹坑为球形。喷油嘴布置在一侧,油束与活塞上球形表面呈很小的角度,利用强进气涡流,顺着空气运动的方向将燃油喷涂到活塞顶的球形凹坑表面上,形成油膜。球形燃烧室壁温控制在 200 ~ 350℃,使喷到壁面上的燃料在比较低的温度下蒸发,以控制燃料的裂解。蒸发的油气与空气混合形成均匀混合气,喷注中一小部分燃料以极细的油雾形式分散在空间,在炽热的空气中首先着火形成火核,然后点燃从壁面蒸发并形成的可燃混合气。随着燃烧的进行,热量辐射在油膜上,使油膜加速蒸发,燃烧也随之加速。匹配良好的球形燃烧室工作柔和,NO_x 和炭烟排放都较低,动力性和燃油经济性也较好。

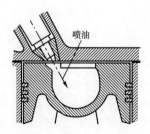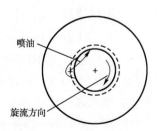

图 5-4　球形燃烧室

第三节　低排放柴油喷射系统

柴油机燃油喷射系统的基本任务就是要根据柴油机输出功率的需要,在每一循环中,将精确的燃油量,按准确的喷油正时,以一定的喷射压力,将柴油喷入燃烧室。为了降低柴油机的排放,燃油喷射系统的改进是关键。低排放燃烧系统应该满足以下要求:

(1)各种工况下都应有较高的喷油压力,以得到足够高的燃油流出的初速度,使燃油粒度细化以提高雾化质量并加快燃烧速度,从而改善排放性能。

(2)优化喷油规律,实现每循环多次喷射。

(3)每循环的喷油量能适应各种工况的实际需要。

(4)各种不同工况有合理的喷油正时,实现柴油机动力性、经济性和排放性能综合最优。

一、喷油压力

喷油过程中,喷油压力是对柴油机性能影响极大的一个因素,特别是直喷式柴油机。在直喷式柴油机中,无论其燃烧室中有无旋流,燃油的雾化、贯穿和混合气形成的能量主要依靠喷油的能量。喷油压力越大,则喷油能量越高、喷雾愈细、混合气形成和燃烧越完全,因而柴油机的排放性能和动力性、经济性都得以改善。

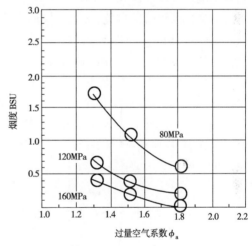

图5-5　高压喷射降低炭烟的效果

高的喷射压力可明显改善燃油和空气的混合,从而降低烟度和颗粒的排放,同时又可大大缩短着火延迟期,使柴油机工作柔和。为适应日益严格的排放法规要求,喷射压力从原来的几十兆帕提高到100MPa、120MPa、180MPa。目前采用的高压共轨燃油喷射系统的喷射压力最高可以达到200MPa。如图5-5所示,当喷油压力从80MPa提高到160MPa时,大负荷时的烟度从1.7降到0.5以下,中等负荷时接近0。

一般供油系统的燃油喷射压力,决定于喷油泵的几何供油速率、喷油器的喷孔总面积以及喷油系统的结构刚度和泄漏情况等一系列因素。当喷油系统中有较长的高压油管时,高压腔内的压力波动对喷射压力产生很大影响,导致实际喷油压力峰值出现在喷嘴端,所以工程实践中常以嘴端峰值压力作为喷油系统工作能力的指标。

对于目前仍广泛采用的喷油泵-油管-喷油器系统,其喷油压力随转速升高而升高,随柴油机的负荷增大而增大。这种特性对于低转速、小负荷条件下的柴油机燃油经济性和烟度不利。此外,由于细长的高压油管和其他高压腔容积的固有物理特性的制约,喷油压力的提高受限,有时还会因为压力波动造成不正常喷射现象。

泵喷嘴将柱塞式喷油泵和喷油器做成一体,取消了高压油管,因此可提供更高的喷油压力,由于有害高压油腔容积较小,所以即使最高喷油压力达180MPa,也不会由于压力波动造成不正常的二次喷射现象。此外,喷油持续期缩短,使怠速和小负荷时喷油特性的稳定性得到改善。泵喷嘴安装在汽缸盖上,由凸轮轴直接驱动。由于泵喷嘴的尺寸比一般的喷油器大,布置时有一定的困难。泵喷嘴在高压喷油时使汽缸盖受附加荷载,所以应该注意确保汽缸盖的强度和刚度。泵喷嘴系统的驱动凸轮到曲轴的距离较远,传动系统负荷较大。这些都限制了泵喷嘴的广泛应用。

一般情况下,高压喷射会使 NO_x 增加。但如果合理利用高压喷射时燃烧持续期短的特点,同时并用推迟喷油时刻或 EGR 等方法,可使微粒和 NO_x 同时降低。

二、喷油规律

喷油规律是影响柴油机排放的主要因素。根据对柴油机的燃烧过程研究和分析,可得出以下结论。

(1)滞燃期内的初期喷油量控制了初期放热率,从而影响最高燃烧压力和最大压力升高率。这些都直接与柴油机噪声、工作粗暴性和 NO_x 排放等相关。

(2)为了提高循环热效率,应尽量减小喷油持续角,并使放热中心接近上止点。喷油持续角与平均喷油率是直接相关的,喷油持续角过大,即平均喷油率较小,不仅会拉长燃烧时间、减小喷油压力而降低整机动力性和经济性,也会使燃烧推迟而导致 HC、CO 排放增多和烟度上升。

(3)在喷油后期,喷油率应快速下降以避免燃烧拖延,造成烟度及耗油量的加大。喷油后期也不应该出现二次喷射及滴油等不正常情况。

为降低柴油机的排放,必须有较理想的燃烧过程,如抑制预混合燃烧以降低 NO_x,促进扩散燃烧以降低微粒和提高热效率。为了实现这种理想的燃烧过程,必须有合理的喷油规律——初期缓慢,中期急速,后期快断(图5-6)。这种理想的喷油规律的形状近似于"靴型"。初期的喷油速率不能太高,这是为了减少在滞燃期内形成的可燃混合气量,降低初期燃烧速率,以降低最高燃烧温度和压力升高率,从而抑制 NO_x 生成及降低燃烧噪声。喷油中期采用高喷油压力和高喷油速率以加速扩散燃烧,防止生成大量微粒和降低热效率。喷油后期要迅速结束喷射,以避免在低的喷油压力和喷油速率下燃油雾化变差,导致燃烧不完全而使 HC 和微粒排放增加。

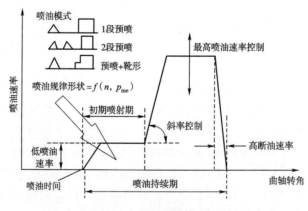

图 5-6 理想的喷油规律

预喷射也是一种实现柴油机初期缓慢燃烧的喷油方法(见图5-6左上角的几种模式)。在主喷射前,有一少量的预先喷射,会使得在着火延迟期内只能形成有限的可燃混合气量,这部分混合气只有较弱的初期燃烧放热,并使随后的主喷射燃油的着火延迟期缩短,避免了一般直喷式柴油机燃烧初期急剧的压力、温度升高,因而可明显降低 NO_x 排放。

78

要优化喷油规律,靠常规的机械喷油系统是很难完成的。只有用电磁阀控制喷油的电控喷油系统,才能实现灵活的喷油规律控制。特别是近几年出现的电控高压共轨喷射系统,完全可以实现喷油规律的优化控制。

三、喷油时刻

喷油定时是间接地通过滞燃期来影响发动机性能的。喷油提前角过大,则燃料在柴油机的压缩行程中燃烧的数量就多,不仅增加压缩负功,使燃油消耗率上升,功率下降,而且因滞燃期较长,压力升高率和最高燃烧温度、压力升高,使得柴油机工作粗暴、NO_x 排放量增加;如果喷油提前角过小,则燃料不能在上止点附近迅速燃烧,导致后燃增加,虽然最高燃烧温度和压力降低,但燃油消耗率和排气温度增高,发动机容易过热。所以,柴油机对应每一工况都有一个最佳喷油提前角。

喷油定时对柴油机的 HC 排放的影响比较复杂。喷油定时与燃烧室形状、喷油器结构参数及运转工况等有关,故不同机型的柴油机往往会得到不同的结果。喷油提前,滞燃期增加,使较多的燃油蒸气和小油粒被旋转气流带走,形成一个较宽的过稀不着火区,同时燃油与壁面的碰撞增加,这会使 HC 排放增加。而喷油过迟,则使较多的燃油没有足够的反应时间,HC 排放量也要增加。

对 NO_x 而言,喷油提前时,燃油在较低的空气温度和压力下喷入汽缸,结果使滞燃期延长,最高燃烧温度升高,导致 NO_x 的增加。推迟喷油会降低初始放热率,使燃烧室中最高温度降低,从而减少 NO_x 排放量,所以喷油定时的延迟是减少 NO_x 排放浓度的有效措施。但喷油延迟必将使燃烧过程推迟进行,最高燃烧压力降低,功率下降,燃油经济性变坏,并产生后燃现象,同时排温增高,烟度增加。因此,喷油延迟必须适度。

大负荷时影响颗粒排放浓度的主要是固相碳。喷油延迟,烟度会增加,即颗粒中固相碳的比例增加。而在小负荷、怠速情况下推迟喷油,由于燃烧温度低,燃烧不完善,从而导致 HC 排放量(即颗粒中可溶性物质)比例的增加。因此,将喷油延迟,颗粒的排放量在各种工况下都会增加。但喷油过于提前,会使得燃油在较低温度下喷入而得不到完全燃烧,也会导致烟度及 HC 排放的增加,更重要的是还会导致 NO_x 的增加。所以总有一个最佳喷油提前角,使柴油机功率大、燃油消耗率低、颗粒浓度也最低。

第四节　电控柴油喷射系统

汽油发动机采用电控技术、增压技术和三效催化转化器后,使燃油经济性显著改善,升功率也进一步提高,HC、CO 和 NO_x 的排放量均可满足目前排放法规要求。然而,柴油机却面临日趋严格的排放法规对 NO_x 和微粒排放量限制的挑战。在未做净化处理的条件下,由于过量空气系数较大,柴油机的燃烧通常较汽油机充分,CO 和 HC 的排放量较汽油机少很多,NO_x 排放量约为汽油机的一半,但对人类健康极有害的微粒排放则是汽油机的 $30 \sim 80$ 倍。为减少柴油机的 NO_x 排放,较有效的方法是采用 EGR 技术,但它会使柴油机经济性受到影响。其他为降低微粒排放而采取的机内净化措施往往又与降低 NO_x 排放相矛盾。所以,现代车用柴油机是以降低 NO_x 和微粒排放、降低噪声和燃油消耗为目的的。然而影响和制约它们的因素太多,且相互关系复杂。这些问题的处理通常是在一定约束条件下,优化目标函数中的变量参数。这就要求柴油机的控制系统能自动获取有关信息,并按预定的"理想性能",对循环喷油量、喷油正时、喷油速率、喷油压力、配气正时等进行全面的柔性控制,保证系统在结构参数、初始条件变化或目标函数极值点漂移时,能够自动维持在最优运行状态。对柴油机燃油喷射系统的要求是:在实现喷油量的精确控制前提下,实现可独立于喷油量和发动机转速的高压喷射,同时实现对喷油正时的柔性控制和对喷油速率的优化控制。

只有在柴油机上应用电控和其他相关技术,实现对发动机的各种参数在不同工况下的最佳匹配,才能满足车用柴油机在提高动力性、降低油耗、改善排放等各个方面越来越严格的要求。

20世纪90年代以来,电控技术在柴油机上的应用逐渐增多,控制精度不断提高,控制功能不断增加,配合增压技术和直喷式燃烧在小缸径柴油机上的应用也逐渐成熟,加上多气门结构和高压喷射技术,大大提高了柴油机轿车和轻型车的竞争力。

燃油供给系统的性能是影响缸内燃烧过程的重要因素,改进燃油供给系统是改善柴油机排放的重要措施之一。对柴油机采用电控燃油喷射技术,能够获得更高的燃烧效率,同时降低燃烧峰值温度,从而减少柴油机的各种有害排放。在传统的柴油喷射系统基础上,首先发展起来的电控喷射系统是位置控制系统,称之为第一代电控喷射系统。基于电磁阀的时间控制系统,则称为第二代电控喷射系统。第三代电控系统——电控高压共轨系统被世界发动机行业公认为20世纪三大突破之一,将成为21世纪柴油机燃油喷射系统的主流。

一、位置控制系统

第一代柴油机电控燃油喷射系统采用的是位置控制。它保留了传统喷射系统的基本结构,只是将原有的机械控制机构用电控元件取代,在原机械控制循环喷油量和供油正时的基础上,用线位移或角位移电磁执行机构控制油量调节杆的位移和提前器运动装置的位移,实现循环喷油量和供油正时的电控,使控制精度和响应速度较机械式控制高。

对循环供油量所采取的位置控制,是以电子调速器代替传统的机械式离心飞块调速器。如图5-7所示是一种用线性螺线管作为执行器的直列泵油量调节齿杆行程或位置控制装置的结构图。当控制电流通过螺线管时,产生一个作用在电枢上的与螺线管中的电流成正比的电磁力来推动油量调节齿杆移动,当推力与复位弹簧力平衡时,齿杆就停留在某一位置上。根据齿杆的实际位置和预定位置之间的偏差量,改变输入螺线管的电流就能精确控制齿杆的位置。同时,设置一个齿杆位置传感器,向电控单元提供齿杆实际位置的反馈信息,以此进行调节循环供油量的反馈控制。

对供油正时的"位置控制",其实质就是用各种形式的电控液压提前器来替代传统的机械或液压式自动提前器。

对供油速率的"位置控制"主要用于电控直列喷油泵上。通过改变柱塞预行程来实现对供油速率的控制。只要能实现喷油泵凸轮随动件上的滚柱体高度的连续可变,就能实现预行程的连续可变。在循环供油量位置控制的直列泵中,可以在柱塞偶件上增加一个控制滑套(图5-8),由控制滑套的上下移动改变供油始点,而柱塞有效行程不变,即循环供油量不变。如图5-9所示,当滑套上移时,柱塞预行程增大,即喷油泵柱塞在凸轮型线工作段上速度较高的区段工作,供油速率增大;反之,供油速率减小。滑套由偏心导销定位,只能上下移动,不能旋转,其驱动端装有一个自动定位轴承,以减少摩擦。滑套上下移动的位置由一套装在喷油泵内的旋转控制杆转动的角度来控制,旋转控制杆是由按电控单元指令工作的电磁式旋转螺线管来驱动的。这就是供油速率的"位置控制"。

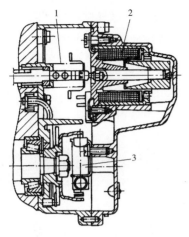

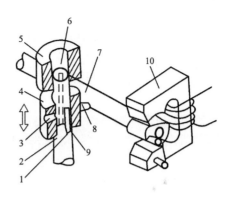

图 5-7　电子调速器基本结构

1-复位弹簧;2-线性电磁铁;3-转速传感器

图 5-8　带有控制滑套的可变预行程控制机构

1-进油孔(进油及回油);2-柱塞;3-溢油孔(回油);4-控制滑套;5-柱塞套筒;6-柱塞腔;7-控制杆;8-销子;9-切槽;10-转动螺线管

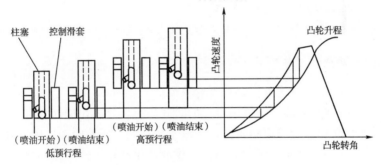

图 5-9　带有控制滑套的可变预行程原理

位置控制式电控燃油喷射系统的特点:

(1)电脑数字控制器通过伺服机构的连续位置控制,对喷射过程实现间接调节,故相对其他电控燃油喷射系统,执行响应较慢、控制频率较低、控制精度不稳定。

(2)不能改变传统喷射系统固有的喷射特性,虽能对喷油速率起到一定的调节作用,但使直列泵机构变得复杂。

(3)几乎无需对柴油机本身结构进行改动,即可实现位置控制喷射,故生产继承性好,便于对现有机型进行升级改造。

位置控制式电控燃油喷射系统的技术关键是油量和定时机构的位置伺服控制技术。

二、时间控制系统

时间控制系统是第二代柴油机电控燃油喷射系统,它改变了传统喷射系统的结构,将原有的机械式喷油器改用高速强力电磁阀喷油器,以脉动信号来控制电磁阀的吸合与断开,以此来控制喷油器的开启与关闭。泵油机构和控制机构相对分开,燃油的计量是由喷油器的开启时间长短和喷油压力的大小所确定,喷油正时由电磁阀的开启时刻控制,从而实现喷油量、喷油正时的柔性控制和一体控制,且极为灵活,其控制自由度和控制性能都是位置式控制系统所无法比拟的。

常用的时间控制系统对循环供油量的控制原理是:电控单元根据柴油机转速和负荷传感

器的信号,按预存的负荷—转速—循环供油量三维脉谱图确定基本循环供油量,并根据冷却液温度等信息计算出经过优化的循环供油量,然后发出指令,使装在溢油通路内的常闭式高速电磁溢流阀关闭或打开。从电磁溢流阀关闭后柱塞开始泵油到电磁溢流阀打开,所持续的时间确定了循环供油量。

在时间控制系统中,用高速电磁溢流阀关闭的时刻来控制供油正时。因此,与循环供油量控制合二为一,大大简化了机构。

时间控制式电控燃油喷射系统的特点如下。

(1)属直接数字电控喷射系统,脉动式高压燃油与开关式电磁控制阀直接接口。

(2)采用高速强力电磁阀的溢流控制实现喷油量和喷油定时的控制,使传统喷油系统的结构得到简化和强化,喷射特性得到改善,适合于高压喷射。

(3)燃油量的计量是一种时间计量方式,用两个连续的开关脉冲来设定有效供油行程。由于开关时间依赖于特定的瞬时转速,而在加速或减速期间速度变化非常快,因此要保持喷射的有效行程较为困难。

(4)电磁阀的响应时间对喷油过程的影响较大,特别在高速时需通过对电磁阀的合理设计尽量缩短响应时间,以提高控制精度。

时间控制式电控燃油喷射系统的技术关键是提高高速强力电磁阀的响应速度。

三、电控高压共轨系统

电控高压共轨系统是第三代电控燃油喷射系统。

在车用高速柴油机中,柴油喷射过程所用的时间只有千分之几秒,而且在喷射过程中高压油管各处的压力随时间和位置的不同而变化。由于柴油的可压缩性和高压油管中柴油的压力波动,使实际的喷油状态与喷油泵所规定的柱塞供油规律有较大的差异,油管内的压力波动有时会在主喷射之后,使喷油器处的压力再次上升到可以令针阀开启的压力,产生二次喷射现象。由于二次喷射的燃油雾化不良,不可能完全燃烧,于是增加了微粒和 HC 的排放量,油耗也增加。此外,每次喷射循环后高压油管内的残余压力都会发生变化,随之引起不稳定喷射,尤其在低转速区域。严重时不仅喷油不均匀,而且会发生间歇性喷射现象。而电控高压共轨系统彻底解决了这种燃油压力变化带来的缺陷。

1. 高压共轨燃油喷射系统简介

如图 5-10 所示的高压共轨电控燃油喷射系统主要由电控单元、高压油泵、共轨管和高压油管、电控喷油器以及各种传感器和执行器等组成。低压燃油泵将燃油输入高压油泵,高压油泵将燃油加压送入高压共轨管,高压共轨管中的压力由电控单元根据共轨压力传感器信号以及需要进行调节,高压共轨管内的燃油经过高压油管,根据柴油机的运行状态,由电控单元从预置的脉谱图中确定合适的喷油定时、喷油持续期,由电控喷油器将燃油喷入汽缸。

1)电控单元

电控单元一般由逻辑模块和驱动模块两个集成电路板组成。其中逻辑模块是电控柴油机的控制核心,它接收柴油机工况的各传感器输入的信号,进行控制决策的运算处理,然后向驱动模块发出相应的指令;驱动模块具有电压电流放大的作用,把逻辑模块发出的指令信号放大后变成能直接驱动执行电磁阀的电压或电流。

2)高压油泵

高压油泵由柴油机驱动,根据其结构和布置的不同,可分为轴向柱塞泵和径向柱塞泵;根据喷油压力对发动机转速的依赖性,可分为全柔性喷油压力控制系统和半柔性喷油压力控制系统;根据喷油压力控制原理,则可分为单阀控制式和双阀控制式。

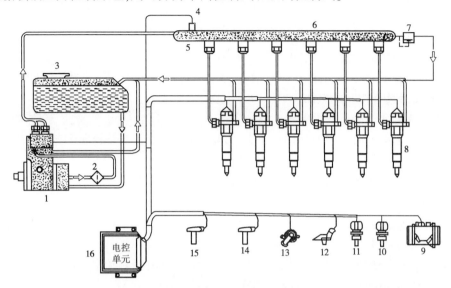

图 5-10　电控高压共轨系统示意图

1-高压油泵;2-滤清器;3-燃油箱;4-共轨压力传感器;5-限流器;6-共轨管;7-限压阀;8-电控喷油器;9-进气质量流量计;10-冷却液温度传感器;11-空气温度传感器;12-增压压力传感器;13-节气门位置传感器;14-曲轴位置传感器;15-柴油机转速传感器;16-电控单元

在半柔性喷油压力控制系统中,喷油压力由发动机转速和高压油泵电磁阀控制决定,输油泵供油速率严格依赖于发动机转速,因此其循环供油量在整个发动机转速范围内不可能处处最优,不能很好地满足发动机过渡工况对油压快速变化的要求,在某种转速下的最高油压也受到限制。

全柔性的单阀式喷油压力控制系统,高压油泵向高压共轨管的供油量是由可控电动输油泵供油量和高压油泵电磁阀控制决定,输油泵的供油量与发动机转速无关,因此可获得理想的发动机过渡工况的油压控制响应特性,即使在怠速下也可获得所设计的最高油压,共轨管稳压容积的设计要保证喷油压力的稳定性(即最小的油压波动)。

3)共轨管

共轨管是连接高压油泵和喷油器的桥梁,也是一个蓄压器。它将已经相互独立的高压燃油的供给过程与燃油的喷射过程联系起来。高压油泵不直接向喷油器提供高压燃油,而将高压燃油泵入共轨管中,燃油喷射所需要的燃油由共轨管供给,这样就减小了供油和喷油过程中的燃油压力的波动。

共轨管中压力波动是设计所要考虑的重要参数,它直接影响到喷油器的喷油量和各缸之间喷油量差异。影响共轨管中油压波动的主要因素有:高压油泵的供油特性、喷油器和调节阀的工作特性以及共轨管本身的特性。为使共轨管压力波动几乎不受喷油器、高压油泵和调节阀工作的影响,共轨管的长度、内径和容积大小应合适,过大则柴油机过渡工况响应不良,过小则共轨管中的压力脉动将导致各缸喷油量的不均匀度增加。

4)电控喷油器

每个喷油器上都有一个电磁阀,当电磁阀的电磁绕组通电时,喷油器针阀在高压燃油作用下升起,开始喷油,并且通过止回阀和节流孔控制针阀缓慢升起,以达到初期喷油速率的柔性控制;电磁绕组断电时喷油结束,止回阀和节流孔也控制断电时针阀下行的速度,以实现快速停止喷射。每个喷油器通电喷油持续时间决定于柴油机工况所需的喷油量。

5)高压油管

高压油管是连接共轨管和电控喷油器的通道,它必须能够承受系统中的最大压力,在喷油停止时还要承受高频的压力波动,同时它还应满足足够的燃油流量以减小燃油流动时的压降。各缸高压油管的长度应尽量相等且尽可能短,这样才能保证从共轨管到喷油器的压力损失最小,而每个喷油器具有相同的燃油喷射压力。

2. 高压共轨燃油喷射系统的基本特点

高压共轨燃油喷射系统在发达国家于20世纪90年代中后期开始进入实用化阶段。它可实现在传统喷油系统中无法实现的功能,其优点如下。

(1)共轨系统中的喷油压力柔性可调,对不同工况可确定所需的最佳喷射压力,从而优化柴油机综合性能。

(2)可独立地柔性控制喷油正时,配合高的喷射压力($120 \sim 200MPa$),可将NO_x和微粒排放同时控制在较小的数值范围内。

(3)柔性控制喷油速率,实现理想喷油规律,容易实现预喷射和多次喷射,既可降低柴油机NO_x排放,又能保证优良的动力性和经济性。

(4)由电磁阀控制喷油,其控制精度较高,高压油路中不会出现气泡和残压为零的现象,因此在柴油机运转范围内,循环喷油量变动小,各缸供油不均匀性得到改善,从而减轻柴油机的粗暴并降低排放。

3. 使用高压共轨燃油喷射系统应注意的问题

高压共轨燃油喷射系统的柔性很大,可方便地应用在各种柴油机上,但必须注意以下方面。

(1)系统供油量与发动机功率相匹配。发动机最大功率决定了共轨系统最大供油量,从高压油泵供油特性、共轨管几何形状到喷油器喷孔大小等应进行优化配合。

(2)喷油压力、喷油规律与发动机燃烧室形状、气体涡流相匹配。应根据发动机工况合理控制喷油压力、喷油规律及喷油正时等。

(3)提高电磁阀的动作速度。高压共轨燃油喷射系统中的控制元件多为电磁阀,只有提高电磁阀的动作响应速度,才能实现精确控制。若发动机转速为5000r/min,喷油持续角为30℃A,则喷油时间为1ms,在此时间内电磁阀要实现两次或更多次喷油动作,其动作速度必须很快。美国Sturman公司生产的高速电磁阀,动作响应周期可达0.25ms。

高压共轨燃油喷射系统在节约能源和保护环境方面具有显著优势,目前我国许多研究和生产单位也开展了该项研究,在不久的将来柴油机高压共轨燃油喷射系统将可完全取代传统的燃油供给系统。

第五节　废气再循环系统

废气再循环(EGR)技术首先应用于汽油机上,长期以来,一直被认为是一种降低汽油机NO_x排放的有效措施。从20世纪70年代开始,国外就将废气再循环技术用于柴油机,研究表明,它同样适用于柴油机,并能有效地降低柴油机的NO_x排放量。

柴油机燃烧时温度高、持续时间长、燃烧时的富氧状态是生成NO_x的三个要素。前两个要素随转速和负荷的增加而迅速增加,而富氧状态则与空燃比直接相关。因此,必须采取有效措施降低燃烧峰值温度、缩短高温持续时间,同时采用适当的空燃比,以降低 NO_x 排放。柴油机通过废气再循环来降低 NO_x 排放量的基本原理和汽油机大致相同。

一、系统构成

1.柴油机废气再循环系统

自然吸气柴油机所用的 EGR 系统与汽油机类似,由于进、排气之间有足够的压力差,EGR 的控制比较容易。但在 EGR 的回流气中的微粒可能引起汽缸活塞组和进气门的磨损,为减小这种影响,首先要尽可能降低微粒的排放。

增压中冷柴油机中根据 EGR 外部回路的不同,EGR 系统可分为低压回路连接法和高压回路连接法两种,见图5-11。

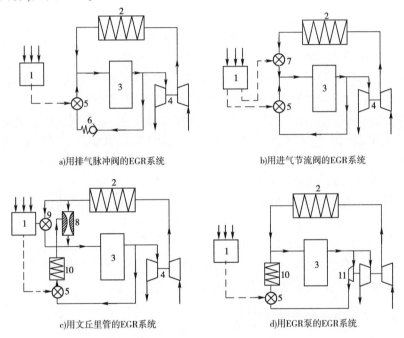

a)用排气脉冲阀的EGR系统　　　　b)用进气节流阀的EGR系统

c)用文丘里管的EGR系统　　　　d)用EGR泵的EGR系统

图 5-11　增压中冷柴油机的 EGR 系统

1-电控器;2-中冷器;3-柴油机;4-涡轮增压器;5-EGR 阀;6-排气脉冲阀;7-进气节流阀;8-文丘里管;9-文丘里管旁通阀;10-EGR冷却器;11-EGR 泵

低压回路连接法是用外管将废气涡轮增压器的涡轮机出口和压气机入口连接起来,并在回路上加装一个 EGR 阀,用来控制 EGR 流量。由于容易获得一个适当的压力差,这种方法在柴油机较大转速范围内均易实现。但是,由于废气流经增压器的压气机及增压中冷器,易造成增压器的腐蚀和中冷器的污损,使柴油机的可靠性和寿命降低。

高压回路连接法是将涡轮机的入口和压气机的出口用外管连接起来的方法。由于排出的废气不经过压气机和中冷器,故避免了上述问题。但在柴油机大、中负荷时,压气机出口的压力(增压压力)比涡轮机入口的排气压力还高,逆向的压差使 EGR 难以实现。为了增大 EGR 实现的范围,人们采取了各种办法。如用节流阀对进气节流,使排气压力高于进气压力,在进气系统中设置一个文丘里管以保证大负荷时所需要的压力差,还有采用专门的 EGR 泵强制进行。

2. 柴油机 EGR 的控制方法

柴油机 EGR 率的精确控制对于 NO_x 的净化效果极其重要。一般 EGR 控制系统有机械式和电控式两类。机械式控制的 EGR 率小(5% ~ 15%),结构复杂,因而应用不广。电控式系统不仅结构简单,还能进行较大的 EGR 率(15% ~ 20%)控制。电控系统又分为开环和闭环控制。开环控制一般是基于三维 EGR 脉谱(MAP 图)的控制,即根据预先由试验确定的 EGR 率与发动机转速、负荷的对应关系进行控制。闭环控制可将 EGR 阀开度作为反馈信号,也可直接用 EGR 率作为反馈信号,采用 EGR 率传感器,对进气中氧气浓度进行检测,将检测结果反馈给 ECU,从而不断调整 EGR 率使其始终保持在最佳状态。

3. 柴油机 EGR 与汽油机 EGR 的比较

柴油机 EGR 与汽油机 EGR 的差别主要有如下方面。

(1)各工况要求的 EGR 率不同。对于汽油机来说,一般在大负荷、起动、暖机、怠速、小负荷时不宜采用 EGR 或只允许较小的 EGR 率,在中等负荷工况允许采用较大的 EGR 率。柴油机则在高速大负荷、高速小负荷时,由于燃烧阶段所必需的氧气浓度相对减少,助长了炭烟的排放,故应适当限制 EGR 率;部分负荷时采用较小的 EGR 率除可降低 NO_x 外,还可改善燃油经济性;低速小负荷时可有较大的 EGR 率,这是由于柴油机在此时过量空气系数较大,废气中含氧量较高,故较大的 EGR 率不会对发动机的性能产生太大的影响。

(2)最大 EGR 率不同。由于柴油机总是以稀燃方式运行,其废气中的二氧化碳和水蒸气的比例要比汽油机低,因此,为了达到对柴油机缸内混合物热容量的实际影响,需要比汽油机高得多的 EGR 率。一般汽油机的 EGR 率最大不超过 20%,而直喷式柴油机的 EGR 率允许超过 40%,非直喷柴油机允许超过 25%。

(3)柴油机进气管与排气管之间的压差较小,尤其在涡轮增压柴油机中,大、中负荷工况范围压缩机出口的增压压力往往大于涡轮机出口的排气压力,EGR 难以自动实现,使 EGR 的应用工况范围及 EGR 的循环流量均受到限制。为扩大 EGR 的应用范围,需在进气管或排气管上安装节流装置,通过节流来改变进气压力或排气压力,因此柴油机的废气再循环系统要比汽油机复杂。但对于增压汽油机,废气再循环系统也会同样复杂。

二、废气再循环对柴油机性能的影响

EGR 系统对发动机性能的影响实质上就是通过对混合气成分的改变来影响发动机动力性、经济性和排放性能的。

EGR 对发动机性能的影响主要体现在空燃比的改变上,随着 EGR 率的提高,空燃比逐渐降低。且随发动机工况的不同,它对空燃比的影响也不同。发动机在怠速、小负荷及常用工况下,空燃比均很大,EGR 对混合气的稀释作用不大,允许采用较大的 EGR 率,但在小负荷时会影响发动机的着火稳定性;在大负荷时,空燃比约为 25:1,过大的 EGR 率会降低燃烧速度,燃烧波动增加,降低燃烧热效率,功率和燃油经济性恶化,随之带来 CO、HC 和烟度的大幅增加。由此可见,EGR 对发动机的负面影响主要表现在大负荷工况,尤其使 HC 及微粒增加,燃油消耗量增大。

尽管在柴油机大负荷工况下采用 EGR 对其性能不利,但由于柴油机 60% ~ 70% 的 NO_x 是在大、中负荷工况下产生的,只有 EGR 增加才能使 NO_x 迅速减少。EGR 率为 15% 时,NO_x 排放可以减少 50% 以上;EGR 率为 25% 时,NO_x 排放可减少 80% 以上。

最大限度地提高 EGR 率的同时,减少由 EGR 对发动机性能带来的负面影响,可在柴油机上同时辅以其他技术措施,比如涡轮增压中冷技术、电控高压共轨燃油喷射技术等。

第六节　增压技术

增压是提高柴油机升功率和改善其排放的主要手段,涡轮增压在大功率强化柴油机上的应用已有半个世纪,但作为车用柴油机来说,涡轮增压的应用却相对滞后,增压车用柴油机的广泛应用不过 30 年左右的历史。原因有:一是小型涡轮增压器制造技术不成熟,以至可靠性不符合汽车的要求,同时成本过高;二是增压柴油机过渡工况性能不好,尤其是加速性能较差。当汽车主要在市内或等级较低的公路上行驶时,经常制动、加速,增压柴油机驱动性能不能很好发挥,反而引起加速冒烟等弊病。

但是,随着小型高速涡轮增压器设计技术和制造工艺的成熟,涡轮增压器的效率大大提高,工作可靠性显著改善,成本也明显降低,增压柴油机的加速性得到明显的改善。然而,对于涡轮增压在车用柴油机上的应用,最大的推动力来自于排放控制法规的日趋严格。现在,不仅重型车用柴油机几乎毫无例外地采用增压,且中型、轻型车,甚至轿车用柴油机都采用增压,而且增压度越来越高,增压中冷的应用也越来越多。

涡轮增压技术有力地促进了柴油机的发展。为了增加功率,改善热效率,提高经济性,柴油机的增压程度不断提高。同时,涡轮增压器与柴油机配合运行时,增压器允许的工作范围较广,配合运行的稳定性更好,所以涡轮增压技术在柴油机中的应用更为广泛。

一、工作原理

目前,绝大部分车用柴油机都采用废气涡轮增压。废气涡轮增压主要使用径流式涡轮增压系统,由离心式压气机和径流式涡轮机这两个主要部分和支承装置、密封装置、冷却系统、润滑系统以及增压控制、放气调节、油量校正、起动装置等组成,见图 5-12。

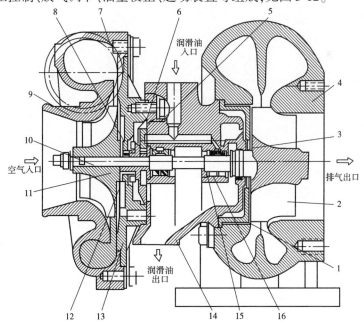

图 5-12　径流式涡轮增压器结构图

1-隔热板;2-涡轮;3-密封环;4-涡轮壳;5-推力与轴承;6-O 形密封圈;7-膜片弹簧;8-密封套;9-压气机壳;10-转子轴;11-压气机叶轮;12-密封环;13-压气机后盖板;14-中间壳;15-卡环;16-浮动轴承

1. 离心式压气机工作原理

离心式压气机主要由进气道、工作轮(含导风轮)、扩压器和出气蜗壳等部件组成。

增压器工作时,空气沿收缩式轴向气道流进压气机工作轮后,从中央流入通道,由于工作轮转动使气流受离心力压缩并甩到工作轮外缘,空气获得能量,其速度、压力、温度都增加,尤其速度增加甚多。气流经压气机工作轮提高速度后,进入扩压器,由于通道断面增大,空气流速下降,压力及温度提高。从工作轮中得到的动能大部分在此转变为压力能,使空气的压力升高。然后经出气蜗壳将这部分空气输向柴油机的进气管和汽缸,从而达到增压的目的。

2. 径流式涡轮机的工作原理

径流式涡轮机主要由进气蜗壳、喷嘴环、工作轮等组成。

进气蜗壳用来把柴油机和增压器连接起来并引导柴油机的排气均匀地进入涡轮。在结构上有轴向进气、切向进气、径向进气三种。根据增压系统的要求,蜗壳可以有一个、两个甚至几个进气口。在进气蜗壳与工作轮之间装有喷嘴环,喷嘴环上均匀的安装许多具有一定角度的叶片并形成渐缩通道。柴油机排出的具有一定压力、温度、速度的废气,经进气蜗壳、喷嘴环,沿叶片间的通道有方向、有秩序均匀高速地冲进涡轮机的工作轮,进而带动压气机旋转。

二、增压对柴油机净化与性能的影响

车用柴油机的排放污染物主要有 CO、HC、NO_x 和微粒,需要严格控制,此外,由于温室效应引起全球变暖的问题,CO_2 的排放量也需要控制。

1. 增压对 CO 排放的影响

柴油机中 CO 是燃料不完全燃烧的产物,主要在局部缺氧或低温下形成。柴油机燃烧通常在过量空气系数大于 1 的条件下进行,因此 CO 排放量比汽油机要低。采用涡轮增压后过量空气系数还要增大,燃料的雾化和混合进一步得到改善,发动机的缸内温度能保证燃料更充分燃烧,CO 排放可进一步降低。

2. 增压对 HC 排放的影响

柴油机排气中的 HC 主要是由原始燃料分子、分解的燃料分子以及燃烧反应中的中间化合物所组成,小部分是由窜入汽缸的润滑油生成。增压后进气密度增加、过量空气系数大,可以提高燃油雾化质量,减少沉积于燃烧室壁面上的燃油,使 HC 减少。

3. 增压对 NO_x 排放的影响

氮氧化物中 NO 含量占 90%以上。NO_x 的生成主要取决于燃烧过程中氧的浓度、温度和反应时间。降低 NO_x 的措施是降低最高燃烧温度和氧的浓度以及减少高温持续的时间。

柴油机单纯增压后可能会因过量空气系数增大和燃烧温度升高而导致 NO_x 增加。实际应用中,在柴油机增压的同时,常采用减小压缩比、推迟喷油定时和组织废气再循环等措施来减小热负荷,降低最高燃烧温度。压缩比的减小可以降低压缩终了的介质温度从而降低燃烧火焰温度;推迟喷油定时可以缩短滞燃期,减少油束稀薄区的燃料蒸发和混合,降低最高燃烧温度;废气再循环改变了空燃比,并在一定程度上抑制了着火反应速度,以控制最高温度。为解决因喷油定时推迟和废气再循环所导致的后燃期增加的问题,须增大供油速率,缩短喷油时间和燃烧时间。

采用进气中冷技术可以降低增压柴油机进气温度,燃烧温度可以得到有效控制,有利于减少 NO_x 的生成。

4. 增压对微粒排放的影响

影响柴油机微粒物生成的原因较复杂,其主要因素是过量空气系数、燃油雾化质量、喷油速率、燃烧过程和燃油质量等。一般柴油机中降低 NO_x 的机内净化措施通常会导致微粒排放的增加。增压柴油机,特别是采用高增压比和中冷技术后,可显著增大进气密度,增加缸内可用的空气量。如同时采用高压燃油喷射、电控共轨喷射、低排放燃烧系统和中心喷嘴四气门技术等,改善燃烧过程,则可有效地控制微粒排放。试验数据表明,采用增压中冷技术的柴油机可降低微粒排放约45%。在大负荷区,与微粒排放密切相关的可见污染物排放,也随着增压比的增大而显著下降。

5. 增压对 CO_2 排放及燃油经济性的影响

CO_2 是导致全球环境温度上升的主要温室效应气体之一,发达国家已达成共识,控制 CO_2 的排放量。目前中国已经制定了2020年单位 GDP 二氧化碳排放比2005年下降40%~45%的目标。低燃油消耗意味着更少的有害污染物排放量和 CO_2 的生成量。

增压柴油机的燃油经济性改善得益于废气能量的利用和燃烧效率的提高;另外,增压柴油机的平均有效压力增加,使得机械摩擦损失相对较小,且没有换气损失,因而机械效率提高;增压柴油机的比质量低,同样功率的柴油机可以做得更小、更轻,整车质量可以减小,也有利于燃油经济性的改善。

第七节 柴油机均质压燃技术

在未来,柴油机面临欧Ⅳ、欧Ⅴ、US2007等越来越严格的法规要求。柴油机的氮氧化物(NO_x)和微粒(PM)排放必须同时大幅度降低才能满足这些严格的法规。传统的柴油机采用扩散燃烧,化学反应速率远高于燃料和空气的混合与扩散速率,燃烧快慢由混合扩散速率决定。在这种类型的燃烧中,混合气浓度和温度分布都不均匀,扩散火焰外缘的高温富氧区产生 NO_x,内部高温缺氧区产生 PM。

扩散燃烧方式决定传统柴油机必然存在 NO_x 和 PM 的折中关系。从机内净化角度来看,针对现有柴油机的燃烧方式,很难达到同时降低 NO_x 和 PM 排放。为了满足更加严格的排放法规,近十几年来人们对均质压燃燃烧(HCCI)这一新型的燃烧方式进行了广泛研究。

HCCI 燃烧结合了传统汽油机和柴油机的优点,实现均质混合气的自燃,通过提高压缩比、采用废气再循环、进气加热和增压等手段提高缸内混合气的温度和压力,使混合气达到自燃的条件。HCCI 的燃烧是一种全局自燃的过程,一般认为它的燃烧过程是由碳氢化合物氧化反应的化学反应动力学所控制,因此,其燃烧速度快,持续期短,稳定性高。与传统燃烧方式相比,HCCI 燃烧过程本身特有的均质、低温特性,使其在同时大幅度降低 NO_x 和微粒排放方面具有巨大的潜力。柴油的 HCCI 燃烧有以下特点。

(1)进气温度应在一定范围内,不可过高或过低,过高的进气温度会使柴油过早自燃,而太低则会影响混合气的形成。

(2)压缩比变化范围较大。

(3)由于柴油的自燃性较好,因此一旦充分混合,基本不存在失火和部分燃烧现象,因而运行范围主要受爆震强度限制。

但是,在柴油机上实现 HCCI 燃烧面临诸多困难,首先,因为柴油黏度大,挥发性差,形成预混均质混合气困难,燃烧开始后,微小油滴的存在都会形成当量比为1的扩散火焰,增加

NO$_x$ 排放。第二,柴油作为高十六烷值燃料,容易发生低温自燃反应。只要当燃烧室内温度超过 800K 就将产生快速自燃着火,结果形成过分提前的燃烧相位和粗暴的着火过程。第三,在大负荷工况时,燃烧反应速度过快,会引起爆震燃烧。因此,控制混合速率、自燃着火时刻和燃烧速率是柴油燃料 HCCI 燃烧过程的三个关键问题。

根据混合气形成方式,柴油机 HCCI 燃烧技术可分以下三类。

(1)缸外预混 HCCI,即在进气冲程柴油被喷入进气管,与空气混合形成预混合气。这种方式是形成预混合气最直接的方法,也是最容易实现的方法。

(2)缸内早喷 HCCI,即在压缩冲程早期,柴油被喷入汽缸,随活塞上行逐步与空气混合,直至发生自燃着火,是目前应用最普遍的柴油燃料 HCCI 预混合气形成方式。

(3)缸内晚喷 HCCI,即在压缩上止点后开始喷油,并结合提高喷射压力和进气涡流以及高 EGR 率,提高柴油与空气的混合速率,延长滞燃期,以保证在滞燃期内完成喷射形成混合气。

一、燃烧特性

试验表明,在柴油 HCCI 燃烧模式下,由于燃油进入汽缸时刻远远早于常规工况,HCCI 燃烧表现出独特的二阶段放热特性,第一阶段放热和主放热阶段。

第一阶段放热与低温动力学反应有关,此时火焰是冷焰、蓝焰。在第一阶段放热与主放热阶段之间有一个短时间延迟,延迟时间主要由这些反应决定。第一阶段放热是主放热阶段的焰前反应,焰前反应放出的热量加热了余下的充量,同时余下的充量继续被压缩,经历短时间的延迟后,余下的充量达到着火条件,几乎同时着火,使放热率迅速升高,放出大量的热。用光学诊断的方法来研究柴油 HCCI 的燃烧过程,发现主放热阶段燃烧是多点同时进行的,一旦开始着火,混合气体迅速燃烧且没有可视火焰传播,一般认为柴油 HCCI 的完全燃烧仅由化学动力学控制,受空气流动强度的影响小。由于放热反应在均匀当量比下,于燃烧室内多点同时发生,因此燃烧没有可辨识的火焰前锋面,也不受火焰层物理性质的影响。

由于 HCCI 完全为预混合燃烧,燃烧速度很快,因此具有比常规燃烧高的放热率。HCCI 燃烧过程中放热率很快,当发动机循环在适当的阶段时,近似于理想的 Otto 循环(四冲程循环)。同时由于 HCCI 燃烧属于均布的低温反应,没有发光火焰,所以发动机热耗散有所降低。因此,就 HCCI 燃烧其本身而言,有助于提高热效率。

二、均质压燃柴油机的排放性能

车用柴油机的排放污染物主要有 NO$_x$、PM、CO 和 HC,以下介绍柴油机 HCCI 燃烧模式对这几种排放物的影响。

1. 均质压燃对 NO$_x$ 排放的影响

与受扩散控制的压燃方式相比,HCCI 技术由于燃烧反应在较大空燃比或大量废气稀释的条件下进行,不受燃油和氧气混合速率的限制,反应区的温度比传统柴油机要低,也没有局部高温反应区,因而 NO$_x$ 排放比常规的柴油机下降了 90% ~98%。

2. 均质压燃对微粒排放的影响

影响柴油机微粒物生成的原因较复杂,其主要因素是过量空气系数、燃油雾化质量、喷油速率、燃烧过程和燃油质量等。HCCI 燃烧模式以预混合为主,大大消除了混合不均匀的区域,减少燃烧不完全的现象,与传统柴油机相比,可大幅降低 PM 排放。

3.均质压燃对 HC 和 CO 排放的影响

虽然 HCCI 燃烧只产生很少的 NO_x 和 PM 排放,但通常产生的 HC 与 CO 比较高,特别是中小负荷时,由于为实现 HCCI 燃烧方式而采用了较稀的混合气和较强的 EGR 造成缸内低温,靠近缸壁处的燃油无法燃烧,缸内的 CO 无法被完全氧化,故 HC 和 CO 排放有所增加。同时由于缸内的混合气均匀,在压缩行程时缝隙中进入了一部分燃油混合气,这部分混合气在膨胀行程重新返回汽缸内,增加了 HC 排放。

第八节 多气门技术

多气门发动机是指每一个汽缸的气门数目超过两个,例如两个进气门和一个排气门的三气门式;两个进气门和两个排气门的四气门式;三个进气门和两个排气门的五气门式。其中四气门式最为普遍。在柴油机中,多气门与两气门比较,前者能保证较大的换气流通面积,减少泵气损失,增大充量系数,保证较高的质量燃烧速率。发动机低速运行时,可通过电控系统关闭一个进气道,使汽缸内进气涡流加强,改善燃烧。因此,多气门发动机有排放污染少,能提高发动机的功率和降低噪声等优点,符合优化环境和节约能源的发展方向,所以多气门技术能迅速推广开来。

思 考 题

5-1 柴油机机内净化措施有哪些? 它们分别针对哪些有害物质?

5-2 同时降低 NO_x 和 PM 的喷油规律设计优化原则是什么?

5-3 柴油机 HCCI 燃烧有哪些主要特点? 由此会改善柴油机哪些性能?

第六章　汽油机后处理净化技术

本章主要介绍车用汽油机后处理净化装置和净化技术,特别是三效催化转化器和稀燃催化技术。对三效催化转化器的基本结构、工作原理、催化反应机理、性能指标和催化剂及其劣化机理进行了较为详细的描述,给出了三效催化转化器工作过程的数学模型,并在此基础上讨论了转化器与发动机以及汽车的匹配问题。介绍并分析了稀燃催化技术的反应原理、影响因素以及匹配控制及性能。

第一节　概　　述

机内净化技术以改善发动机燃烧过程为主要内容,对降低排气污染起到了较大作用,但其效果有限,且不同程度地给汽车的动力性和经济性带来负面影响。随着对发动机排放要求的日趋严格,改善发动机工作过程的难度越来越大,能统筹兼顾动力性、经济性和排放性能的发动机将越来越复杂,成本也急剧上升。因此,世界各国都先后开发废气后处理净化技术,在不影响或少影响发动机其他性能的同时,在排气系统中安装各种净化装置,采用物理的和化学的方法降低排气中的污染物最终向大气环境的排放。

专门对发动机排气进行后处理的方法是将净化装置串接在发动机的排气系统中,在废气排入大气前,利用净化装置在排气系统中对其进行处理,以减少排入大气的有害成分。在发达国家,车用汽油机采用后处理装置较多。这些装置主要有三效催化转化器、热反应器和空气喷射器等。目前,在发达国家生产的汽油车几乎都装备了三效催化转化器,并已有20多年的商业化应用历史。随着我国经济的高速发展,城市机动车辆日益增多,其废气已严重污染了大气环境,对三效催化转化器的需求将更为迫切。

稀燃催化技术是降低碳氧化合物排放的有效手段,目前在稀薄燃烧汽油机排放的尾气净化技术中,被广泛研究与应用的是吸附还原催化器。

第二节　三效催化转化技术

三效催化转化器是目前应用最多的汽油机废气后处理净化技术。当汽油机工作时,废气经排气管进入催化器,其中氮氧化物与废气中的一氧化碳、氢气等还原性气体在催化作用下分解成氮气和氧气;而碳氢化合物和一氧化碳在催化作用下充分氧化,生成二氧化碳和水蒸气。三效催化转化器的载体一般采用蜂窝结构,蜂窝表面有涂层和活性组分,与废气的接触表面积非常大,所以其净化效率高,当发动机的空燃比在理论空燃比附近时,三效催化器可将90%的碳氢化合物和一氧化碳及70%的氮氧化物同时净化,因此这种催化器被称为三效催化转化器。目前,电子控制汽油喷射加三效催化转化器已成为国内外汽油车排放控制技术的主流。

一、三效催化转化器的基本结构

三效催化转化器的基本结构见图 6-1,它由壳体、垫层和催化剂组成。其中,催化剂包括载体、涂层和活性组分,将在本章后面详细介绍。下面主要介绍三效催化转化器的壳体和垫层部分。

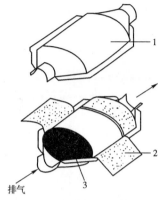

图 6-1　催化转化器的基本构造
1-壳体;2-垫层;3-催化剂

1.壳体

壳体是整个三效催化转化器的支承体。壳体的材料和形状是影响催化转化器转化效率和使用寿命的重要因素。目前用得最多的壳体材料是含铬、镍等金属的不锈钢,这种材料具有热膨胀系数小、耐腐蚀性强等特点,适用于催化转化器恶劣的工作环境。壳体的形状设计,要求尽可能减少流经催化转化器气流的涡流和气流分离现象,防止气流阻力的增大;要特别注意进气端形状设计,保证进气流的均匀性,使废气尽可能均匀分布在载体的端面上,使附着在载体上的活性涂层尽可能承担相同的废气注入量,让所有的活性涂层都能对废气产生加速反应的作用,以提高催化转化器的转化效率和使用寿命。

三效催化转化器壳体通常做成双层结构,并用奥氏体或铁素体镍铬耐热不锈钢板制造,以防因氧化皮脱落造成催化剂的堵塞。壳体的内外壁之间填有隔热材料。这种隔热设计防止发动机全负荷运行时由于热辐射使催化器外表面温度过高,并加速发动机冷起动时催化剂的起燃。为减少催化器对汽车底板的热辐射,防止进入加油站时因催化器炽热的表面引起火灾,避免路面积水飞溅对催化器的激冷损坏以及路面飞石造成的撞击损坏,在催化器壳体外面还设有半周或全周的防护隔热罩。

2.垫层

为了使载体在壳体内位置牢固,防止它因振动而损坏,为了补偿陶瓷与金属之间热膨胀性的差别,保证载体周围的气密性,在载体与壳体之间加有一块由软质耐热材料构成的垫层。垫层具有特殊的热膨胀性能,可以避免载体在壳体内部发生窜动而导致载体破碎。另外,为了减小载体内部的温度梯度,以减小载体承受的热应力和壳体的热变形,垫层还应具有隔热性。常见的垫层有金属网和陶瓷密封垫层两种形式,陶瓷密封垫层在隔热性、抗冲击性、密封性和高低温下对载体的固定力等方面比金属网要优越,是主要的应用垫层;而金属网垫层由于具有较好的弹性,能够适应载体几何结构和尺寸的差异,在一定的范围内也得到了应用。

陶瓷密封垫层一般由陶瓷纤维(硅酸铝)、蛭石和有机黏合剂组成。陶瓷纤维具有良好的抗高温能力,使垫层能承受催化转化器中较为恶劣的高温环境,并在此条件下充分发挥垫层的作用。蛭石在受热时会发生膨胀,从而使催化转化器的壳体和载体连接更为紧密,还能隔热以防止过高的温度传给壳体,保证催化转化器使用的安全性。

二、催化反应机理

催化作用的核心是催化剂。催化剂是一种能够改变化学反应达到平衡的速率而本身的质量和组成在化学反应前后保持不变的物质。有催化剂参与的化学反应就称为催化反应。催化反应一般都是多阶段或多步骤的,从反应物到产物都经过多种中间物,催化剂参与中间物的形成,但最终不进入产物。根据催化剂与反应物所处状态的不同,催化作用可以分为均相催化和多相催化。固体催化剂对气态或液态反应物所起的催化作用属于多相催化,车用催化剂就是此类型的催化。多相催化反应过程一般包括以下步骤:①反应物分子从流体主体通过滞流层向催化剂外表面扩散(外扩散);②反应物分子从催化剂外表面向孔内扩散(内扩散);③反应物分子在催化剂内表面上吸附;④吸附态的反应物分子在催化剂表面上相互作用或与气相分子作用的化学反应;⑤反应产物从催化剂内表面脱附;⑥脱附的反应产物自内孔向催化剂外表面扩散(内扩散);⑦产物分子从催化剂外表面经滞流层向流体主体扩散(外扩散)。其中,①②⑥⑦为传质过程,③④⑤为表面反应过程或称化学动力学过程。

化学动力学过程包括吸附、表面反应、脱附过程,具体的机理包括如下方面。

1. 吸附过程

吸附作用是一种或数种物质的原子、分子或离子附着在另一种物质表面上的过程。具有吸附作用的物质称为吸附剂,被吸附的物质称为吸附质。吸附质在表面吸附以后的状态称为吸附态。吸附发生在吸附剂表面上的局部位置,该位置叫作吸附中心。吸附中心与吸附态共同构成表面吸附络合物。

假定:A 为吸附质分子(CO、HC 或 NO_x);s 为活性中心(或催化中心);A(s)为在吸附表面上形成的表面络合物;H(s)和 O(s)分别为氢原子和氧原子吸附在活性中心形成的表面络合物,则在三效催化剂上发生化学吸附的一般吸附方程式如下。

$$A + s \rightarrow A(s) \tag{6-1}$$
$$H_2 + s + s \rightarrow H(s) + H(s) \tag{6-2}$$
$$O_2 + s + s \rightarrow O(s) + O(s) \tag{6-3}$$

2. 表面反应过程

反应物分子吸附在催化剂表面的活性中心后,它们就分别开始与同样吸附在活性中心的氧化剂分子或还原剂分子发生氧化还原反应。在三效催化转化器中主要发生 CO 氧化反应、HC 氧化反应和 NO 还原反应,它们的反应机理如下。

1)CO 氧化反应

当排气中有自由氧时,氧化催化剂促进如下的总量反应。
$$CO + 0.5O_2 \rightarrow CO_2 \tag{6-4}$$
CO 被 O_2 氧化一般认为包括下列四个基本步骤(式中(g)表示气相,(a)表示吸附相)。
$$CO(g) \rightarrow CO(a) \tag{6-5}$$
$$O_2(g) \rightarrow 2O(a) \tag{6-6}$$
$$O(a) + CO(a) \rightarrow CO_2(g) \tag{6-7}$$
$$O(a) + CO(g) \rightarrow CO_2(g) \tag{6-8}$$

式(6-7)和式(6-8)导致生成 CO_2。在混合气的排气中,大量具有高度极性的 CO 吸附在贵金属催化剂上将妨碍它被 O_2 氧化。为使 CO 开始解吸以让出催化剂的活性位给氧,催化剂必须达到足够高的温度(100~200℃)。氧离解,开始式(6-7)和式(6-8)的反应。反应式(6-7)和式(6-8)空出新的活性位,使 CO 的催化氧化加速。HC 和 NO 对 CO 的氧化有抑制作用,而对 CO_2 和 H_2O 没有任何影响。

部分 CO 可通过水煤气反应。
$$CO + H_2O \rightarrow CO_2 + H_2 \tag{6-9}$$
而铂 Pt 可促进此反应。H_2 很容易被氧化成水,即

$$2H_2 + O_2 \rightarrow 2H_2O \tag{6-10}$$

2）HC 氧化反应

有多余的氧和氧化催化剂时，会发生如下的总量氧化反应。

$$C_mH_n + (m + 0.25n)O_2 \rightarrow mCO_2 + 0.5nH_2O \tag{6-11}$$

NO 和 CO 对碳氢化合物的氧化反应起抑制作用，式中 m 和 n 分别表示碳和氢的原子数。

3）NO 还原反应

除非在很高的温度下，NO 分子是不稳定的，因此在理论上 NO 会按如下的反应分解成分子氮和分子氧。

$$NO \rightarrow 0.5N_2 + 0.5O_2 \tag{6-12}$$

但是，这种放热反应很难进行。存在催化剂时，较高的温度和具备化学还原剂是 NO 得以还原的必要条件。伴随 NO 存在于排气中的 CO、未燃 HC 和 H_2 可以成为这样的还原剂，其中 H_2 可能来自水煤气反应式(6-9)或水蒸气重整反应。

$$C_mH_n + mH_2O \rightarrow mCO + (m + 0.5n)H_2 \tag{6-13}$$

而导致 NO 消失的总量反应如下。

$$NO + CO \rightarrow 0.5N_2 + CO_2 \tag{6-14}$$

$$NO + H_2 \rightarrow 0.5N_2 + H_2O \tag{6-15}$$

$$(2m + 0.5n)NO + C_mH_n \rightarrow (m + 0.25n)N_2 + 0.5nH_2O + mCO_2 \tag{6-16}$$

具体基本步骤包括如下。

$$CO(g) \rightarrow CO(a) \tag{6-17}$$

$$NO(g) \rightarrow NO(a) \tag{6-18}$$

$$NO(a) \rightarrow N(a) + O(a) \tag{6-19}$$

$$N(a) + N(a) \rightarrow N_2(g) \tag{6-20}$$

$$O(g) + CO(a) \rightarrow CO_2(g) \tag{6-21}$$

$$2NO(a) \rightarrow N_2O(g) + O(a) \tag{6-22}$$

$$2NO(a) \rightarrow N_2(g) + 2O(a) \tag{6-23}$$

$$N_2O(g) \rightarrow N_2O(a) \tag{6-24}$$

$$N_2O(a) \rightarrow N_2(g) + O(a) \tag{6-25}$$

如果排气中分子氧的分压明显高于 NO 的分压，NO 消失的速率会明显下降。这就是用目前已有的催化剂不能完全消除供给过量空气的发动机(稀燃点燃式发动机和压燃式发动机)排气中 NO 的原因。

反之，当发动机以浓混合气运转时，排气中会出现大量化学还原剂，从 NO 离解产生的原子态氮可进行更彻底的还原。主要反应可通过下列某一途径生成氨。

$$NO + 2.5H_2 \rightarrow NH_3 + H_2O \tag{6-26}$$

$$2NO + 5CO + 3H_2O \rightarrow 2NH_3 + 5CO_2 \tag{6-27}$$

3. 脱附过程

当表面反应过程完成后，生成的反应产物分子就会从催化剂表面的活性中心脱离出来，为表面反应的继续进行空出活性位，这个过程称为脱附。

假定：B 为反应产物分子；s 为活性中心(或催化中心)；B(s) 为在吸附在催化剂上形成的表面络合物，则在三效催化剂表面发生的一般脱附方程式如下。

$$B(s) \rightarrow B + s \tag{6-28}$$

$$H(s) + H(s) \rightarrow H_2 + s + s \qquad (6\text{-}29)$$
$$O(s) + O(s) \rightarrow O_2 + s + s \qquad (6\text{-}30)$$

三、三效催化剂及其劣化机理

1. 三效催化剂

三效催化剂是三元催化转化器的核心部分,它决定了三效催化转化器的主要性能指标,其组成见图6-2。

1)载体

蜂窝状整体式载体具有排气阻力小、机械强度大、热稳定性好和耐冲击等优良性能,故能被广泛用作汽车催化剂的载体。目前市场上销售的汽车排气净化催化剂商品均采用蜂窝状整体式载体,其基质有两大类,即堇青石陶瓷和金属,前者约占90%,后者约占10%。

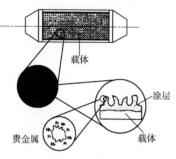

图6-2 三效催化剂的组成

汽车用蜂窝陶瓷载体一般用堇青石制造,它是一种铝镁硅酸盐陶瓷,其化学组成为 $2Al_2O_3 \cdot 2MgO \cdot 5SiO_2$,熔点在1450℃左右,在1300℃左右仍能保持足够的弹性,以防止在发动机正常运转时发生永久变形。一般认为堇青石蜂窝载体的最高使用温度为1100℃左右。为增大蜂窝陶瓷载体的几何面积,并降低其热容量和气流阻力,载体采用的孔隙度已从早期的 47 孔/cm^2 到 62 孔/cm^2 再到 93 孔/cm^2,孔壁厚也由 0.3mm 到0.15mm再到 0.1mm。因此在不增加催化转化器体积的情况下,使单位体积的几何表面积由 2.2m^2/L 增加到 2.8m^2/L 再到 3.4m^2/L,从而大大提高了净化效率。

蜂窝金属载体的优点是起燃温度低、起燃速度快、机械强度高、比表面积大、传热快、比热容小、抗振性强和寿命长,可适应汽车冷起动排放的要求,并可采用电加热。在外部横断面相同的情况下,金属载体提供给排气流的通道面积较大,从而可降低排气阻力15%~25%,可使发动机功率提高2%~3%。相同直径的金属蜂窝整体式载体和陶瓷载体达到相同三效转化率时,金属载体的体积可比陶瓷载体的体积减小18%。但由于其价格比较昂贵,目前主要用于空间体积相对较小的摩托车以及少量汽车的前置催化转化器中,后者的主要目的是改善发动机的冷起动排放。

2)涂层

由于蜂窝陶瓷载体本身的比表面积很小,不足以保证贵金属催化剂充分分散,因此常在其壁上涂覆一层多孔性物质,以提高载体的比表面积,然后再涂上活性组分。多孔性的涂层物质常选用氧化铝 Al_2O_3 与 SiO_2、MgO、CeO_2 或 ZrO_2 等氧化物构成的复合混合物。理想的涂层可使催化剂有合适的比表面积和孔结构,从而改善催化剂的活性和选择性,保证助催化剂和活性组分的分散度和均匀性,提高催化剂的热稳定性。同时还可节省贵金属活性组分的用量,降低催化剂生产成本。

对于蜂窝金属载体,涂底层的方法并不适用,而是通常采用刻蚀和氧化的方法在金属表面形成一层氧化物,然后在此氧化物表面上浸渍具有催化活性的物质。

3)活性组分

汽车尾气净化用催化剂以铑(Rh)、铂(Pt)、钯(Pd)三种贵金属为主要活性组分,此外还含有铈(Ce)、镧(La)等稀土元素作为助催化剂。催化剂各组分的作用如下。

（1）铑（Rh）。铑是三效催化剂中催化氮氧化物还原反应的主要成分。它在较低的温度下还原氮氧化物为氮气，同时产生少量的氨具有很高的活性。所用的还原剂可以是氢气也可以是一氧化碳，但在低温下氢气更易反应。氧气对此还原反应影响很大，在氧化型气氛下，氮气是唯一的还原产物；在无氧的条件下，低温时和高温时主要的还原产物分别是氨气和氮气。但当氧浓度超过一定计量时，氮氧化物就不能再被有效地还原。此外，铑对一氧化碳的氧化以及烃类的水蒸气重整反应也有重要的作用。铑可以改善一氧化碳的低温氧化性能。但其抗毒性较差，热稳定性不高。在汽车催化转化器中，铑的典型用量为 $0.1 \sim 0.3g$。

（2）铂（Pt）。铂在三效催化剂中主要起催化一氧化碳和碳氢化合物进行氧化反应的作用。铂对一氧化氮有一定的还原能力，但当汽车尾气中一氧化碳的浓度较高或有二氧化硫存在时，它没有铑有效。铂还原氮氧化物的能力比铑差，在还原性气氛中很容易将氮氧化物还原为氨气。铂还可促进水煤气反应，其抗毒性能较好。铂在三效催化剂中的典型用量为 $1.5 \sim 2.5g$。

（3）钯（Pd）。钯在三效催化剂中主要用来催化一氧化碳和碳氢化合物的氧化反应。在高温下它会与铂或铑形成合金，由于钯在合金的外层，会抑制铑的活性充分发挥。此外，钯的抗铅毒和硫毒的能力不如铂和铑，因此全钯催化剂对燃油中的铅和硫的含量控制要求更高。但钯的热稳定性较高，起燃活性好。

在汽车尾气净化用三效催化剂中，各个贵金属活性组分的作用是相互协同的，这种协同作用对催化剂的整体催化效果十分重要。

（4）助催化剂。助催化剂是添加到催化剂中的物质，这种物质本身没有活性，或者活性很小，但能提高活性组分的性能——活性、选择性和稳定性。车用三效催化剂中常用的助催化剂有氧化镧和氧化铈，它们具有多种功能：储存及释放氧，使催化剂在贫氧状态下更好地氧化一氧化碳和碳氢化合物，以及在过剩氧的情况下更好地还原氮氧化物；稳定载体涂层，提高其热稳定性，稳定贵金属的高度分散状态；促进水煤气反应和水蒸气重整反应；改变反应动力学，降低反应的活化能，从而降低反应温度。

2. 三效催化剂的劣化机理

三效催化剂的劣化机理是一个非常复杂的物理、化学变化过程，除了与催化转化器的设计、制造、安装位置有关外，还与发动机燃烧状况、汽油和润滑油的品质及汽车运行工况等使用过程有着非常密切的关系。影响催化剂寿命的因素主要有四类，即热失活、化学中毒、机械损伤以及催化剂结焦。在催化剂的正常使用条件下，催化剂的劣化主要是由热失活和化学中毒造成的。

1）热失活

热失活是指催化剂由于长时间工作在850℃以上的高温环境中，涂层组织发生相变、载体烧熔塌陷、贵金属间发生反应、贵金属氧化及其氧化物与载体发生反应而导致催化剂中氧化铝载体的比表面积急剧减小、催化剂活性降低的现象。高温条件在引起主催化剂性能下降的同时，还会引起氧化铈等助催化剂的活性和储氧能力的降低。

引起热失活的原因主要有三种：发动机失火，如突然制动、点火系统不良、进行点火和压缩试验等，使未燃混合气在催化器中发生强烈的氧化反应，温度大幅度升高，从而引起严重的热失活；汽车连续在高速大负荷工况下行驶、产生不正常燃烧等，导致催化剂的温度急剧升高；催化器安装位置离发动机过近。催化剂的热失活可通过加入一些元素来减缓，如加入锆、镧、钕、钇等元素可以减缓高温时活性组分的长大和催化剂载体比表面积的减小，从而提高反应的活性。另外,装备了车载诊断系统(OBD)的现代发动机,也使催化剂热失活的可能性大为降低。

2)化学中毒

催化剂的化学中毒主要是指一些毒性化学物质吸附在催化剂表面的活性中心不易脱附,导致尾气中的有害气体不能接近催化剂进行化学反应,使催化转化器对有害排放物的转化效率降低的现象。常见的毒性化学物主要有燃料中的硫、铅以及润滑油中的锌、磷等。

(1)铅中毒。铅通常是以四乙基铅的形式加入到汽油中,以增强汽油的抗爆性。它在标准无铅汽油中的含量约为1mg/L,以氧化物、氯化物或硫化物的形式存在。一般认为铅中毒可能存在两种不同的机理:一是在700~800℃时,由氧化铅引起的;二是在550℃以下,由硫酸铅及铅的其他化合物抑制气体扩散引起的。

(2)硫中毒。燃油和润滑油中的硫在氧化环境中易被氧化成二氧化硫。二氧化硫的存在,会抑制三效催化剂的活性,其抑制程度与催化剂种类有关。硫对贵金属催化剂的活性影响较小,而对非贵重金属催化剂活性影响较大。在常用的贵金属催化剂 Rh、Pt、Pd 中,Rh 能更好地抵抗二氧化硫对 NO 还原的影响,Pt 受二氧化硫影响最大。

(3)磷中毒。通常磷在润滑油中的含量约为12g/L,润滑油中的磷是尾气中磷的主要来源。据估计汽车运行 8 万 km 大约可在催化剂上沉积13g 磷,其中93%来源于润滑油,其余来源于燃油。磷中毒主要是磷在高温下可能以磷酸铝或焦磷酸锌的形式黏附在催化剂表面上,阻止尾气与催化剂接触所致,但向润滑油中加入碱土金属(Ca 和 Mg)后,碱土金属与磷形成的粉末状磷酸盐可随尾气排出,此时催化剂上沉积的磷较少,使 HC 的催化活性降低也较少。

3)机械损伤

机械损伤是指催化剂及其载体在受到外界激励负荷的冲击、振动乃至共振的作用下产生磨损甚至破碎的现象。催化剂载体有两大类:一类是球状、片状或柱状氧化铝;另一类是含氧化铝涂层的整体式多孔陶瓷体。它们与车上其他零件材料相比,耐热冲击、抗磨损及抗机械破坏的性能较差,遇到较大的冲击力时,容易破碎。

4)催化剂结焦

结焦是一种简单的物理遮盖现象,发动机不正常燃烧产生的炭烟都会沉积在催化剂上,从而导致催化剂被沉积物覆盖和堵塞,不能发挥其应有作用,但将沉积物烧掉后又可恢复催化剂的活性。

四、三效催化转化器的性能指标

车用汽油机三效催化转化器的性能指标很多,其中最主要的有污染物转化效率和排气流动阻力。

转化效率由下式定义。

$$\eta^{(i)} = \frac{c_i^{(i)} - c_o^{(i)}}{c_i^{(i)}} \times 100\% \tag{6-31}$$

式中:$\eta^{(i)}$——排气污染物 i 在催化器中的转化效率;

$c_i^{(i)}$——排气污染物 i 在催化器进口处的浓度或体积分数;

$c_o^{(i)}$——排气污染物 i 在催化器出口处的浓度或体积分数。

催化转化器对某种污染物的转化效率,取决于污染物的组成、催化剂的活性、工作温度、空间速度及流速在催化空间中分布的均匀性等因素,它们分别可用催化器的空燃比特性、起燃特性和空速特性表征;而催化器中排气的流动阻力则由流动特性表征。

1. 空燃比特性

三效催化剂转化效率的高低与发动机可燃混合气的空燃比 α 或过量空气系数 ϕ_a 有关,转化效率随 α 或 ϕ_a 的变化称为催化器的空燃比特性。

当供给发动机的可燃混合气的空燃比严格保持为化学计量比时(过量空气系数 $\phi_a = 1.0$),三效催化剂几乎可以同时消除所有三种污染物。

如果发动机的可燃混合气浓度未保持在化学计量比时,三效催化剂的转化效率就将下降,见图 6-3;对稀混合气(空气过量),NO 净化效率下降;对浓混合气(燃油过量),CO 和 HC 净化效率下降,不过一旦所有可用的 O_2 和 NO 已经消耗完,CO 和 HC 还可以分别通过与排气中的水蒸气发生如式(6-9)所列的水煤气反应和如式(6-13)所列的水蒸气重整反应加以消除。

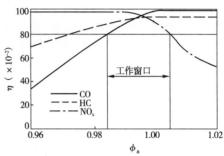

图 6-3 过量空气系数 ϕ_a 对三效催化转化器转化效率 η 的影响

三效催化剂能理想工作的过量空气系数 ϕ_a "窗口"很窄,宽度只有 $0.01 \sim 0.02$(对应空燃比 α 窗口宽度 $0.15 \sim 0.3$),且并不相对 $\phi_a = 1.00$ 对称,而是偏向浓的方向。在这个窗口工作,CO、HC 和 NO_x 的净化效率均可在 80% 以上。

2. 起燃特性

催化剂转化效率的高低与温度有密切关系,催化剂只有达到一定温度才能开始工作称为起燃。起燃特性有两种评价方法:催化剂的起燃特性常用起燃温度评价;而整个催化转化器系统的起燃特性用起燃时间来评价。

图 6-4 表示某催化剂的转化效率随气体入口温度 t_i 的变化。转化效率达到 50% 时所对应的温度称为起燃温度 t_{50}。起燃时间特性描述整个催化转化系统的起燃时间历程,将达到 50% 转化效率所需要的时间称为起燃时间 τ_{50}。

起燃温度 t_{50} 和起燃时间 τ_{50} 评价的内容不完全相同。t_{50} 主要取决于催化剂配方,它评价的是催化剂的低温活性。而 τ_{50} 除与催化剂配方有关外,在很大程度上取决于催化转化器系统的热容量、绝热程度以及流动传热传质过程,影响因素更复杂,但实用性更好。

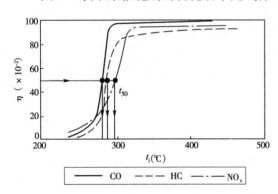

图 6-4 三效催化剂的起燃温度特性

到目前为止,起燃温度是最常用的起燃特性指标,其试验测定也简便易行。但为了满足未来更加严格的排放法规,必须重视对催化转化器起燃时间的研究。排放试验表明,按国标 GB 18352—2013 的 I 型试验用测试循环的市区测试循环(1 部)试验时,最初 120s 内排放了总循环(为时 820s)中 90% 的 CO、80% 的 HC 和 60% 的 NO_x,见图 6-5。出现较大的初始排放量主要有两个原因:一是催化剂未达到足够高的温度,不能进行有效的催化反应;二是发动机起动时的混合气浓,CO 和 HC 的催化氧化因缺氧而不能有效进行。因此,保证发动机冷起动时催化转化器快速起燃,是目前降低车用汽油机排放的研究重点。

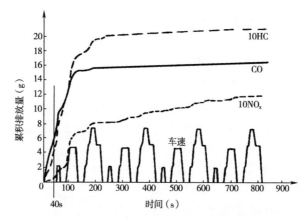

图 6-5　按标准的 I 型试验用测试循环的市区测试循环(1 部)进行
排放试验时,CO、HC 和 NO$_x$ 的累积排放量随时间的变化
(用 2.2L 发动机的汽车,带三效催化转化器)

传统催化转化器的起燃温度通常在 250 ~ 300℃,在汽油机冷起动后 2min 左右的时间内催化转化器可以达到这个温度,而此时排出的废气已占循环总量的 80% 左右。对于汽车排放标准欧Ⅲ和欧Ⅳ,由于取消了试验循环中冷起动阶段的 40s 怠速时间,考虑到汽油机在此阶段较差的排放性能和催化转化器的起燃温度要求,因此,改善冷起动时的净化性能和缩短催化转化器达到起燃温度的时间就成为研究开发的目标。为此,可采用诸如无级进排气凸轮轴调节系统、可控的进气系统、推迟点火、改善燃烧稳定性和二次空气系统及废气后处理系统等。

3. 空速特性

空速是空间速度的简称,其定义如下。

$$SV = \frac{q_V}{V_{cat}} \tag{6-32}$$

式中:SV——空速,s^{-1} 或 h^{-1};

　　q_V——流过催化剂的排气体积流量(换算到标准状态),L/s 或 L/h;

　　V_{cat}——催化剂体积,L。

空速的大小实际上表示了反应气体在催化剂中的停留时间 t_r(单位为 s),两者的关系如下。

$$t_r = \frac{\varepsilon}{SV} \tag{6-33}$$

式中:ε——催化床的空隙率,是由催化剂结构参数决定的常数。

空速 SV 越高,反应气体在催化剂中停留的时间 t_r 越短,会使转化效率降低;但同时由于反应气体流速提高,湍流强度加大,有利于反应气体向催化剂表面扩散以及反应产物的脱附。因此,在一定范围内,转化效率对空速的变化并不敏感。

发动机在不同工况运行时,催化器的空速在很大范围内变化。怠速时,$SV = 1 ~ 2s^{-1}$,而在全速全负荷运行时,$SV = 30 ~ 100s^{-1}$。性能好的三效催化剂至少在 $SV = 30s^{-1}$ 内保持高的转化效率;而性能差的催化剂尽管在低空速(如怠速)时可以有很高的转化效率,但随空速的提高转化效率很快下降。因而,仅用怠速工况评价催化剂的活性是不充分的。

在催化剂的实际应用中,人们总希望用较小体积的催化剂实现较高的转化效率,以降低催化剂和整个催化转化器的成本。这就要求催化剂有很好的空速特性。一般来说,催化剂体积

与发动机总排量之比为0.5~1.0,即

$$V_{cat} = (0.5 \sim 1.0) V_{st} \tag{6-34}$$

式中:V_{st}——发动机排量,L。

而贵金属用量与V_{cat}的数值关系为

$$m_{pm} = (1.0 \sim 2.0) V_{cat} \tag{6-35}$$

式中:m_{pm}——贵金属用量,g。

4. 流动特性

催化器横截面上流速分布不均匀,不仅会使流动阻力增加,而且会使催化器转化效率下降和劣化加速。流速分布不均匀一般是中心区域流速高,外围区域流速低,这样一来中心部分的温度过高,使该区催化剂很容易劣化,缩短了使用寿命,而外围温度又过低,使该区催化剂得不到充分利用,造成总体转化效率的降低。另外,流速分布不均匀还会导致载体径向温度梯度增大,产生较大热应力,加大了载体热变形和损坏的可能性。影响催化转化器流动均匀性的因素是多方面的,扩张管的结构、催化转化器的空速以及载体阻力等都对流动均匀性有很大影响。减小扩张管的扩张锥角,可以减少气流在管壁的分离,既可减小气流的局部流动损失,又可改善气流在载体内的流动均匀性。对扩张管的形状、结构进行优化设计是改善催化转化器流动均匀性的一种有效方法。扩张管的扩张锥角不但影响气流沿横截面分布的均匀性,而且影响阻力。一般来说,90°锥角是较好的选择。非圆截面催化器组织均匀流动较困难,必要时要采用复杂渐变的进口过渡段形状。采用增强型入口扩张管可以改善流速分布,降低催化转化器压力损失。采用合适的圆滑过渡型线的增强型入口扩张管,可以明显提高流速分布均匀性,并且气流基本上不发生边界层分离,但是圆滑过渡型线的增强型入口扩张管制造困难,且工艺较复杂,使制造成本增加,因此在设计时应综合考虑。

五、三效催化转化器工作过程模拟

催化转化器的转化效率是运行参数和设计参数的复杂函数。如果催化转化器的研究和设计仅依赖经验方法,这不仅费时费力,而且也很难设计出令人满意的产品。如果能建立一个通用的数学模型,可方便、快捷地了解催化转化器工作过程的各个细节以及各种参数之间的相互影响,从而有力地促进催化转化器的研究与设计。

这一模型是基于Voltz等人的研究成果提出的。为了简化计算,对排气作了如下处理:因为NO_2的浓度比NO低得多,所以仅考虑NO;H_2是NO还原反应的主要还原剂,必须加以考虑;HC化合物的成分非常复杂,将它简化为两大类,用C_3H_6代表快速氧化反应的HC,所占比例为86%,用CH_4代表慢速氧化反应的HC,所占比例为14%。因此,在模型中需要考虑六种物质,其中的反应如下。

$$CO + 0.5O_2 \rightarrow CO_2 \tag{6-36}$$
$$C_3H_6 + 4.5O_2 \rightarrow 3CO_2 + 3H_2O \tag{6-37}$$
$$CH_4 + 2O_2 \rightarrow CO_2 + 2H_2O \tag{6-38}$$
$$CO + NO \rightarrow CO_2 + 0.5N_2 \tag{6-39}$$
$$H_2 + 0.5O_2 \rightarrow H_2O \tag{6-40}$$

在上述反应中,每种物质的反应速率R是反应位置的载体壁面(催化剂)温度T_W和气体浓度C的函数如下。

$$R_{CO} = k_1 C_{CO} C_{O_2} / G + k_4 C_{CO}^{1.4} C_{CO}^{0.3} C_{NO}^{0.13} / S \tag{6-41}$$

$$R_{C_3H_6} = k_2 C_{C_3H_6} C_{O_2}/G \tag{6-42}$$

$$R_{CH_4} = k_3 C_{CH_4} C_{O_2}/G \tag{6-43}$$

$$R_{NO} = k_4 C_{CO}^{1.4} C_{O_2}^{0.3} C_{NO}^{0.13}/S \tag{6-44}$$

$$R_{H_2} = k_5 C_{H_2} C_{O_2}/G \tag{6-45}$$

$$R_{O_2} = 0.5 R_{CO} + 4.5 R_{C_3H_6} + 2.0 R_{CH_4} + 0.5 R_{H_2} \tag{6-46}$$

式中:k_1、k_2、k_3、k_4、k_5——比例常数,其值由以下算式决定。

$$k_1 = 6.0 \times 10^{11} \exp(-6500/T_W) \tag{6-47}$$

$$k_2 = 1.392 \times 10^{14} \exp(-12500/T_W) \tag{6-48}$$

$$k_3 = 3.663 \times 10^{12} \exp(-16000/T_W) \tag{6-49}$$

$$k_4 = 2.2 \times 10^{13} \exp(-10171/T_W) \tag{6-50}$$

$$k_5 = 6.0 \times 10^{13} \exp(-2000/T_W) \tag{6-51}$$

方程中的 G 和 S 表示吸附对化学反应的阻碍常量。

$$G = T_W (1 + K_1 C_{CO} + K_2 C_{C_3H_6})^2 (1 + K_3 C_{CO}^2 C_{C_3H_6}^2)(1 + K_4 C_{NO}^{0.7}) \tag{6-52}$$

$$S = (1 + K_5 C_{NO})^2 \tag{6-53}$$

式中:$K_1 = 65.5 \exp(961/T_W)$;

$K_2 = 2.08 \times 10^3 \exp(361/T_W)$;

$K_3 = 3.98 \exp(11611/T_W)$;

$K_4 = 4.79 \times 10^5 \exp(-3733/T_W)$;

$K_5 = 19.86 \exp(654.5/T_W)$ 。

从以上方程可以看出:在催化转化器起燃过程中,催化剂涂层的温度对转化效率有很大的影响,在一定范围内,温度越高,转化效率越高。因此,对催化剂涂层如何在尽可能短的时间内达到较高温度方面的研究有重大的实际意义。

这里将圆柱蜂窝载体简化成轴对称的二维模型,见图6-6。

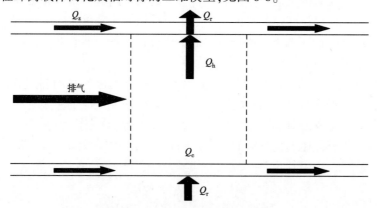

图6-6　催化转化器工作过程的原理图

在图6-6中,Q_r 表示气体与载体间的径向传热量,Q_z 表示气体与载体间的轴向传热量,Q_c 表示总的化学反应热量,Q_h 表示气体与载体表面的对流传热量。

由气体的能量平衡可得

$$\sigma \rho_g C_{Pg} \frac{\partial T_g}{\partial t} = -\rho_g V_g C_{Pg} \frac{\partial T_g}{\partial x} + S_{geo} h_x (T_W - T_g) \tag{6-54}$$

式中:σ——载体的开口率;

C_{p_g}——排气的定压比热,J/(kg·℃);

T_g——气体温度,℃;

ρ_g——排气密度,kg/m³;

S_{geo}——单位载体体积的几何表面积,m²/m³;

h_x——载体与排气间的轴向传热系数,J/(m²·s·℃)。

由气体的质量平衡可得

$$\sigma \rho_g \frac{\partial C_g^i}{\partial t} = -\frac{\rho_g}{M} V_g \frac{\partial C_g^i}{\partial x} + \frac{\rho_g}{M} S_{geo} h_D^i (C_w^i - C_g^i) \tag{6-55}$$

式中:M——排气的摩尔质量,kg/mol;

C_g^i——排气中 i 成分的浓度,mol/m³;

C_w^i——载体反应表面的 i 成分的浓度,mol/m³;

h_D^i——气体成分 i 的传质系数,m/s。

由载体的能量平衡可得

$$(1-\sigma) \rho_w C_{p_w} \frac{\partial T_w}{\partial t} = \lambda_{w(r)} \left(\frac{1}{r} \frac{\partial T_w}{\partial r} + \frac{\partial^2 T_w}{\partial r^2} \right) + \lambda_{w(x)} \frac{\partial^2 T_w}{\partial x^2} + S_{geo} h_x (T_g - T_w) + Q_{cr} \tag{6-56}$$

式中:ρ_w——载体材料的密度,kg/m³;

T_w——载体温度,℃;

$\lambda_{w(r)}$——载体有限元模型的有效径向导热系数,J/(m·s·℃);

$\lambda_{w(x)}$——载体有限元模型的有效轴向导热系数,J/(m·s·℃);

Q_{cr}——化学反应产生的热量,J/mol。

由载体的质量平衡可得

$$S_{cat} R_i = \frac{\rho_g}{M} S_{geo} h_D^i (C_g^i - C_w^i) \tag{6-57}$$

式中:S_{cat}——单位载体体积的催化剂表面积,m²/m³;

R_i——i 成分的反应速率,mol/m³·s。

其中,载体与排气间的轴向传热系数 h_x 的计算方法如下。

$$h_x = 0.571 (R_e \cdot d/x)^{\frac{2}{3}} \cdot \lambda_g/d \tag{6-58}$$

化学反应热 Q_{cr} 的计算方法如下。

$$Q_{cr} = a(x) \sum_{i=1}^{5} (-\Delta H)_i R_i \tag{6-59}$$

气体成分的传质系数 h_D^i 的计算方法如下。

$$h_D^i = 0.705 (R_e \cdot d/x)^{0.43} \cdot S_c^{0.56} \cdot D_i/d \tag{6-60}$$

雷诺数 R_e 的计算方法如下。

$$R_e = \frac{V_g \cdot d}{\nu} \tag{6-61}$$

努塞尔准数 N_u 的计算方法如下。

$$N_u = 0.571 (R_e \cdot d/L)^{2/3} \tag{6-62}$$

舍伍德准数 S_h 的计算方法如下。

$$S_h = 0.705 (R_e \cdot d/L)^{0.43} S_c^{0.56} \tag{6-63}$$

施密特准数 S_c 的计算方法如下。

$$S_c = \frac{\nu}{D_i} \tag{6-64}$$

上述式中：λ_g——气体的导热系数，$J/(m \cdot s \cdot ℃)$；

d——载体孔道的等效水力半径，m；

$a(x)$——单位体积载体的几何表面积，m^2/m^3；

$(-\Delta H)_i$——i 成分的反应热，J/mol；

D_i——i 成分的扩散系数，m^2/s；

L——载体孔道的长度，m；

ν——介质的运动粘度，m^2/s。

上述模型忽略了轴向的传热和传质以及气体中的化学反应。由于气体温度和各组分浓度的变化速度远大于载体温度，因此可将气体能量与质量平衡方程中的时间导数项忽略，即

$$\frac{\partial T_g}{\partial t} = 0, \frac{\partial C_g^i}{\partial t} = 0$$

从而可将催化转化器载体的物理化学过程简化成下列四个控制方程。

$$\rho_g V_g C_{p_g} \frac{\partial T_g}{\partial x} = S_{geo} h_x (T_w - T_g) \tag{6-65}$$

$$\frac{\rho_g}{M} V_g \frac{\partial C_g^i}{\partial x} = \frac{\rho_g}{M} S_{geo} h_D^i (C_w^i - C_g^i) \tag{6-66}$$

$$(1-\sigma) \rho_w C_{p_w} \frac{\partial T_w}{\partial t} = \lambda_{w(r)} \left(\frac{1}{r} \frac{\partial T_w}{\partial r} + \frac{\partial^2 T_w}{\partial r^2} \right) + \lambda_{w(x)} \frac{\partial^2 T_w}{\partial x^2} + S_{geo} h_x (T_g - T_w) + Q_{cr} \tag{6-67}$$

$$S_{cat} R_i = \frac{\rho_g}{M} S_{geo} h_D^i (C_g^i - C_w^i) \tag{6-68}$$

从式(6-65)和式(6-68)可以看出，载体内催化转化反应受到两个因素的制约：一个是化学反应速度，用 R_c^i 来表示；另一个是传质速度，用 R_m^i 来表示。如果用 R_s^i 表示总体反应速率，则

$$\frac{1}{R_s^i} = \frac{1}{R_m^i} + \frac{1}{R_c^i} \tag{6-69}$$

当温度较低时，化学反应速度远低于传质速度，此时，总体的催化反应速度几乎完全取决于化学反应速度。当温度较高时，化学反应速度相当快，远超过传质速度，总体催化反应速度几乎完全取决于传质速率。因此，式(6-69)可用于定性分析催化转化装置的催化转化性能。

六、三效催化转化器的匹配

三效催化转化器与发动机以及汽车有一个非常重要的优化匹配问题。催化器性能再好，如果系统不能给它提供一个合适的工作条件(如空燃比、温度及空速等)，催化器就不能高效地净化排气污染物。反之，催化器在设计时，也应根据具体车型原始排放水平的不同、要满足的排放法规的不同、对动力性和经济性等指标的要求不同等条件来确定设计方案。

在排放法规严格的今天，不装催化器的汽油车已无法满足排放法规的要求，但如果不进行优化匹配，即使装上最好的催化器，排放也难以达标。因此，要实现低排放的目标，需要高性能的催化器加高水平的催化器匹配技术。可以说，催化器的匹配问题是催化器得以应用的前提和关键。从国外大量实例来看，汽车满足目前和今后排放法规的主要对策技术仍是电控燃油喷射系统加三效催化转化器，只是其匹配水平和控制精度要求更高。

催化器的匹配主要包括：催化器与发动机特性的匹配；催化器与电控燃油喷射系统的匹配；催化器与排气系统的匹配；催化器与燃料及润滑油的匹配；催化器与整车设计的匹配。

催化器的匹配是一项交叉于汽车、材料和化学等不同领域的涉及范围很广的技术。下面仅就部分方面对催化器的匹配问题作一简单介绍。

1. 三效催化器与电控燃油喷射系统的匹配

电控喷射汽油机在闭环状态下工作时，空燃比总是在某一目标空燃比（由闭环电控喷射系统和氧传感器保证）附近波动，这种波动对三效催化转化器的性能会有很大的影响。

对闭环电控喷射发动机，其闭环空燃比波动的幅值、频率及波形是由闭环控制方法及控制参数等决定的，在确定其闭环控制参数时，也是以尽量提高三效催化转化器的转化效率为前提的。因此，进行三效催化转化器与闭环电控喷射发动机的匹配时，需先对三效催化剂在空燃比波动条件下的活性进行评价。

不同波动条件时的最高转化率及窗口宽度都有明显不同。这样，对于既定催化剂，可以通过改变闭环电控系统的空燃比波动特性来改善其最高转化效率或选择窗口，而对于空燃比波动特性已定的电控系统也可以根据其频率和幅值来选择合适的催化剂。

在发动机各种不同的工况下，如何使三效催化转化器的转化效率最高，这就涉及三效催化转化器与电控喷油系统控制的空燃比的匹配，其具体体现在以下几点。

（1）冷起动阶段：在保证发动机运转平稳的前提下，一般采用较小的空燃比，较小的点火提前角和较高的暖机转速，以产生较高的排气温度，使三效催化转化器尽快起燃。

（2）怠速工况：为保证三效催化转化器的转化效率，就要把空燃比控制在化学计量比附近，并采用较小的点火提前角和较高的怠速转速，以保证排气温度高于催化器的起燃温度。而无催化器的电控系统一般追求怠速的稳定性和经济性。

（3）稳态工况：中小负荷时，要实现空燃比中值和波动的控制，涉及氧传感器中值电压修正和空燃比波动频率、幅值的调节。大负荷时，要对空燃比进行加浓，以获得好的动力性，但在有催化器时，还要兼顾利用加浓的空燃比来降低排气温度，以防止催化转化器过热。

（4）加减速等过渡工况：涉及加速变浓、减速变稀和减速断油等工况的标定，要兼顾良好的过渡性能和排放性能。特别是在减速过程中，更要严格控制失火现象，以免未燃混合气在催化器中的燃烧引起催化器过热。

2. 三效催化器与排气系统的匹配

排气系统对发动机性能的影响主要是通过压力波对排气干扰而产生的，其影响程度随排气管长度而变化。而催化器的安装位置会显著影响排气系统的这种波动效应，进而影响发动机的动力性和经济性。因此，在采用催化器时必须对发动机排气系统进行重新设计，以达到催化器与排气系统的良好匹配。匹配中应考虑的主要影响因素是排气总管和排气歧管的尺寸以及配气相位。

图6-7是采用模拟计算方法得出的某一发动机外特性转矩随排气总管长度的变化。

催化器安装在排气总管之后，总管长度变化反映了催化器的安装位置变化。从计算结果可以看出，随排气总管长度的变化，不同转速时的最大转矩有明显的变化，特别是在3000r/min时，最大转矩在140～160N·m范围内变化，即有13%的影响。另外，安装位置还会影响发动机的燃油经济性和排气噪声。

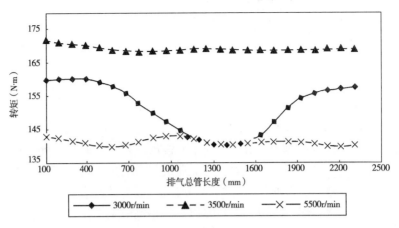

图 6-7　催化器安装位置对发动机转矩的影响

3. 催化器与燃料及润滑油的匹配

催化器与燃料及润滑油的匹配是指对于油品中有害成分含量(铅、硫、磷等)尚未实行控制的地区,应选用抗中毒劣化性好的催化剂。另外,催化器与排放法规之间也应有合理的对应关系。如仅满足以 HC 和 CO 为控制目标的排放法规,则可选用氧化型催化器;为满足带有城郊高速行驶工况的排放测试程序,应选用空速特性好的催化器。实际上,汽车和催化器厂家并不单纯追求催化器性能越高越好,而是更注重催化器性能恰好满足当时的排放法规。因为催化器性能越好,往往是贵金属含量越高,因而成本越高。

第三节　稀燃催化技术

稀薄燃烧技术是降低 CO 排放的有效手段。所谓稀薄燃烧指发动机在空燃比大于化学计量比的条件下运行,其排放尾气与普通发动机有相似的化学成分,但其中还原性及氧化性气体的相对含量不同于普通发动机的尾气,因而其排放尾气的净化处理技术有明显区别。采用稀薄燃烧技术,可提高燃料的利用率,从而提高燃料的经济性, 减少 CO_2、CO 排放浓度,在一定空燃比范围内,HC 和 NO_x 也有所减少,但 O_2 的浓度却明显升高,导致 NO_x 的转化效率会大大降低,在这种富氧条件下,催化还原其中的 NO_x 是稀燃催化技术的关键所在。目前针对稀燃催化技术研究较多的是 Pt-Rh 氧化还原催化剂、Pt-Pd-Rh 三效催化剂、全 Pd 催化剂和催化剂涂层等,但都因为空燃比的操作窗口太窄,要求燃油中硫含量较低,因此难以广泛应用。

目前,在稀薄燃烧汽油机排放的尾气净化技术中,被广泛研究的是吸附还原催化技术。吸附还原催化技术对 NO_x 的转化效率可达70% ~90%,其最佳工作温度为 150 ~450℃,并已在缸内直喷式汽油机中得到了应用。

一、反应原理

1. NO_x 吸附还原催化的工作原理

当汽油机在稀燃(富氧)状态下运转时,排气处于氧化气氛,汽油机排出 NO_x(主要为NO),在贵金属 B(主要是 Pt)作用下氧化 NO,转化为 NO_2,NO_2 再与在贵金属 B 的催化剂中加入的碱或碱土金属 M(主要是 Na^+,K^+ 和 Ba^{2+})氧化物作用生成硝酸盐,暂时存储于稀燃催化器中以达到吸附 NO_x 的目的(吸附阶段);同时排气中的 HC 和 CO 被直接氧化成 H_2O 和 CO_2,并排出稀燃催化转化器;当汽油机短暂地进入浓混合气状态下运转时,排气中产生足够多的还原剂(如 HC、CO、H$_2$ 等),形成还原性气氛,此时发动机处于浓燃(贫氧)状态下,以硝酸盐形式暂时存储于稀燃催化器中的硝酸盐不稳定,分解并且释放出 NO$_2$,与还原气体 CO、HC、H$_2$ 等反应,生成无害的 N$_2$、CO$_2$ 和 H$_2$O。其工作原理见图 6-8。

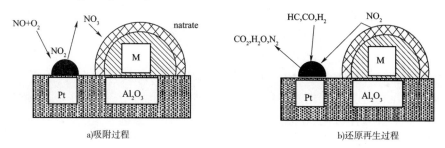

图 6-8　稀 NO$_x$ 吸附还原催化工作原理

一般稀燃发动机以较大空燃比状态运行的时间较长,此时 NO$_x$ 吸附还原催化器处于吸附状态。吸附状态时间的长短取决于催化器本身吸附材料的吸附能力大小、催化器的容量以及稀燃发动机排放的 NO$_x$ 量。催化器的吸附能力越大,稀燃发动机排出的 NO$_x$ 量越小,则稀燃发动机以较大空燃比状态运行的时间越长,发动机的燃油经济性越好。在达到稀燃 NO$_x$ 吸附还原催化器吸附极限以前,需短暂地使汽油机处于浓燃(贫氧)状态,产生足够多的还原剂(如 HC、CO、H$_2$ 等),这个过程也叫稀燃 NO$_x$ 吸附还原催化转化器的再生过程。再生时间越长、空燃比越小,则析出的 NO$_x$ 还原越彻底,稀燃发动机对外排出 NO$_x$ 就越少,同时稀燃发动机的燃油经济性也会变得越差。

2. NO$_x$ 吸附还原催化反应机理

1) NO$_x$ 的吸附机理

在吸附阶段,发动机运行在稀薄燃烧状态,空燃比要大于理论空燃比,发动机排气处于富氧状态,NO$_x$ 被吸附于吸附剂上。NO$_x$ 吸附还原催化转化器稀燃吸附时的主要化学反应可以认为有两个步骤:

第一步:稀燃时 NO 在贵金属 B(Pt)作用下首先被氧化为 NO$_2$。

$$NO + O \rightarrow NO_2 \tag{6-70}$$

第二步:NO$_2$ 与贵金属 Pt 中加入的碱或碱土金属 M(主要是 Na$^+$,K$^+$ 和 Ba^{2+})氧化物作用生成硝酸盐,以硝酸盐的形式吸附在碱土金属氧化物表面。以碱土金属氧化物 BaO 为例,在富氧条件下 NO$_2$ 与 BaO 反应生成 Ba(NO$_3$)$_2$ 的反应如下。

$$4NO_2 + 2BaO + O_2 \rightarrow 2Ba(NO_3)_2 \tag{6-71}$$

2) NO$_x$ 的净化还原机理

在净化还原阶段,发动机处于浓燃状态,空燃比小于理论空燃比,在此过程中被吸附的 NO$_x$ 首先被释放,然后在还原剂的作用下反应生成 N$_2$,从而实现净化还原。NO$_x$ 吸附还原催化转化器浓燃净化还原时的主要化学反应可以认为有两个步骤。

第一步:被吸附的 NO$_x$ 在浓燃阶段脱附。化学反应如下。

$$2Ba(NO_3)_2 \rightarrow 2BaO + 4NO_2 + O_2 \tag{6-72}$$

第二步:NO$_x$ 的净化。与三效催化转化器中的还原机理一样,NO$_x$ 在还原剂 HC、CO、H$_2$ 的作用下被还原为无害的氮气 N$_2$,具体化学反应如下。

$$4C_3H_6 + 18NO_2 \rightarrow 12CO_2 + 12H_2O + 9N_2 \tag{6-73}$$

$$4CO + 2NO_2 \rightarrow 4CO_2 + N_2 \qquad\qquad (6-74)$$

二、影响因素分析

吸附还原催化器主要工作在稀燃状态下,因此这种催化器在富氧时的 NO_x 储存能力非常关键,当排气中 O_2 浓度低于 1% 时,NO_x 储存量急剧下降。储存单元碱度越高,储存的 NO_x 量就越大,但这将降低 Pt 的活性,尤其是 HC 的转化率,因此在应用这种催化器时,应优化其含碱量。此外,贵金属 Pt 颗粒的大小对 NO_x 转化率影响显著,Pt 尺寸越小,其活性越大,则 NO_x 的转化率越高。在吸附还原催化器不同气体还原 NO_x 的能力中,H_2、CO 最高,烯烃、烷烃次之。为使 NO_x 的转化效率较高,还原剂与 NO_x 的最佳摩尔比应选为 3。

硫中毒是造成吸附还原催化器失活的最主要因素,当燃料含硫量较多时,NO_x 还原效率会急剧下降,因为硫化物在催化器表面形成一层不能穿透的硫酸盐表面层,从而使 NO_x 不能再被吸收,造成催化器中毒劣化而失效。

三、稀燃催化技术匹配控制及性能

吸附还原催化器的吸附能力是有限的,当催化器在稀燃工况下连续运行时,吸附量将达到饱和,不能继续起作用。因此必须交替采用稀—浓混合气。至于浓稀比例,则视具体催化器的

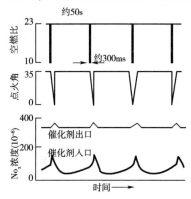

图 6-9　吸附还原催化剂的空燃比控制方法

吸附容量和稀燃与浓燃的程度而定。吸附还原催化器应用的关键问题在于采用合适的空燃比控制策略,使 NO_x 转换效率最高,燃油消耗量最小。为保证发动机的动力性与经济性,在调节空燃比的同时,也应改变点火提前角。如图 6-9 所示,即每隔 50 ~ 60s,控制节气门开度,使空燃比由 23 变到 10,同时点火提前角也由 35° 变为 5°,这期间持续 5 ~ 10s,即为催化器的再生过程。也可以将再生过程设定在怠速,因这时空速小,可以取得较好的 NO_x 还原效果。再生过程尽管会对发动机性能产生负面影响,但由于时间很短,并通过合理调节,燃油经济性的恶化可以控制在 1%。

为了精确控制 NO_x 吸附的稀燃阶段和 NO_x 还原的浓燃阶段,可以在催化器后安装氧传感器,检测 NO_x 还原过程是否结束,从而使 NO_x 排放和燃油经济性都达到最优。

第四节　热反应器

汽油机工作过程中的不完全燃烧产物 CO 和 HC 在排气过程中可以继续氧化,但必须有足够的空气和温度以保证其高的氧化速率,热反应器为此提供必要的温度条件。在排气道出口处安装用耐热材料制造的热反应器,使尾气中未燃的碳氢化合物和一氧化碳在热反应器中保持高温并停留一段时间,使之得到充分氧化从而降低其排放量。

热反应器一般采用耐热耐腐蚀的不锈钢制成,其结构见图 6-10。

热反应器由壳体、外筒和内筒三层构成,中间加保温层,使内部保持高温。热反应器安装在排气总管出口处,由于有较大的容积和绝热保温部分,反应器内部的温度可高达 600 ~ 1000℃。同时在紧靠排气门处喷入空气(即二次空气),以保证 CO 和 HC 氧化反应的进行。

CO 进行氧化反应的温度应高于 850℃，HC 进行完全反应的温度应至少超过 750℃。热反应器必须为热反应提供必要的反应条件，通常在浓混合气工作条件下，热反应器产生大于 900℃ 的高温。通入二次空气时，CO 和 HC 的转化率最高，但会使燃油经济性恶化。对于稀混合气工作的汽油机，不需供给二次空气，并可减少空气泵的能量消耗。一般情况下，热反应器对 CO 和 HC 的转化率可达 80%。

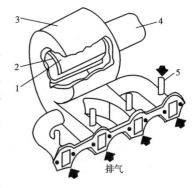

图 6-10 热反应器排气净化装置
1-外筒；2-内孔；3-壳体；4-排气口；5-空气喷射孔

　　热反应器在发动机冷起动时不能发挥作用，起动后，为了工作可靠，要求排气中有足够的可燃物质以保证产生自燃反应，这就需使混合气浓度大大高于最经济时的浓度，从而导致油耗增大。

　　热反应器不能净化氮氧化物 NO_x。尽管其有隔热装置，但仍给车盖下增加了大量的热负荷。热反应器的内部温度高达 800～1100℃，且长期处于铅、磷和高温的工作条件，即使采用高级昂贵材料，也几乎无法解决零件的寿命问题。

第五节　空气喷射

　　空气喷射就是将新鲜空气喷射到排气门的后面，使尾气中的 HC 化合物和 CO 在排气管内与空气混合，继续进行氧化的方法，又称二次空气法。当喷射的新鲜空气与尾气结合时，空气中的氧和 HC 化合物反应生成水，并成蒸气状；而氧和 CO 反应生成 CO_2。

　　空气喷射装置可分为主动式和被动式两种。主动式空气喷射装置带空气泵，主要用在化油器式的发动机上；而被动式空气喷射装置（不带空气泵）用在电控发动机上。被动式空气喷射装置与主动式空气喷射装置的区别在于没有空气泵，结构更简单。

　　被动式空气喷射装置也称为脉冲式吸气装置，它由吸气阀、连接空气滤清器与吸气阀的长软管和空气喷嘴等组成，见图 6-11。

　　吸气阀安装在空气滤清器与排气歧管之间的管路中，它实质是一止回阀。当发动机工作时，每一个排气阀的关闭都会使歧管内部的压力低于大气压力。发动机每一排气阀的循环关闭必然出现脉冲式的相对低压，在这一低压的作用下，空气滤清器中的空气通过吸气阀被吸进排气歧管。吸气阀和检查阀的作用一样，它使用弹性簧片或有复位弹簧的隔膜，只许空气进入排气歧管，不许废气倒流。

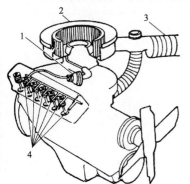

图 6-11　被动式空气喷射装置
1-吸气阀；2-空气滤清器；3-进气管；4-喷嘴

思　考　题

6-1　三效催化转化器的组成及催化反应机理是什么？

6-2　三效催化转化器的性能指标及转化效率的影响因素有哪些？

6-3　吸附还原催化技术的影响因素有哪些？

第七章 柴油机后处理净化技术

本章主要分析柴油机微粒捕集器的过滤机理,介绍常用过滤材料及其再生技术,讨论 NO_x 的选择性催化还原、选择性非催化还原、吸附催化还原以及等离子辅助催化还原等 NO_x 的后处理净化技术和氧化催化转化技术,并介绍柴油机后处理复合净化技术。

第一节 概 述

随着柴油机在汽车中的应用日益广泛以及排放法规日趋严格,在对柴油机进行机内净化的同时,必须进行后处理净化。柴油机与同等功率的汽油机相比,微粒和 NO_x 是排放中两种最主要的污染物,尤其它的微粒排放是汽油机的 30~80 倍。柴油机微粒能够长时间悬浮在空中,严重污染环境,影响人类健康。柴油机排放控制技术已经成为柴油机行业的研究重点,其研究具有巨大的社会效益和经济效益。仅靠机内净化方法很难使柴油机的微粒排放满足新的排放法规,必须采用微粒后处理技术。德国 FEV 的 Hartmut Lüder 等人认为尾气后处理技术将是排放控制的发展趋势。针对柴油机排气中含有的大量微粒,研制开发柴油机微粒捕集器成为柴油机后处理的热点。降低 NO_x 排放是研究的另一热点,各种催化还原净化技术应运而生。此外,借鉴汽油机的氧化催化技术,开发适用于柴油机的氧化催化转化器,降低微粒中的可溶性有机物(SOF)以及净化柴油机排放的 CO 和 HC。今后,柴油机后处理净化方法的研究重点是结合机内净化措施,同时使柴油机排放的微粒和 NO_x 减少。此外,推广低硫燃油的使用,从根本上减少微粒的生成,降低催化剂中毒情况的发生。

机内净化措施可有效地降低微粒排放,但由于一是润滑油的消耗只能减少到一定的程度,任何一种发动机不可能不消耗润滑油;二是机内净化主要以油气充分混合为目的,如高压喷射技术对大微粒的减少是以增加细小微粒数量为代价,而细小微粒对人体和环境的危害更大;三是降低微粒与降低 NO_x 之间存在一定的矛盾,因此仅仅依靠机内净化技术是不够的,必须同时采取后处理净化技术。目前,国内外研究的微粒后处理净化主要有微粒捕集技术、静电分离、溶液清洗、等离子净化、离心分离以及袋式过滤等。

第二节 微粒捕集技术

柴油机微粒的各种净化技术各有优缺点,要有效地降低柴油机微粒排放,应合理地利用各种净化技术的优点,并从燃料、燃烧、进气、燃油喷射以及后处理等各方面综合考虑。

一、微粒捕集器

通过对多种捕集柴油机排气微粒途径的比较,普遍认为较为可行的方案是采用过滤材料对排气进行过滤捕集,即微粒捕集器法。柴油机微粒捕集器(DPF, diesel particulate filter)被公认为是柴油机微粒排放后处理的主要方式,国际上对微粒捕集器的研究始于 20 世纪 70 年代,现已逐步形成商品化产品。其主要采用蜂窝陶瓷、陶瓷纤维编织物和金属编织物等作为过滤材料。当排气通过微粒捕集器时,过滤体将排气中微粒捕集于过滤体内,达到净化排气的目的。第一辆使用微粒捕集器的汽车是1985年德国奔驰公司生产的出口到美国加利福尼亚的轿车。随着排放法规的日趋严格,如今发达国家安装微粒捕集器的柴油车逐渐增多,如奥迪、帕萨特和奔驰等部分乘用车都安装了微粒捕集装置。目前,比较成熟且应用较多的产品是美国康宁(Corning)公司和日本NGK公司生产的壁流式蜂窝陶瓷微粒捕集器,美国JM(Johnson Matthey)公司开发的连续催化再生微粒捕集器以高的捕集效率和再生效率受到关注,在我国,微粒捕集器的研究起步相对较晚,目前尚无产品面世。微粒捕集器的关键技术是过滤材料的选择与过滤体的再生,其中又以后者尤为重要。本节主要介绍微粒捕集器的过滤机理、过滤体材料及其结构、过滤体再生三方面的问题。

1. 过滤机理

通过对柴油机排气微粒各种捕集途径的研究,宜采用多孔介质或纤维过滤材料对排气进行过滤,目前应用最多的是壁流式蜂窝陶瓷。在过滤过程中,微粒的特性、排气的相关参数和过滤材料的性能要素(如过滤体的几何尺寸、过滤体各结构元件的尺寸和结构元件的分布排列、过滤体的孔隙率等)分别对微粒的捕集产生影响。一个好的过滤体既要过滤效率高,又要压力损失小。

微粒捕集过程可以按过滤体结构特征不同分为表面过滤型和体积过滤型两种。前者主要用比较密实的过滤表面阻挡微粒,后者主要用比较疏松的过滤体积容纳微粒。表面过滤型过滤体一般单位体积的表面积很大,材料壁薄,既可获得较高的过滤效率,又具有较小的流动阻力,但过滤体形状复杂,在高的温度和温度梯度下易损坏。体积过滤型过滤体一般很难兼顾高效率和低阻力,但由于结构均匀,不易产生很大的热应力。

采用不同过滤材料的微粒捕集器结构可能各不相同,但过滤机理基本一致。用由细孔或纤维构成的过滤体来捕集柴油机排气中的微粒时,存在以下四种过滤机理:扩散机理、拦截机理、惯性碰撞机理和重力沉积机理,见图7-1。由于柴油机排气微粒质量小、流速快,通常可以忽略重力的影响,所以一般可不考虑重力沉积机理对微粒捕集效率的影响。

在介绍各种过滤机理之前,先作下列假设。

①壁流陶瓷过滤体简化为由许多微观过滤单元构成的组合体,将壁流陶瓷的壁面模拟成一系列直的平行毛细管,且各毛细管各自独立,气流的流动互不干扰。毛细管的长度等于壁厚h,管半径等于实际壁上微孔的平均半径R。

②微粒与过滤表面的碰撞效率为1,即微粒一旦触及过滤表面就被捕集。

③沉积的微粒对于过滤过程没有进一步的影响。

1)扩散机理

在排气气流中,微粒由于受到气体分子热运动的碰撞而作布朗运动,使微粒的运动轨迹与流体的流线不一致。初始排气中的微粒浓度分布是均匀的,布朗运动不会引起微粒的宏观输运,即微粒浓度分布的均匀性不会发生改变。但是,当流场中出现捕集物后,捕集物对微粒的运动起到了汇集的作用,从而造成排气中微粒分布的浓度梯度,引起微粒的扩散输运,使微粒

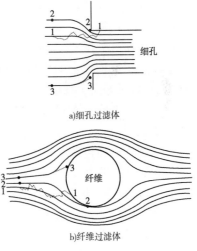

a)细孔过滤体

b)纤维过滤体

图7-1　微粒沉积的三种机理
1-扩散机理微粒;2-拦截机理微粒;3-惯性沉积机理微粒

脱离原来的运动轨迹向捕集物运动而被捕集。在壁流陶瓷的壁面和微孔内的空间,细小微粒在布朗运动作用下扩散至壁面和微孔的内表面。微粒的尺寸越小,排气温度越高,则布朗运动越剧烈,扩散沉积作用越明显。

扩散捕集效率与微粒尺寸半径 r、过滤体壁厚 h、壁面平均微孔径 R 以及微孔内的平均流

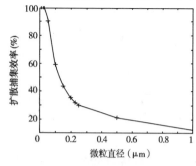

图7-2　不同直径微粒的扩散捕集效率

速 v 有关。由图7-2可以看出,当微粒直径小于 $1\mu m$ 时,需要考虑微粒的扩散作用,当微粒的直径小于 $0.1\mu m$ 时,扩散作用已经十分显著。由于大部分柴油机排气微粒属于亚微米范畴,因此对于柴油机排气微粒的过滤,扩散捕集是十分重要的。对于扩散作用剧烈的细小微粒,其扩散捕集仅仅发生在微孔内距入口很近的范围内,减小平均微孔径可以提高微粒的扩散沉积效率,但是这会导致过滤体压力损失的上升。由于排气流速决定了微粒在过滤体内的滞留时间,因此排气流速对扩散捕集效率的影响非常明显,排气流速越低,扩散捕集效率越高。降低流速是提高扩散沉积效率的有效方法,由于柴油机的排气流量随其工况在一定范围内变化,因此可通过增大总的过滤表面积和壁面孔隙率来降低微孔内的平均流速。

2)拦截机理

拦截机理与微粒的尺寸有关,认为微粒只有大小而没有质量,不同大小的微粒都将随流线绕捕集物流动。当微粒接近过滤表面,微粒直径大于或等于过滤微孔直径时,微粒就被拦截捕集,过滤体起到筛子的作用,这就是拦截机理。过滤体的拦截机理在微粒的捕集中扮演着十分重要的角色,但这并不意味着过滤体本身具有较强的拦截作用。事实上,过滤体的平均微孔直径最小也有数微米,而90%以上的柴油机微粒直径在 $1\mu m$ 以下,显然不满足拦截条件。但由于各沉积机理综合的作用,微粒会在过滤体表面形成堆积,其效果等同于减小过滤体微孔孔径,使拦截作用加强(图7-3),这种拦截机理是过滤体后期非稳态过滤的主要捕集机理。

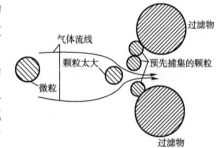

图7-3　微粒的拦截过滤

3)惯性碰撞机理

在惯性碰撞机理中,一般把微粒理想化为只有质量而没有体积的质点。当气流流入微孔内时,气流收缩导致流线弯曲,由于微粒的质量是气体微团的几十倍甚至上百倍,当气流转折时,微粒仍有足够的动量按原运动方向继续对着捕集物前进而偏离流线,偏离的结果使一些微粒碰撞到捕集物而被捕集分离,这就是所谓的惯性碰撞机理。

由于柴油机微粒质量太小,其扩散作用要强于惯性作用,所以过滤体对柴油机微粒的惯性捕集效率较扩散捕集效率低。因柴油机微粒浓度分布主要集中在直径 $0.1\mu m$ 左右,在这个粒径范围,过滤体的平均微孔径和孔隙率以及表观流速的变化对微粒惯性沉积作用的影响十分微弱,所以通过改变过滤体微观过滤单元的分布尺寸和气流的表观流速来提高柴油机微粒的惯性沉积效率意义不大。

4)综合过滤机理

在微粒的过滤过程中,扩散、拦截和惯性碰撞通常是组合在一起同时起作用的,但这三种

机理并不是完全独立的。事实上,很难确定一个被捕集的微粒到底属于哪种机理捕集得到的,因为它可能同时满足两种捕集机理的条件。因此,若简单地将三种捕集机理的效率相加,会导致计算结果比实际效率高,甚至超过1,这显然是不合理的。如果扩散、拦截和惯性碰撞三种机理同时作用,理论上存在透过性最大的微粒直径,若微粒小于这个直径,扩散作用占主导,总的捕集效率随直径的减小而增加;若微粒大于这个直径,拦截和惯性碰撞作用占主导,总的捕集效率随直径的增大而增加。

2.过滤材料及其结构

过滤材料的结构与性能对整个微粒捕集系统的性能(如压力损失、过滤效率、强度、传热和传质特性等)有很大的影响。微粒捕集器对过滤材料的要求是:高的微粒过滤效率,低的排气阻力,高的机械强度和抗振动性能,并且还须具备抗高温氧化性、耐热冲击性和耐腐蚀性。其中高的过滤效率与小的排气阻力是一对矛盾,选择材料时要综合考虑这两方面的性能。另外,柴油机的相关参数(如排量、排气温度、流速和微粒含量等)、柴油机的运行环境和匹配对象等因素也影响到材料的选用。目前国内外研究和应用的过滤材料主要有陶瓷基、金属基和复合基三大类。

1)陶瓷基过滤材料

目前,国内外研究和应用最多的是陶瓷基过滤材料,它们通常由氧化物或碳化物组成,具有多孔结构,在700℃以上能保持热稳定,比表面积大于$1m^2/g$,主要结构包括蜂窝陶瓷、泡沫陶瓷及陶瓷纤维毡。

蜂窝陶瓷常用热膨胀系数低、造价低廉的堇青石($2MgO \cdot 2Al_2O_2 \cdot 5SiO_2$)制成,这种材料开发最早、使用最广,可有壁流式、泡沫式等多种结构。目前在微粒捕集器过滤体上研究使用较多的是壁流式蜂窝陶瓷,NGK、Corning 与 JM 等公司生产的微粒捕集器主要采用这种材料。壁流式蜂窝陶瓷具有多孔结构,相邻两个孔道中,一个孔道入口被堵住,另一个孔道出口被堵住,见图7-4。这种结构迫使排气从入口敞开的进气孔道进入,穿过多孔的陶瓷壁面进入相邻的出口敞开的排气孔道,而微粒就被过滤在进气孔道的壁面上,这种微粒捕集器对微粒的过滤效率可达90%以上。可溶性有机成分SOF(主要是高沸点HC)也能被部分捕集。近年来在制造技术上取得明显的突破,蜂窝陶瓷壁厚减小,开口横截面积增大,从而降低了压力损失,扩大了使用范围。常用堇青石蜂窝陶瓷的参数见表7-1。壁流式蜂窝陶瓷受温度影响较大,排气温度较低时沉积在壁面的HC成分将在排气温度升高时重新挥发出来并排向大气,造成二次污染。若采用热再生,导热系数小的堇青石容易受热不均而局部烧融或破裂。为此,人们研究

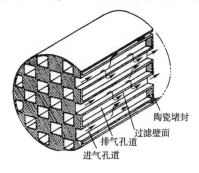

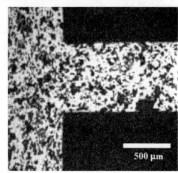

500 μm

a)壁流式蜂窝陶瓷整体   b)多空陶瓷微观结构

图7-4　壁流式蜂窝陶瓷

改性董青石、莫来石以及 SiC 等新型材料来弥补这一缺陷。其中 SiC 以其更好的热稳定性和更高的导热率越来越受到重视,同时它具有良好的机械性能且散热均匀,解决了热再生难的问题。但较大的热膨胀系数使它在高温下易开裂。SiC 与董青石的特性比较见表 7-2。

壁流式蜂窝陶瓷(董青石)的技术指标　　　　　　　表 7-1

指 标 项 目	单位	指 标 取 值	指 标 项 目	单位	指 标 取 值
主晶相含量	%	≥85%	吸水率	%	20% ~40%
孔数	cell/inch^2	100 ~400	热膨胀系数	×10^{-6}/℃	1.0 ~2.0
壁厚	mm	0.2 ~0.6	熔化温度	℃	1340
开孔面积	%	60% ~80%	抗压强度	MPa	轴向(≤12);径向(≤4)
容重	g/cm^2	0.4 ~0.6	比表面积	m^2/g	≤1
气孔率	%	25% ~50%	外形尺寸	mm	柱形(≤Φ240×240);方形(≤200×200×250)
微孔平均孔径	μm	2 ~40			

SiC 与董青石作为蜂窝过滤材料的特性比较　　　　　　　表 7-2

过滤体材料特性	SiC	董青石	过滤体材料特性	SiC	董青石
体积密度(g/cm^3)	1.8	1.0	断裂模量(MPa)	19.5	3.5
孔隙率(%)	50	46	25℃时的热导率(W/m℃)	11	<0.5
孔密度(cm^{-2})	8	16	630℃时的热导率(W/m℃)	7	<0.5
通孔尺寸(mm)	2.5×2.5	2.1×2.1	热膨胀系数(10^{-6}/℃)	4.6	1.0
弹性模量(GPa)	85	5	熔点/分解温度(℃)	2300	≈1300
泊松比	0.16	0.26			

壁流式蜂窝陶瓷作为过滤体的微粒捕集器产生的压力损失主要包括:陶瓷壁面产生的压力损失、炭烟微粒层产生的压力损失、进排气孔道内部流动摩擦引起的沿程损失、进气孔道入口处流动面积突然变小产生的局部损失和排气孔道出口处由于流动面积突然变大产生的局部损失。一般应用于微粒捕集器的蜂窝陶瓷过滤体的体积至少等于柴油机的排量,对于尺寸限制不太重要的重型车用柴油机来说,有时用体积等于排量两倍的过滤体把阻力限制到合理的水平(约 10kPa)。大型柴油机可用多个过滤体并联工作的方案,因为尺寸过大的过滤体在热再生时可能因热应力过大而损坏。

泡沫陶瓷与蜂窝陶瓷相比,可塑性大大增强,孔隙率大(80% ~90%),且孔洞曲折,见图7-5。泡沫陶瓷的这种结构可改善反应物的混合程度,有利于表面反应;它的热膨胀系数各向同性,具有更好的热稳定性,因此近些年被用作柴油机排气微粒的过滤材料,但需解决捕集效率较低及烟灰吹除难等问题。泡沫陶瓷的工作原理主要是深床过滤,部分微粒渗入多孔结构中,有利于微粒与催化剂的接触。氧化锆增强的氧化铝是一种广泛研究的泡沫陶瓷材料,相对于董青石等其他陶瓷材料,ZTA 基本上不与催化剂发生反应,因而更可取。催化剂一般为 Cs_2O、MoO_3、V_2O_5 和 Cs_2SO_4 的低熔共晶混合物,沉积在泡沫陶瓷表面,可将炭烟的起燃温度降低到 375℃,以便有利于过滤材料的再生。

陶瓷纤维材料不受固定尺寸的限制,给过滤体的孔形状和孔分布提供了较大的选择余地,通过改变各种设计参数可使应用效果最佳。陶瓷纤维毡具有高度表面积化的特点,过滤体内纤维表面全是有效过滤面积,过滤效率可高达 95%,见图 7-6。美国 3M 公司生产的微粒捕集器采用该材料,它能承受再生时的较高温度,但陶瓷纤维是一种脆性的耐高温材料,生产工艺较复杂且易损坏。

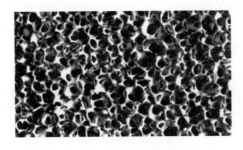

图 7-5　泡沫陶瓷的显微结构

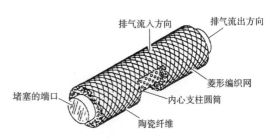

图 7-6　陶瓷纤维毡过滤体结构

2)金属基过滤材料

金属在材料的强度、韧性、导热性等方面有陶瓷无法比拟的优势。铁—铬—铝(Fe—Cr—Al)是一种耐热耐蚀高性能合金,具有热容小、升温快的特点,有利于排气微粒快速起燃,且抗机械振动和高温冲击性能好,近年来受到广泛重视。用它制造的壁流式蜂窝体,与同等尺寸的堇青石蜂窝体相比,壁厚可减小 1/3,大大降低了压力损失,已成功地应用在三效催化转化器上。但构成金属蜂窝体的箔片表面平滑,不是多孔材料,过滤效率较低,在柴油机微粒捕集器方面应用较少。目前研究较多的结构类型主要是泡沫合金、金属丝网及金属纤维毡。

泡沫合金是一种具有三维网络骨架的材料,HJS 与 SHW 等公司采用该材料制成过滤体,该过滤体由泡沫合金骨架焊接而成,与壁流式蜂窝陶瓷的结构相似,它们的过滤效率相当。日本住友电工公司将泡沫合金用于制备微粒捕集器过滤体已有数年,起初曾采用泡沫镍作为过滤材料,但镍的抗蚀性差,为改善其在高温环境和含硫气氛中的抗蚀性,采用耐热耐蚀的镍—铬—铝(Ni—Cr—Al)和铁—铬—铝(Fe—Cr—Al)高温合金,合金表面是结构牢固的 α-氧化铝(α-Al_2O_3),可在 800℃的高温下静置 200h 基本上不受侵蚀。这种泡沫合金的热导率高,可兼作热再生装置的辐射加热器,热度分布均匀,再生时过滤体不会开裂与熔化。泡沫合金的主要优点:具有大孔径和薄骨架结构;表面易被熔融铝液浸透并覆盖,退火处理后得到保护层;由于合金骨架的机械强度高,可大大改善过滤材料的抗振性能;应用粉末冶金技术制造泡沫合金,可以降低生产成本。

金属丝网成本相对较低,且孔隙大小沿气流方向可任意组合,使捕获的微粒在过滤体中沿过滤厚度方向分布均匀,提高了过滤效率并延长了过滤时间。但单纯金属丝网过滤体的捕集效率相对较低,只有 20% ~50%。若利用金属丝网的良好导电性,在过滤体上游加电晕放电装置,使微粒荷电,带电微粒在经过金属丝网时由于静电作用吸附在金属丝网上,从而可使综合过滤效率提高到 50% ~70%。

金属纤维毡与陶瓷纤维毡相比具有强度高、使用寿命长、容尘量大等特点;与金属丝网相比具有过滤精度高、透气性好、比表面大和毛细管功能等特点,尤其适用于高温、有腐蚀介质等恶劣条件下的过滤,因此是一种很有前途的柴油机微粒过滤材料。美国 RYPOS 公司生产的微粒捕集器采用金属纤维毡,结合电加热再生,具有很高的捕集效率与再生效率,见图 7-7。柴油机排气从外圈进入,由金属纤维毡过滤后从内圈排出,利用金属纤维自身的导电性采用电加热再生。采用这种结构的另一个好处是可以根据柴油机排量,方便地增减过滤体单元的数目。

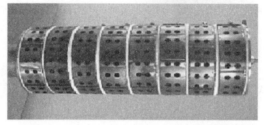

图 7-7　RYPOS TRAP 金属纤维毡过滤体结构

3）复合基过滤材料

由于陶瓷基过滤材科与金属基过滤材料都有不可避免的缺陷,目前正在研究复合基增强型过滤材料,且主要集中在纤维毡结构上。为了解决在再生过程中燃烧引起的局部过热导致过滤材料熔融破裂或残留烟灰黏附在过滤材料上使微粒捕集器失效的问题,NHK Spring 公司发明了一种新型过滤材料,这种过滤体的单元是由叠层金属纤维毡和氧化铝纤维毡组成。金属纤维毡材料是 Fe—18Cr—3Al,最高耐热温度达到 1100℃,氧化铝纤维毡材科是 $70Al_2O_3$—$30SiO_2$,最高耐热温度达到 1400℃。从排气入口到出口,叠层纤维毡的密度越来越大,保证了微粒的均匀捕获,过滤效率可达到 80% ~90%,同时还能起到消声的作用。

二、微粒捕集器再生技术

微粒捕集器采用一种物理性的降低排气微粒的方法,在过滤过程中,微粒会积存在过滤器内,导致柴油机排气背压增加,某壁流式蜂窝陶瓷的压力损失与微粒沉积量关系,见图 7-8。当压力损失达到 20kPa 时,柴油机工作开始明显恶化,导致动力性、经济性等性能降低,必须及时除去沉积的微粒,才能使微粒捕集器继续正常工作。除去微粒捕集器内沉积的微粒、恢复微粒捕集器性能的过程称为再生,这是微粒捕集器能否在柴油机上正常使用的关键技术。实用化再生技术应满足的条件有:能在各种工况下正常工作,具有较高的捕集效率;产生的排气背压低,对柴油机动力性和经济性等性能的影响小;不应对环境产生二次污染;具有良好的可靠性和耐久性;具有较强的再生能力和较高的再生效率,再生控制操作方便;性价比较高。

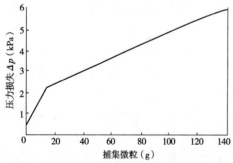

图 7-8　壁流式蜂窝陶瓷的流动阻力与微粒沉积量的关系

由于柴油机排气中的微粒绝大部分为可燃物,因此定期将捕集的微粒烧掉看来是最简单可行的办法。柴油机排气微粒通常在 560℃ 以上时开始燃烧,即使在 650℃ 以上时,微粒的氧化也要经历 2min。而实际柴油机排气温度一般低于 500℃,一些城市公交车排气温度甚至在 300℃ 以下,排气流速也很高,因而在正常的条件下难以烧掉微粒。在微粒捕集器开发的早期曾经采用脱机再生的方法解决再生问题。脱机再生对再生周期足够长的公交车用柴油机有一定的实用性,但使用麻烦。近20年来,国外对柴油机微粒捕集器再生技术进行了大量细致的研究工作,提出了多种再生技术,并有不少再生技术已进入实车使用阶段。

在微粒捕集器再生过程的研究中,经常要涉及过滤体中已经沉积的微粒质量或过滤体负载量以及再生效果两个概念,因为它们均与过滤体的流动阻力或柴油机的排气背压有密切的关系,所以常用下列定义式。

过滤体负载量用无量纲的负载参数 M 表征。

$$M = \Delta p_1 / \Delta p_c \tag{7-1}$$

式中:Δp_1——沉积或负载微粒后的排气背压;

Δp_c——洁净的捕集器在同一工况下的排气背压。

再生效果用无量纲的再生效率 η_r 表征。

$$\eta_r = (\Delta p_1 - \Delta p_r) / (\Delta p_1 - \Delta p_c) \tag{7-2}$$

式中:Δp_r——捕集器再生后的排气背压。

一般微粒捕集器允许最大负载参数 $M_{max} = 3 \sim 5$,要求再生效率 $\eta_r = 70\% \sim 80\%$。

再生系统根据原理和再生能量来源的不同可分为主动再生系统与被动再生系统两大类。根据柴油机的使用特点和使用工况合理选择再生技术,对于微粒捕集器的安全有效再生具有重要的意义。

1. 主动再生系统

主动再生系统是通过外加能量将气流温度提高到微粒的起燃温度使捕集的微粒燃烧,达到再生过滤体的目的,主动再生系统通过传感器监视微粒在过滤器内的沉积量和产生的背压,当排气背压超过预定的限值时就启动再生系统。根据外加能量的方式,这些系统主要有:喷油助燃再生系统、电加热再生系统、微波加热再生系统、红外加热再生系统以及反吹再生系统。

1)喷油助燃再生系统

喷油助燃再生系统已开发了用丙烷或柴油作燃料、用电点火的燃烧器来引发微粒捕集器的再生。柴油燃烧器采用与柴油机相同的燃料,比较方便,但燃烧过程的组织比较困难,尤其在冷起动时可能导致燃烧不良,造成二次污染。用丙烷作为燃烧器的燃料,容易保证完全燃烧,但需单独的高压丙烷气瓶。

燃烧器技术是一种成熟的技术,但用于实现捕集器的再生还有不少困难。已沉积在过滤体中的微粒的燃烧必须尽可能迅速和完全,但不能使陶瓷过滤体过热而碎裂或熔融。这就要求在燃料流量、助燃气流流量和氧浓度、燃烧器工作时间与已沉积的微粒质量之间进行优化匹配。

燃烧器喷出的火焰温度应尽可能均匀,平均温度在 $700 \sim 800℃$,以便可靠点燃微粒。再生周期取决于微粒沉积速度。再生时如果过滤体中的微粒量太少,则燃烧过程缓慢且不能彻底燃烧;如果微粒量过多,则微粒一旦燃烧,其峰值温度可能上升过高,导致过滤体损坏。过滤体中的微粒沉积量在过滤体已定的情况下,取决于柴油机的工况和对应的排气背压。

如图7-9a)所示,带再生燃烧器的微粒捕集器串连在排气管中,结构简单,柴油机的排气一直流经过滤器,且柴油机的排气还可用作再生燃烧器工作时的助燃气体(因为柴油机的排气一般都含有 $5\% \sim 10\%$ 以上的氧),看来似乎是个很好的方案,但实际上,由于柴油机工况的变化很大,燃烧器串连在排气流中工作会在燃烧控制方面有很大困难。当排气流量很大时,要把它全部加热到再生的起燃温度需要燃烧器消耗大量的燃料,所以实际上常在柴油机怠速时进行过滤体的再生,此时排气流量小,节省燃料,排气含氧量高,可促进微粒的氧化。如图7-9b)所示,如在过滤体前设置一旁通排气管,当排气背压达到限值时,排气转换阀8关闭捕集器的排气进口,让柴油机的排气经旁通排气管9不经过滤直接排入大气,这样可以大大减少再生燃烧器的燃料消耗。由于微粒捕集器的再生时间(一般为5~10min)与再生周期(一般为10h以上)相比很短,排气旁通阀使微粒总排放量的增加不会超过1%。这时微粒捕集器的再生燃烧器除了通过燃烧器燃料供给系3供给燃料、通过电子点火器2点火外,还要通过空气供给系7供给空气,使燃烧器稳定产生预定的含氧燃气,高效而可靠地引发捕集器中的微粒燃烧。如图7-9c)所示,如果在柴油机排气系统中安装两套微粒捕集器,由排气转换阀8让它们轮流工作,那么不仅排气不经过过滤的情况不会发生,而且微粒捕集器的寿命也将延长。在这种情况下,由于没有必要追求尽可能长的再生周期,所以每一个捕集器的尺寸可适当缩小。实际上,并联的两套微粒捕集器在再生期间以外也可以同时工作。

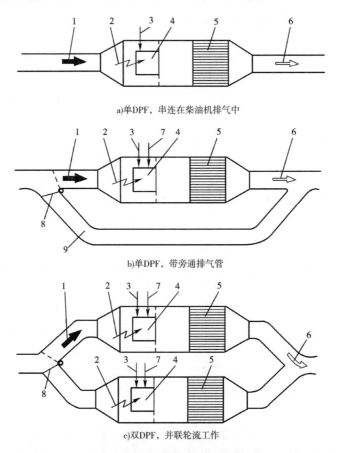

a)单DPF,串连在柴油机排气中

b)单DPF,带旁通排气管

c)双DPF,并联轮流工作

图7-9　DPF在排气系统中的布置

1-柴油机排出的未过滤排气;2-电点火器;3-燃烧器燃料供给系;4-再生燃烧器;5-陶瓷过滤体;6-已过滤排气;7-助燃空气供给系;8-排气转换阀;9-旁通排气管

2)电加热再生系统

电加热再生在微粒捕集器工作一段时间后,采用电热丝或其他电加热方法,周期性的对微粒捕集器加热使微粒燃烧。用电阻加热器供热再生可避免采用复杂昂贵的燃烧器,同时电加热可消除二次污染。为了提高电阻加热器的再生效率,一般力求使电阻丝与沉积的微粒直接接触。一种结构形式是把螺旋形电阻丝塞入进气道中,如图7-10所示。由于蜂窝陶瓷过滤体的孔道数量很多,因此结构复杂;另一种结构形式是将回形电阻丝布置在各进气道的入口段。再生时,通电的电阻丝直接点燃微粒,捕集器前部微粒燃烧的火焰随着排气向捕集器的尾部传播,将整个通道内的微粒燃烧完毕。

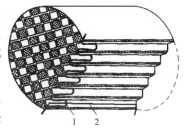

图7-10　蜂窝陶瓷再生加热电阻丝结构
1-回形电阻丝;2-螺旋形电阻丝

电加热再生系统由车载蓄电池供电,为了节省蓄电池的电力消耗,电加热再生系统一般都采用增加旁通排气管方案或是应用两套捕集器的方案,如图7-9所示。图7-10为电阻丝结构。再生时向捕集器内供给少量的空气以促进微粒的燃烧,流动的空气还能将前端火焰传播到后端。为了减小蓄电池的电功率,电阻丝可以分区连接成若干组,各组先后相继通电实现分区再生。电加热再生系统的功率一般为3~6kW,通电30~60s就可引发再生。电加热再生系统结构简单,使用方便、安全可靠,但再生时热量利用率和再生速率低,消耗能量较多。

3）微波加热再生系统

上述的喷油助燃再生系统与电加热再生系统一样,均有突然加热过滤体而浪费能量的缺点,实际有效的能量是把已沉积的微粒本身加热到起燃温度,于是尝试利用微波独具的选择加热及体积加热特性再生微粒捕集器。微粒可以60%~70%的能量效率吸收频率为2~10GHz的微波,由于陶瓷的损耗系数很低,对微波来说实际上是透明的,所以微波并不会加热陶瓷过滤体(结构原理如图7-11所示)。此外,微粒捕集器的金属壳体会约束微波,防止微波外逸并把它反射回过滤体上。因此,可把一个发射微波的磁控管放在过滤体的上游,并用一个轴向波导管把它与过滤体相连。再生时把排气流部分旁通,磁控管提供1kW功率,在过滤体内部形成空间分布的热源,对过滤体上沉积的微粒进行加热,历时10min左右,把炭烟微粒加热到起燃温度,然后把排气流恢复原状以助微粒燃烧。再生时,也可把排气完全旁通,并喷入适量助燃空气,这样再生过程可以控制得更加完善。实验表明,再生过程中过滤体内部温度梯度小,热应力引起的过滤体损坏的可能性减小,再生窗口宽,再生过程易于控制,但加热的均匀性有待进一步改善。微波再生效率高,没有二次污染,是很有前途的热再生技术。

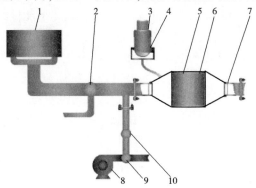

图7-11　微波加热再生系统结构图
1-柴油机;2-旁通阀;3-磁控管;4-石英玻璃罩;5-衬垫;6-壁流式过滤体;7-微波截止板;8-空气泵;9-旁通阀;10-限压阀

4）红外加热再生系统

当物体的温度高于绝对零度时,物体向外放射辐射能,且辐射能在某一温度范围内可达到最大。在柴油机微粒捕集器的再生过程中,加热器的辐射能量主要集中在红外波段。利用这一原理,选择控制温度所对应辐射能大的波长范围内的红外辐射材料,将其涂覆在基体上,当基体受热并达到所选择的温度和波长范围时,涂层便放射出最大辐射能,由于碳是自然界中较好的一种灰体,因此对辐射能的吸收能力较强。由于堇青石陶瓷是热的不良导体,因此辐射传

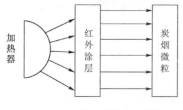

图7-12 红外加热再生原理图

热是其主要的加热形式。由于金属材料的辐射能力较差,因此在红外再生过程中,首先由加热器加热具有较强辐射能力的红外涂层,然后再由红外涂层通过辐射方式加热过滤器中捕捉到的微粒物,如图7-12所示。红外再生提高了加热速率和热量利用率,从而使被加热物体迅速升温而达到快速加热的目的,减少再生过程的能量消耗。

5)反吹再生系统

为了提高柴油机微粒过滤及再生系统的可靠性和使用寿命,将微粒的燃烧与过滤体分离是一种有效途径。反吹再生技术正是根据这一设想开发出来的。该再生过程的最大特点是能将过滤体与微粒燃烧分开,因此该系统不存在过滤体由于与微粒燃烧而产生破裂和烧熔等问题,另外也解决了不燃物质在过滤器内累积的问题。当过滤体需要再生时,排气从旁通管流出或流经另一套微粒捕集器,高压气流从需要再生的微粒捕集器的排气出口端高速喷入,逆向流动的气流将微粒从过滤体表面清除并落入微粒漏斗。收集在漏斗里的微粒由漏斗内的电加热器燃烧。

2. 被动再生系统

被动再生系统利用柴油机排气自身的能量使微粒燃烧,达到再生微粒捕集器的效果。一方面可通过改变柴油机的运行工况提高排气温度达到微粒的起燃温度使微粒燃烧;另一方面可以利用化学催化的方法降低微粒的反应活化能,使微粒在正常的排气温度下燃烧。运用排气节流等方法可以提高排气温度使捕集到的微粒在高温下烧掉,但这些措施使燃油经济性恶化。目前看来较为理想的被动再生方法是利用化学催化的方法,一些贵金属、金属盐、金属氧化物及稀土复合金属氧化物等催化剂对降低柴油机炭烟微粒的起燃温度和转化有害气体均有很大的作用。在催化再生过程中,过滤体受到的热负荷较小,因此提高了过滤体的寿命及工作可靠性。催化剂的使用方法有两种,一是在燃油中加入催化剂,二是在过滤体表面浸渍催化剂。催化再生技术的研究重点在于寻找能有效促进微粒在尽可能低的温度下氧化的催化剂。

1)大负荷再生

柴油机的排气温度是随其工况变化而变化的。在高速大负荷运行时,排气温度可以达到500℃以上,在此温度下,沉积在过滤器内的微粒可以自行燃烧,从而达到过滤器再生的目的。这种方法不用附加任何辅助系统,因此比较简单。然而柴油机排气温度只有在接近最高转速、最大负荷的工况时,在靠近汽缸盖上排气口的位置才能达到使过滤体内沉积的炭烟能自燃的温度。而车用柴油机在实际运行中很少在这样的工况下工作,尤其是在城市,汽车基本上以低速运行,柴油机的平均排气温度更低。因此,大负荷再生技术对某些应用场合,尤其是车用是不合适的。

2)排气节流再生

节流再生是出现较早的技术,也叫强制再生,它实际上是通过某种节流方法控制柴油机的进气量,即进气节流或排气节流,以提高排气温度,使过滤体中的微粒着火燃烧。节流提高排气温度主要通过两条途径:一是通过提高排气压差,增加泵功损失,而这一部分能量最后以热量方式转移到排气中,这样就增加了废气的焓;二是排气节流降低柴油机的容积效率,使混合气中燃油浓度增大,进而提高了排气温度。节流程度取决于所需达到的最高燃烧温度,不能过

度影响柴油机的动力性,也不能过多增大柴油机的排气烟度。节流技术拓宽了过滤体利用排气进行再生的工况范围,再生时机也可进行控制。但是由于泵功的增加以及容积效率的降低,使得柴油机在再生过程中动力性和经济性有很大程度的下降。并且由于节流,使得汽缸盖、活塞、气门等零部件的热负荷增加,缩短了柴油机的使用寿命。

在微粒捕集器的使用过程中,大多数的过滤体破损是由于在再生过程中缺乏对再生过程的控制,使过滤体过热所致。为了克服一般节流再生技术所存在的不足,人们又相继提出了稳态节流再生技术以及旁通节流再生技术。稳态节流再生是在柴油机以最大转速空转运行时对过滤体进行节流再生,它的优点是能够对整个再生过程进行控制,对柴油机零部件产生的热负荷很小。旁通节流再生技术一方面可以通过改变参与再生过程的废气数量,提高预加热过程的过滤体温度响应;另一方面在再生过程中可以通过旁通装置使过滤体与废气隔绝。节流再生技术难以在公交车等长时间低速行驶的车辆上使用。

3)催化再生

催化再生是在过滤体的表面浸渍催化剂,催化器与捕集器是同一整体,这种微粒捕集器对微粒的捕集与过滤体的再生是同时进行的,是一种连续再生的方法。在使用过程中,常用铂作为催化剂,当排气温度达到400℃左右微粒便开始氧化。还有的催化系统能先将排气中的NO氧化成NO_2,再由NO_2氧化微粒物(也包括CO)。氧化过程中,NO_2作为反应的中间介质,实现了催化剂与微粒的非直接接触,提高了反应速度和效率,同时还能净化排气中的NO_x。美国的JM(Johnson Matthey)公司开发出一种采用催化再生的微粒捕集系统(CRT,continuous regeneration trap),如图7-13所示。柴油机排出的废气首先经过一个氧化催化器,在CO和HC被净化的同时,NO被氧化成NO_2,即

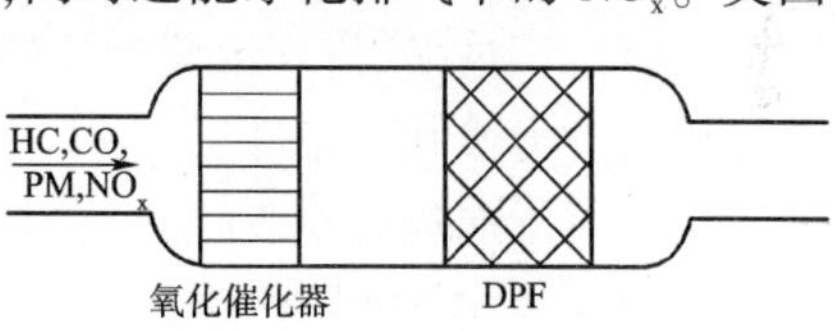

图7-13　CRT系统示意图

$$NO + O \rightarrow NO_2 \tag{7-3}$$

NO_2本身是化学活性很强的氧化剂,在随后的微粒捕集器中,NO_2与微粒进行氧化反应,即

$$NO_2 + C \rightarrow CO + NO \tag{7-4}$$

该反应在250℃左右即可进行。但当排气温度高于400℃时,化学平衡条件趋于产生NO而难以产生NO_2,不能使微粒捕集器中的微粒起燃,再生效率急剧下降。

应用催化再生的主要缺点是固体微粒与催化剂的接触反应极不均匀,很难进行完全再生。另外,由于柴油机排气中的微粒含量很大,随着时间的推移,催化剂的作用会逐渐减弱甚至完全消失,即催化剂中毒,从而影响到过滤体的有效再生和对其他有害气体的催化净化效果。

催化再生系统受燃油含硫量、运行工况、排放物水平以及催化剂的价格等因素的限制,仍然没有得到大范围推广。但是催化再生过程无需人为干预,没有另外的设备和投入,特别对于微粒排放很低的柴油机来说,微粒物能及时氧化掉,再生过程容易实现。而且,发动机运行过程中背压较低,再生耗能较少,发动机油耗也较低,这些明显的优点使它被普遍看好,在未来若干年有望成为柴油机微粒净化的实用技术。

催化再生微粒捕集器系统目前要解决的主要问题是:在柴油机的各种运转条件下不发生炭粒堵塞现象和避免催化剂中毒,以确保炭粒净化率的长期稳定性,提高其使用寿命。SO_2是使催化剂中毒的主要因素,它与催化剂载体的主要材料氧化铝相互作用并封锁催化剂铂,使反应区的质量交换条件变坏。俄罗斯汽车研究所在这方面的研究走在世界的前列,他们从两方面着手:一方面开发一种与氧化硫不发生作用的催化载体——采用氧化硅或涂有氧化硅保护

层的氧化铝;另一方面寻找一种具有很高的抗氧化硫的活性成分——基本成分选用钯的催化活性剂。结果表明催化剂的催化效率在较长时间内能得到保证。

4)燃油添加剂再生

燃油添加剂再生系统实际上也是一种催化再生系统,只不过是催化剂的存在方式不一样。燃油添加剂再生系统是在燃油中加入金属催化剂(如金属铈 Ce),添加剂与燃油一起在汽缸内参与燃烧,燃烧后生成的金属氧化物对微粒起催化作用,降低微粒起燃温度,从而在较低的排气温度下不需外部能源,过滤体能自行再生。这种方式能够保证金属催化剂与微粒物的紧密接触,为氧化反应创造条件。当排气温度低于 $300^{\circ}C$ 时,微粒物开始燃烧的温度取决于微粒上吸附的高沸点 HC 的含量,因为这一温度区域炭烟的催化氧化速度极低,微粒物要靠 HC 的催化燃烧来点燃。当排气温度在 $300 \sim 400^{\circ}C$ 时,发动机排气中的 HC 含量较低,再生较困难。而在排气温度高于 $400^{\circ}C$ 时,再生速度随温度的升高而加快。

使用燃油添加剂再生方法的最大优点在于可以极大地降低微粒物的再生温度,结构简单,不需要人为控制,使用方便。但是这种方法仍然存在以下问题。

①添加剂的使用量不易控制,过少会使微粒再生不完全,过多则会造成浪费。

②由于再生不是人为控制,当排气温度较高时,容易对过滤体造成热损伤。

③由于添加剂的燃烧产物金属氧化物随排气流经过滤器时,会在过滤器内形成积累(它的沉积率与过滤体对炭烟微粒的捕集效率基本一致),并将堵塞过滤体孔隙,缩短过滤器使用寿命。若沉积过多,将导致柴油机的排气背压升高,即使再生也无法使其恢复正常,严重影响柴油机的动力性和经济性。

④金属添加剂会在汽缸等处形成积累,对柴油机性能及寿命存在潜在的威胁。

⑤金属添加剂燃烧产生的飘尘排入大气中容易形成二次污染。

⑥由于以上原因,使用燃油添加剂的再生系统控制难度较大。

三、其他微粒捕集技术

目前,国内外关于柴油机微粒排放控制技术除微粒捕集器外,还有等离子净化、静电分离、溶液清洗、离心分离以及袋式过滤等技术。

1. 等离子净化技术

等离子净化技术可同时降低柴油机排气中的多种有害成分。利用等离子体化学反应净化废气的技术起始于 20 世纪 80 年代初,主要应用于固定的排气设备,如发电机和锅炉等。随着技术的不断更新,人们开始将该项技术应用于柴油机的尾气排放净化。柴油机排气中的有害成分经过等离子反应器,发生复杂的化学反应,其中 NO 很容易被氧化成 NO_2,NO_2 的强氧化性能在柴油机正常排气温度下将微粒氧化。此外,通过添加剂或催化剂等方式可提高微粒净化的效率,降低能耗。等离子净化技术具有结构简单、不影响柴油机运行性能以及在捕集微粒的同时降低 NO_x 等优势,是柴油机后处理研究发展的新方向。但需要交流电源、再生效率不稳定等不足给目前等离子净化技术的推广应用产生了一定阻碍。

2. 静电分离技术

静电分离技术是指利用静电力吸附排气中的悬浮微粒,从而达到捕集微粒的目的。该技术具有捕集率高,阻力小(气压损失约为 $0.01 \sim 0.2kPa$),捕集粒径范围宽,能耗低以及能在高温高压下连续工作等优点,在工业除尘中应用较广,技术成熟。

虽然柴油机排气微粒整体上呈电中性,但是 85% 左右的微粒都为带电粒子,每个带电粒子有 1 ~ 5 个基本正电荷或负电荷。柴油机排气微粒的电阻率在 $10^6 \sim 10^8 \Omega \cdot cm$ 数量级内变化,适合利用电场对排气微粒进行静电吸附,达到微粒净化的目的。在排气通道中建立高压强电场,排气流过电场时,带电粒子分别被异性电极吸附。静电捕集技术的主要问题是设备体积大、结构复杂、成本高,且气流流速对静电捕集效率的影响较大。

3. 溶液清洗技术

溶液清洗技术是让排气通过水或油来清洗微粒。这种方法简单,适合于固定的排气设备。瑞典研究人员曾尝试将车用柴油机的排气管做成文氏管,利用喉管处的负压将水分吸入排气中,稀释和清洗排气中的微粒和 NO_x,取得了一定的成果。

4. 离心分离技术

离心分离技术是将排气引入旋风分离器中,利用微粒离心力,将微粒从气流中分离出来。从分离机理上看,旋风分离技术主要适用于捕集粒径较大的微粒,一般用于工业除尘。近年来,旋风除尘器的结构形式、分离机理以及流场分析等都有了较大的改进,旋风分离技术可净化的微粒粒径逐渐减小,并开始尝试将旋风分离捕集技术应用于柴油机微粒净化。

目前比较有效的分离形式有轴流直流式和涡流式。轴流直流式柴油机排气旋流净化器是采用轴流直流式旋流子作分离器件,当气流通过分离室时,微粒沿径向由筒体轴线处移动到筒体内壁,与筒体内壁碰撞黏附而被捕集。涡流式的除尘机理是:使具有很高压力和速度的排气沿切向进入涡流室,当气流在其中高速旋转时,离心力使其中粒径较大的微粒分离出来,同时高速旋转的气流还可以形成一定的真空度,使发动机的排气更加顺畅。

由于柴油机微粒很小,直径大多在 $1\mu m$ 以下,离心分离技术只能分离微粒的 5% ~ 10%,效果较差,但是这种方法可与其他方法一起使用。博世(Bosch)公司曾试验静电和离心分离结合的方法。排气中的细小微粒在电场中相互吸引,凝聚成较大的微粒,通过离心分离,分离效率可达 50%。

5. 袋式过滤技术

袋式过滤器是一种利用纤维作为过滤介质,将排气中的微粒过滤出来的净化设备。滤布做成袋形,其结构简单、工作可靠、成本低、过滤效率高,对半径大于 $0.1\mu m$ 的微粒,过滤效率达 90% 以上,被认为是一种有效的柴油机微粒净化装置。

袋式过滤技术的主要缺点在于:结构不够紧凑,需停车采用手动清灰,使用不便,影响车辆机动性。若能够采用两组袋滤器轮流工作并加以电控,则可在不影响车辆正常运行的情况下实现自动清灰的连续操作,又可缩短清灰周期,允许通过较大的废气流量。此设想的实现尚需合理设计以保证工作的可靠性,同时减少其体积,以利于安装在汽车上。

第三节 氮氧化物后处理净化技术

如何有效降低 NO_x 排放也是柴油机有害排放物控制的难点和重点。由于机内净化控制不能完全净化 NO_x 排放,采取后处理净化技术很有必要。NO_x 的后处理净化技术主要是催化转化技术。由于柴油机的富氧燃烧使得废气中含氧量较高,这使得利用还原反应进行催化转化比汽油机困难。例如在汽油机上使用三效催化转化器,其有效净化条件是过量空气系数大约为 1。若空气过量时,作为 NO_x 还原剂的 CO 和 HC 便首先与氧反应;空气不足时,CO、HC 不能被氧化。显然,用三效催化转化器降低 NO_x 的技术在柴油机上是不适用的。降低柴油机 NO_x 排放的后处理净化技术主要有:选择性催化还原、选择性非催化还原、吸附催化还原和等离子辅助催化还原。

一、选择性催化还原

选择性催化还原也叫 SCR(Selective Catalytic Reduction),其最初作为排气后处理措施应用在锅炉、焚烧炉和发电厂等固定式的污染源上以降低 NO_x 的排放,由于其能有效地降低 NO_x 排放,近年来逐渐进入车用和船用柴油机领域,作为降低柴油机 NO_x 排放的有效措施之一。

SCR 转化器的催化作用具有很强的选择性:NO_x 的还原反应被加速,还原剂的氧化反应则受到抑制。选择性催化还原系统的还原剂可采用各种氨类物质或各种碳氢物质。氨类物质包括氨气(NH_3)、氨水(NH_4OH)和尿素($(NH_2)_2CO$);HC 则可通过调整柴油机燃烧控制参数使排气中的 HC 增加,或者向排气中喷入柴油或醇类燃料(甲醇或乙醇)等方法获得。催化剂一般用 V_2O_5—TiO_2、Ag—Al_2O_3,以及含有 Cu、Pt、Co 或 Fe 的人造沸石(Zeolite)等。催化剂的作用是降低反应的活化能,使反应温度降低至合适的温度区间(250~500℃),从而使 SCR 反应过程可在柴油机正常排气温度下进行。SCR 系统可以去除柴油机排气中绝大部分的 NO_x,同时能降低部分 HC 和 CO 排放。

1. NH_3—SCR 技术

氨选择性催化还原 NO_x 始于 20 世纪 70 年代。以氨水作为还原剂的 SCR 系统,可以降低柴油机 NO_x 排放 95% 以上,但柴油机需要一套复杂的控制还原剂喷射量的系统。对于柴油机来说,用氨水作为还原剂并不合适,因为氨的气味会使人感到难受。以尿素作为还原剂比直接用氨水更为方便。尿素的水溶液在高于 200℃ 时产生 NH_3,即

$$(NH_2)_2CO + H_2O \rightarrow 2NH_3 + CO_2 \tag{7-5}$$

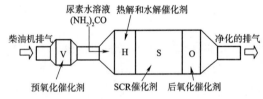

图 7-14　车载 NH_3-SCR 系统主要组成部分

目前,NH_3—SCR 系统在欧美一些地区的货车用柴油机上得到了很好的应用,其技术也日益成熟。车载 NH_3—SCR 系统主要由预氧化催化系统(V)、尿素热解和水解催化系统(H)、SCR 反应系统(S)、后氧化催化系统(O)组成,见图 7-14。其中 NO_x 选择性催化反应在 SCR 系统中进行,后处理催化系统氧化未反应的 NH_3,预防 NH_3 对大气的二次污染。

NH_3—SCR 选择性催化还原技术反应过程比较复杂,主要包括标准 SCR 反应和快速 SCR 反应,此外根据反应条件的不同,SCR 反应中还会伴随一些副反应。

1)标准 SCR 反应

$$4NO + 4NH_3 + O_2 \rightarrow 4N_2 + 6H_2O \tag{7-6}$$

柴油机排放的 NO_x 中 NO 含量通常占 85%~95%,因此在 NO_x 的催化还原反应中该反应是 NH_3 催化还原 NO_x 的主要反应,在温度 300~400℃ 时有较高的反应效率,但在温度较低时(排气温度低于 250℃,如柴油机冷起动)NO_x 转化效率较低。

2)快速 SCR 反应

$$2NH_3 + NO + NO_2 \rightarrow 2N_2 + 3H_2O \tag{7-7}$$

此反应可以在较低温度下进行,并且在较低温度下反应速率是标准 SCR 反应的 17 倍。当 NO 与 NO_2 浓度之比为 1 时将会有最佳的 NO_x 转化效率。因此,提高柴油机 NO_x 排放物中 NO_2 的比例可以使 SCR 在较低温度下发生快速 SCR 反应,有利于提高低温下 NO_x 转化率。

车载 SCR 反应器上游安装的预氧化装置系统可将排气 NO_x 中的一部分 NO 氧化成 NO_2,利于快速 SCR 反应的进行,从而解决低温情况下 NH_3—SCR 法 NO_x 转化效率低的问题。

3)SCR 系统副反应

根据反应条件的不同,SCR 反应中还会伴随一些副反应,造成 NO_x 转化率的降低或催化剂活性下降。当温度过低时,NO_x 还原反应不能有效进行;温度过高时,不仅会造成催化转化器过热损伤,而且还会使还原剂直接被氧化而造成较多的还原剂消耗和新的 NO_x 生成。有关副反应式为如下。

$$7O_2 + 4NH_3 \rightarrow 4NO_2 + 6H_2O \tag{7-8}$$

$$5O_2 + 4NH_3 \rightarrow 4NO + 6H_2O \tag{7-9}$$

$$2O_2 + 2NH_3 \rightarrow N_2O + 3H_2O \tag{7-10}$$

$$3O_2 + 4NH_3 \rightarrow 2N_2 + 6H_2O \tag{7-11}$$

与其他催化方法一样,使用 SCR 降低 NO_x 要求柴油含硫量越低越好。因为硫会通过 $S \rightarrow SO_2 \rightarrow SO_3 \rightarrow NH_4HSO_4$ 或者 $(NH_4)_2SO_4$ 的途径生成硫酸氢铵或硫酸铵,它们沉积在催化剂表面上会使其失活。有关副反应如下。

$$2SO_2 + O_2 \rightarrow 2SO_3 \tag{7-12}$$

$$NH_3 + SO_3 + H_2O \rightarrow NH_4HSO_4 \tag{7-13}$$

$$2NH_3 + SO_3 + H_2O \rightarrow (NH_4)_2SO_4 \tag{7-14}$$

2. HC—SCR 技术

HC—SCR 技术是指以 HC 作为还原剂的选择性催化还原技术,即 HC 在催化剂的作用下将 NO_x 还原成 N_2。HC—SCR 技术中 HC 的来源有两个:一是柴油机尾气中未燃烧完全的 HC,另一个是燃料柴油或醇类,可通过向排气管中直接喷射燃料实现。对于轿车柴油机来说,从使用的方便性出发,希望可用燃油中的 HC 作为还原剂。HC 作为还原剂选择性还原 NO_x 的最主要优势在于,实现了尾气中 HC 和 NO_x 的同时消除,避免了 NH_3—SCR 反应体系中因引入还原剂而存在二次污染的风险,它的缺点是对 N_2 的选择性不高,尤其在低温时会产生大量的副产物 N_2O,有如下反应式。

$$4NO + 4HC + 3O_2 \rightarrow 2N_2 + 4CO_2 + 2H_2O \tag{7-15}$$

$$HC + O \rightarrow H_2O + CO(CO_2) \tag{7-16}$$

$$2NO + O_2 \rightarrow 2NO_2 \tag{7-17}$$

HC—SCR 技术已应用到了轿车上,结合共轨燃油喷射系统,按照工况不同,后喷适当数量的燃油,并在催化器中利用沸石在较低温度下吸附 HC,在一定温度下释放 HC,让其与 NO_x、O_2 发生反应,从而可能最大程度实现降低 HC、NO_x 的目的。但研究表明,只有烯烃对 NO_x 有较好的选择还原活性。图 7-15 给出了在 Ag—Al_2O_3 系催化剂上不同的 HC 时的 NO_x 转化率。图 7-16 给出了 Pt—Zeolite 系催化剂上加入不同种类的 HC

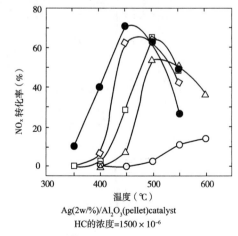

Ag(2w/%)/Al_2O_3(pellet)catalyst
HC的浓度=1500×10^{-6}

| O-CH_4 | △-C_2H_6 | □-n-C_4H_{10} | ◇-C_2H_4 | ●-C_3H_6 |

图 7-15   不同 HC 在 Ag-Al_2O_3 系催化剂上的还原特性

时的 NO_x 转化率。

　　从两种系列的催化剂中均可看出,NO_x 转化率随加入 HC 的种类不同而显著不同,C_3H_6 的还原特性最为突出。同时可以看出,贵金属 Pt 系催化剂在 200℃左右转化率最高,即 Pt 可以改善催化剂的低温活性;而非贵金属的 Ag(Cu) 系催化剂则在 400~500℃时转化率最高。实际上,由日本理研公司开发的 $Ag—Al_2O_3$ 系催化剂在采用乙醇作还原剂时,在 370~530℃ 的范围内实现了 80% 以上的 NO_x 净化率,同时对 CO 和 HC 也有较好的净化率,见图 7-17。

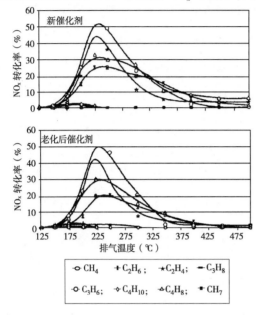

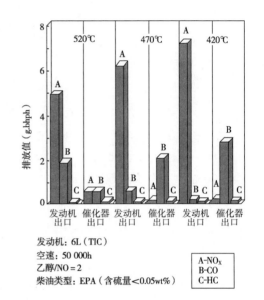

发动机:6L(TIC)
空速:50 000h
乙醇/NO = 2
柴油类型:EPA(含硫量<0.05wt%)

A-NO_x
B-CO
C-HC

图 7-16　不同 HC 在 Pt-Zeolite 系催化剂上的还原特性　　　　图 7-17　$Ag-Al_2O_3$ 系催化剂的净化特性

　　研究表明,$Cu—ZSM-5$ 催化剂在氧化气氛中也能有效地促进 HC 和 NO_x 的反应,将这种催化剂装在实际柴油机上并在排气中添加 HC 时,可获得 40%~50% 的 NO_x 净化率。如图 7-18 所示,这种催化剂的最高转化率出现在 400℃左右,随温度的进一步升高,作为还原剂的 HC 因氧化被大量消耗,使得 NO_x 转化率开始下降。同时,还存在高空速时 NO_x 的转化率下降以及抗水蒸气中毒性能不理想等问题,目前尚未达到实用化程度。

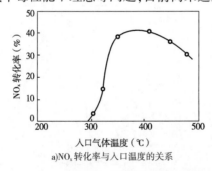

a)NO_x 转化率与入口温度的关系

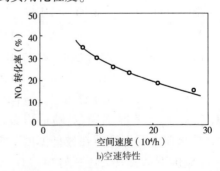

b)空速特性

图 7-18　$Cu-ZSM-5$ 催化剂的 NO_x 净化特性

　　在采用 HC—SCR 转化器方法降低 NO_x 排放的同时,许多 NO_x 的 SCR 转化器会加速 N_2O 的形成,而 N_2O 是增温潜势为 CO_2 的 150 倍的强温室气体。因此,在使用选择性催化还原技术时,应综合考虑 CO_2 和 N_2O 的温室效应,以免失去柴油机低 CO_2 排放的特点。所以,必须注意减少 N_2O 的生成,避免造成二次污染。

二、选择性非催化还原

选择性非催化还原也称为 SNCR(Selective Non-Catalytic Reduction),它的原理是在高温排气中加入 NH_3 作为还原剂,与 NO_x 反应后生成 N_2 和 H_2O,其总量反应式如下。

$$4NO + 4NH_3 + O_2 \rightarrow 4N_2 + 6H_2O \tag{7-18}$$

$$NO + NO_2 + 2NH_3 \rightarrow 2N_2 + 3H_2O \tag{7-19}$$

从反应式可以看出,O_2 在这一反应过程中是不可缺少的,或者说,比起在化学计量比工作的汽油机来说,这种催化反应更适合于富氧工作的柴油机。SNCR 方法的优点是可以省去价格昂贵的催化剂。由图 7-19 所示的化学动力学计算结果可以看出,净化效果只出现在 1100~1400K 的温度范围内。其原因是还原反应实际上是在 NH_2 与 NO 之间进行的,而只有在这个温度范围内才能由 NH_3 产生大量 NH_2。温度低时,NH_2 生成量少;而温度过高时,反而通过 $NH_3 \rightarrow NH_2 \rightarrow NH \rightarrow NO$ 这样的途径,由 NH_3 生成了 NO,这就是图 7-19 中温度高于 1400K 时 NO 反而增多的原因。

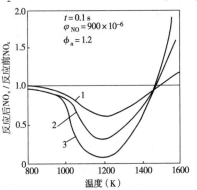

图 7-19 用 NH_3 还原 NO 时反应结果与反应温度的关系

NO 体积分数 $\phi_{NO} = 0.09\%$,过量空气系数 $\phi_a = 1.2$,反应时间 $t = 0.1s$

1-$\phi_{NH_3} = 0.045\%$; 2-$\phi_{NH_3} = 0.09\%$; 3-$\phi_{NH_3} = 0.18\%$

由于这个温度范围的制约,SNCR 技术虽然在发电厂脱硝中获得了广泛的应用,但在柴油机中应用有困难。考虑到柴油机燃烧膨胀过程的温度范围跨过上述 1100K 到 1400K 的有效区间,过往研究曾选择压缩上止点后 60℃A 左右的时刻向柴油机缸内喷射氨水,以获得明显降低 NO_x 的效果,并已在低速大功率船用柴油机上应用。

三、吸附催化还原

由于柴油机尾气中含有较多的氧气,使得仅使用汽油机上的三效催化器不能有效净化柴油机尾气中的 NO_x,并且在一般柴油机中无法实现吸附性催化剂再生所需的浓混合气状态,所以 NO_x 吸附器最初只用于直喷式汽油机(GDI)和稀燃汽油机,后来才逐渐研究用于柴油机。吸附催化还原是基于发动机周期性稀燃和富燃工作的一种 NO_x 净化技术,吸附器是一个临时存储 NO_x 的装置,具有 NO_x 吸附能力的物质有贵金属和碱金属(或碱土金属)的混合物。当发动机正常运转时处于稀燃阶段,排气处于富氧状态,NO_x 被吸附剂以硝酸盐(MNO_3,M 表示碱金属)的形式存储起来。

$$NO + 0.5O_2 \rightarrow NO_2 \tag{7-20}$$

$$NO_2 + MO \rightarrow MNO_3 \tag{7-21}$$

当吸附达到饱和时,也需要再生吸附器使其能够继续正常工作,吸附器的再生可通过柴油机周期性的稀燃和富燃工况进行,也可通过人为调整发动机的工作状况,使其产生富燃条件,使硝酸盐分解释放出 NO_x,NO_x 再与 HC 和 CO 在贵金属催化器下被还原为 N_2(c、h 分别表示碳和氢的原子数)。

$$MNO_3 \rightarrow NO + 0.5O_2 + MO \tag{7-22}$$

$$NO + CO \rightarrow 0.5N_2 + CO_2 \tag{7-23}$$

$$(2c+0.5h)NO + C_cH_h \rightarrow (c+0.25h)N_2 + 0.5hH_2O + cCO_2 \qquad (7\text{-}24)$$

以含碱金属钡(Ba)作为吸附剂为例,在富氧状况下,Pt催化剂使NO氧化成NO_2,NO_2进一步与吸附剂中的钡生成硝酸钡而被捕集;在富燃状况下,硝酸钡又分解并释放出NO_x,NO_x再与HC和CO反应被还原成N_2。在贫燃或富燃交替变换的环境下,碱金属钡分别以硝酸钡、氧化钡或碳酸钡的形态存在,起着吸附及释放NO_x的作用。再生时也需要一定的温度,这主要取决于所使用的催化剂。催化器采用汽油机上的三效催化器,因此,NO_x吸附器也能净化一部分HC和CO。实际使用时需由发动机管理系统控制,以便及时改变发动机工况而产生富燃条件。其中的时间间隔和富燃时间尤为重要,富燃时间过长使得燃油消耗太多,过短则NO_x净化率不高。吸附器的吸附能力也是很重要的参数。当吸附器具有较大的吸附容量时,可减少产生富燃的频率,从而降低成本并提高燃油经济性。吸附剂对硫有很强的亲和力,因为SO_2会和吸附催化剂发生类似NO_x的反应而生成硫酸盐,而且硫酸盐一旦形成,特别稳定。国外的研究表明,要使该硫酸盐分解不但需要富燃气氛,而且要超过600℃的温度。因此硫对NO_x吸附器的性能影响很大。

四、等离子辅助催化还原

目前,利用低温等离子辅助HC的选择性催化还原系统降低NO_x排放是研究的另一热点。根据等离子的特点,较多采用二级系统,如图7-20所示。等离子技术是指由电子、离子、自由基和中性粒子等组成的导电性流体,整体保持电中性。离子、激发态分子、原子和自由基等都是化学活性极强的物种,首先利用这些活性物种把NO和HC氧化为NO_2和部分氧化的高选择性含氧CH类还原剂,然后再在催化剂作用下促使新产生的高选择性活性物种还原NO_2,生成无害的N_2。反应方程式如下。

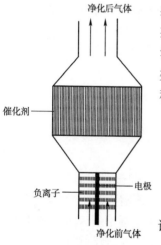

净化后气体

催化剂

负离子 —— 电极

净化前气体

图7-20 等离子辅助催化还原 NO_x 二级系统

第一阶段:等离 $\begin{cases} NO_x \text{ 的活性增强}:NO \rightarrow NO_2 \\ HC \text{ 的活性增强}:C_xH_y + O_2 \rightarrow C_xH_yO_2 \end{cases}$

第二阶段:催化 $\begin{cases} NO_x \text{ 在催化剂作用下选择性催化} \\ NO_x(NO \text{ 或 } NO_2) + C_xH_yO_z + O_2 \rightarrow N_2 + CO_2H_2O \end{cases}$

催化剂主要有贵金属、分子筛催化剂和金属氧化物等体系。试验分析证明,等离子体辅助催化有三个主要作用。

(1)等离子体氧化过程是部分氧化。也就是说NO氧化为NO_2;但不能进一步把NO_2氧化为酸;HC部分氧化,但不能把HC完全氧化为H_2O和CO_2,而部分氧化的含氧HC化合物在催化剂作用下能更有效地还原NO_x。

(2)等离子体氧化是有选择性的。也就是说,等离子体把NO氧化为NO_2,而不能把SO_2氧化为SO_3,这使得等离子体辅助催化过程比传统稀燃NO_x催化转化技术对燃料硫含量的要求低。

(3)等离子体可以改变NO_x的组成,即先将N氧化为NO_2,再利用一种新型催化剂将NO_2还原为N_2,比传统稀燃NO_x催化剂将NO还原为N_2具有较高的可靠性和氧化活性。NO_x最高转化效率可达到35%~70%。一种新型催化剂和等离子体系统的协同作用机制,有望实现更高的NO_x转化率。但是,该系统中HC的转化效率极低,因此还需要辅助装置用来去除HC

和部分未氧化的 CO。等离子体辅助催化还原 NO_x 技术不论在实验室还是在应用中都处于迅速发展之中。

用低温等离子体技术处理柴油机排气污染时,可减少 NO_x、PM、HC 的排放,被认为是一种很有发展前途的后处理技术。而起先等离子体技术主要用来处理微粒的排放,现在该项技术研究的重点是 NO_x 的处理,但因在稀燃排气中等离子放电主要是氧化反应,单独用等离子体对 NO_x 还原没有效果,但对微粒捕集有较好的效果。将等离子体与催化剂结合,等离子体增强催化剂选择性,对柴油机排气中的 NO_x 和微粒有很好的净化效果。另一优点是对燃料含硫量几乎没有要求,可在相对低的温度下运行。Delphi、Caterpillar 等公司已经利用等离子体和催化剂系统开发出 NO_x 和微粒后处理系统,可用于柴油轿车和重型车上。

第四节　氧化催化技术

目前,氧化催化技术已经在柴油机上商业化应用。其工作原理是使排气流过载有氧化催化剂(铂等)的大表面积载体(氧化铝 Al_2O_3、二氧化硅 SiO_2 等),柴油机排气中的 HC、CO、微粒当中的有机可溶成分(SOF)以及多环芳香烃(PAH)等在氧化催化剂的作用下被氧化,从而使排气得到净化处理。一般其能使排气中 30% ~ 80% 的气态 HC 和 40% ~ 70% 的 CO 被氧化,净化 40% ~ 50% 的微粒(氧化 40% ~ 90% 吸附在炭粒表面的 SOF)。

柴油机的氧化催化转化器与微粒捕集器相比具有一定的优点:可氧化大部分吸附在微粒表面的 SOF,从而减少微粒排放量;不需要再生系统和控制装置,结构简单,成本较低;对柴油机的动力性和经济性影响较小。虽然氧化催化技术存在上述优点,但其仍然存在着一些问题:对燃油中的硫含量比较敏感,要求柴油硫含量要低,否则催化剂会将排气中的二氧化硫氧化成三氧化硫,生成硫酸或固态硫酸盐微粒,额外地增加了微粒排放量;贵金属催化剂活性会逐渐降低;对微粒的净化效率较低。

氧化催化技术因其净化效果的有限性往往很难达到车辆的排放控制的要求,但因其结构简单、成本低、氧化 HC 和 CO 产生大量热量等特点,结合其他后处理技术一起使用,能对排气起到很好的净化作用。目前氧化催化技术已广泛应用于连续再生微粒捕集器,其他比较成功的复合后处理技术也采用了氧化催化技术以降低微粒再生温度。因此,氧化催化技术在柴油机的排放控制中是一项非常重要的技术。下面主要说明一下柴油氧化型催化技术和微粒氧化型催化技术。

一、柴油氧化型催化器

由于柴油机排气含氧量较高,可用氧化催化转化器(Oxidization Catalytic Converter,OCC)进行处理,消耗微粒中的可溶性有机成分 SOF 来降低微粒排放,同时也降低 HC 和 CO 的排放。氧化催化转化器采用沉积在比表面积很大的载体表面上的催化剂作为催化元件,降低化学反应的活化能,让发动机排出的废气通过,使消耗 HC 和 CO 的氧化反应能在较低的温度下很快地进行,使排气中的部分或大部分 HC 和 CO 与排气中残留的 O_2 化合,生成无害的 CO_2 和 H_2O。柴油机用氧化催化剂原则上可与汽油机的相同,常用的催化反应效果较好的催化剂是由铂(Pt)系、钯(Pd)系等贵金属和稀土金属构成。用有多孔的氧化铝作为催化剂载体的材料并做成多面体形粒状(直径一般为 2 ~ 4mm)或是蜂窝状结构。尽管柴油机排气温度低,微粒中的炭烟难以氧化,但氧化催化剂可以氧化微粒中 SOF 的大部分(SOF 可下降 40% ~

90%），降低微粒排放，也可使柴油机的CO排放降低30%左右，HC排放降低50%左右。此外，氧化催化转化器可净化多环芳烃（PAH）50%以上，净化醛类达50%~100%，并能够减轻柴油机的排气臭味。虽然氧化催化转化器对微粒的净化效果远远不如微粒捕集器，但由于碳氢化合物的起燃温度较低（在170℃以下就可再生），所以氧化催化转化器不需要昂贵的再生系统，投资费用较低。

催化转化器的催化转化效率极大地依赖于柴油中的硫含量和排气温度。普通柴油中硫含量较高，硫燃烧后生成SO_2，由图7-21可见，在过量空气系数ϕ_a不变时，排气中的SO_2浓度基本上与柴油含硫量成正比。SO_2经氧化催化转化器氧化后变成SO_3，然后生成硫酸盐，成为微粒的一部分。氧化催化效果越好，硫酸盐生成越多，甚至达到无氧化催化转化器时的10倍，因此，当柴油机采用普通高硫柴油时，大负荷时由于排气温度高，催化氧化强烈，硫酸盐的增加不但抵消了SOF减小的效果，甚至反而使总微粒上升。因此，只有用低硫柴油才能保证氧化催化的效果，如图7-22所示。

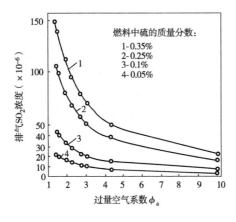

图7-21 柴油含硫量对柴油机SO_2排放量的
影响（过量空气系数$\phi_a = 1.3 \sim 10$）

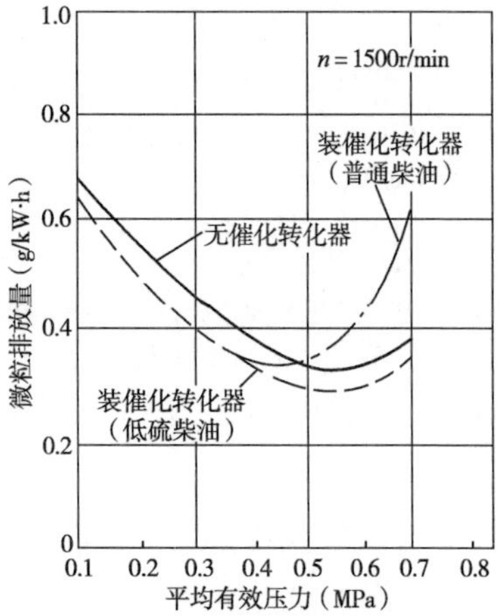

图7-22 氧化催化转化器降低微粒
排放的效果

催化剂的表面活性作用是利用排气热量激发的，图7-23表示柴油机使用氧化催化转化器时，排气温度对微粒排放量的影响。

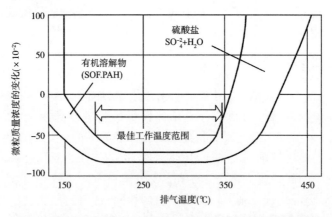

图7-23 柴油机使用氧化催化转化器时排气温度对微粒排放量的影响

从图7-23可以看出，当排气温度低于150℃时，催化剂基本上不起作用。随着负荷增加，排气温度升高，CO和HC净化率也增加，同时由于SOF被氧化，使微粒排放下降。只要不超过

130

催化剂允许的最高温度,净化反应便能顺利进行。为了保证催化剂有足够的温度,应尽量使氧化催化转化器安装在靠近排气歧管处。但是,随着温度的升高,当排气温度高于350℃后,由于硫酸盐大量生成,反而使微粒排放增加。所以,柴油机氧化催化器的最佳工作温度范围是200～350℃,仅靠调整发动机工况很难控制排气温度总在这一最佳范围内。因此,减少柴油中的硫含量就成了十分重要的问题。现在,排放要求很松的地区柴油含硫量 W_S(质量分数)≤0.5%,对于排放要求严格的地区则推荐0.03%,当排放要求特别严格时,柴油硫含量不应超过0.003%。

至于柴油机氧化催化剂的活性成分,尽管 Pd 的催化活性不如 Pt,但产生的硫酸盐要少得多,而且价格便宜,因此用 Pd 或 Pd/Rh 组合比较合适。如图7-24所示,对于用 W_S =0.2%的普通柴油的柴油机来说,Pt 系催化剂由于使硫酸盐几乎增加10倍,总微粒排放会增加到3.5倍。即使使用 W_S =0.04%的低硫柴油,Pt 系催化剂仍使微粒排放增加50%左右。如果使用 Pd 系催化剂,在 SOF 排放明显降低的同时硫酸盐的生成量也不大,因而使微粒总排放量降低1/3左右。降低硫酸盐生成的另一途径是更换催化剂的涂层材料,由于 SO₂ 和 SO₃ 在较高温度(>400℃)下会与 Al₂O₃ 活性涂层起反应生成硫酸铝。一旦载体饱和后,这些含硫物质在较高温度下会呈盐类析出或热分解排出硫酸雾。因此,以储存硫酸盐较少的二氧化硅或二氧化钛为基本的活性涂层来代替氧化铝活性涂层,也可以减少硫酸盐的生成。

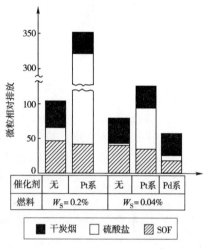

图7-24　不同贵金属氧化催化转化器的效果

从实用性看,轻型汽车柴油机使用氧化催化转化器效果较好。

二、微粒氧化型催化器

柴油机微粒氧化型催化器(Particles Oxidized Catalyst,POC)是一种针对柴油机排放污染物中的微粒成分设计的后处理装置,属于氧化催化转化器的范畴。它对微粒的转化效率可以达到60%以上,虽然没微粒捕集器的捕集效率那么高(可达到90%以上),但与微粒捕集器相比,具有成本低、无需复杂的标定过程、排气背压低等优点。因此,POC 是适合目前国Ⅲ/国Ⅳ排放法规要求的一种较为经济实用的后处理方案。

POC 是开放式的过滤结构,采用不锈钢结构,载体上有专用的化学涂层。其特殊的载体结构设计使得排气更加通畅,同时增加了尾气和载体的接触面积,可以在保证背压的同时捕集部分微粒并实现再生。由于 POC 需要较高的再生温度,因此需要与柴油氧化型催化器(Diesel Oxidation Catalyst,DOC)配合使用。POC 的结构特点决定了其具有较好的热耐久性和机械性能。此外,POC 质量轻、体积小、尺寸可变,易于集成到排气系统中。

POC 主要是由两个部分组成的:专用载体和低温涂层。专用载体是由平板金属薄片和波纹片卷曲而成,并由凹槽装置固定,防止互相挤压叠嵌,与传统的直孔通道的载体相比,其独特的孔道设计平衡了背压损失和气流传质、传热方面的关系。涂覆于载体上的低温涂层可降低HC 与 CO 的起燃温度,并能在低温下把一部分 NO 氧化成 NO₂,有利于微粒再生。

微粒氧化型催化器的工作原理是:柴油机排气中 NO 在 DOC 中与 O₂ 结合生成 NO₂,加上柴油机本身缸内的燃烧过程产生的 NO₂,一起进入 POC;排气中微粒被捕集到专用载体上后,与 POC 中的 NO_2 发生氧化反应,同时未燃烧的 HC、可溶微粒及 CO 也在 POC 中被氧化,反应方程式如下。

$$2NO + O_2 \rightarrow 2NO_2 \tag{7-25}$$
$$C + 2NO_2 \rightarrow CO + 2NO \tag{7-26}$$
$$C + O_2 \rightarrow CO_2 \tag{7-27}$$

当排气温度在 $200 \sim 550℃$ 之间时,POC 载体上主要进行上述前两个化学反应。随着反应进行,排气温度不断升高,并达到微粒的起燃温度($> 550℃$),此时微粒燃烧,从而有效地去除排气中微粒。

第五节　柴油机后处理复合净化技术

车用柴油机主要有害排放物为微粒和 NO_x,而 CO 和 HC 排放较低。控制柴油机尾气排放主要是控制微粒和 NO_x 生成,降低微粒和 NO_x 的直接排放。现有的控制微粒和 NO_x 的后处理技术无法同时大幅度降低排气中微粒和 NO_x,因此 DPNR 技术、SCR + DOC + DPF 组合技术、四元催化转化技术等柴油机后处理复合净化技术的出现成为必然。

一、DPNR 技术

DPNR(Diesel Particulate NO_x Reduction)技术是由日本丰田公司开发的柴油机排气后处理系统,它能同时去除柴油机排气中的微粒和 NO_x,并对 CO 和 HC 也具有较好的净化作用。DPNR 系统是在具有捕集微粒功能的多孔质陶瓷结构体的基体材料壁内部均匀涂覆催化剂的装置。

DPNR 对 NO_x 的净化机理与 NO_x 吸附还原催化装置是相同的,即在稀薄混合气燃烧时,排放气体中的 O_2 与 NO 在催化剂的作用下,形成 NO_2 与 O_3(活性氧),两者与碱金属化合,形成硝酸盐。同时,活性氧加速微粒氧化;在加浓混合气燃烧时,硝酸盐发生分解反应,放出的 NO 与 O_3 在催化剂的作用下与排放气体中的 HC 和 CO 反应,生成 H_2O、CO_2 与 N_2,微粒与 NO_x 吸附催化剂释放出来的活性氧反应,生成 CO_2。

由此可以看到,在稀薄混合气燃烧与加浓混合气燃烧两种情况下,活性氧的存在能使微粒不断氧化。DPNR 在通常情况下不断进行稀薄混合气燃烧,但为实现 NO 的还原反应与微粒的氧化反应有时也必须切换为加浓混合气燃烧。

二、SCR + DOC + DPF 组合技术

在柴油机后处理装置中,柴油微粒捕集器(Deisel Particulate Filter,DPF)是用于减少微粒排放的,而 SCR 用于降低 NO_x 排放,因此,在柴油机的后处理装置中,可以同时安装 DPF 和 SCR 两套后处理系统,对微粒和 NO_x 的排放进行综合控制。系统中的 DOC、DPF 和 SCR 相串联,SCR 转化器的前部安装尿素喷射器,用于提供 NO_x 的还原剂。柴油机排气中微粒被 DPF 捕集,并在催化剂催化下氧化。尿素喷射器喷入适量尿素(Urea),排气进入 SCR 系统发生选择性催化还原反应。图 7-24 为 DOC + DPF + SCR 后处理系统的两种布置方案图。

如图 7-25 所示,DOC 位于组合式排气后处理系统前部,可以将排气中的 CO、HC 和部分微粒氧化成 CO_2 和 H_2O,并提高排气温度。另外 DOC 可以将部分 NO 氧化为 NO_2,有利于提高 NO_x 转化速度。方案一的组合系统可以有效地利用 NO_2 的强氧化性,实现 DPF 的连续再生,

但其要求 SCR 的催化剂不仅低温时有较高的 NO$_x$ 转化效率,而且具有较好的高温稳定性。方案二中 SCR 置于 DOC 之后,可充分利用 DOC 氧化 HC 产生的热量,减少 SCR 的加热时间,从而减少冷起动和低负荷工况下的 NO$_x$ 排放,此外,DPF 采用后置安装方式时,能一定程度减小当 DPF 主动再生时 SCR 载体的热应力。

当温度低于 180℃时,方案一的 NO$_x$ 转化效率较高,且进入 DPF 的排气温度较高,利于 DPF 的再生;Urea(尿素)在 DPF 之后喷入排气管中,进行快速 SCR 反应;此时,排气温度较低,导致 NO$_x$ 转化效率较低。当温度在 180 ~ 240℃时,方案二的 NO$_x$ 转化效率较高,但方案二对 DPF 的再生提出了更高的要求。研究发现,采用 SCR 与 DPF 集成技术在多种发动机不同测试工况下对 NO$_x$ 和 PM 的转化率可以同时达到 75% ~ 90%,并且对 HC、CO 的减排也有很好的效果,经过合理优化的 SCR + DPF 后处理系统可满足欧 V 排放标准。

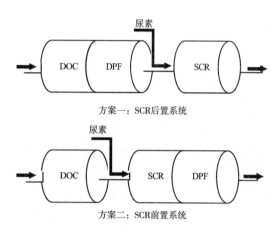

图 7-25　DOC + SCR + DPF 后处理系统

三、四元催化转化技术

四元催化转化器是由稀燃 NO$_x$ 催化转化器(Lean NO$_x$ Trap,LNT)、DPF 和 DOC 三种组合为一体的后处理复合装置。四元催化转化器可以同时降低柴油机尾气中的 HC、CO、PM 和 NO$_x$。

四元催化转化器工作原理:利用喷射器向排气中喷射燃料(主要成分是 HC)作为还原剂,将尾气中的 NO$_x$ 还原成为 N$_2$,DPF 捕集尾气中的微粒,此外 DOC 不断将 HC、CO 以及微粒表面的 SOF 氧化,放出热量,一部分用于 DPF 的再生,另一部分通过热交换器传输到稀燃 NO$_x$ 催化转化剂(Lean NO$_x$ Catalyst,LNC)上,用于 LNC 上的还原反应。

LNT 净化 NO$_x$ 的最佳温度区间为 300 ~ 400℃(BaCO$_3$)或者 350 ~ 450℃(其他碱金属),所以在轻型柴油车上,DPF 通常被后置,以使 LNT 获得更高的排气温度。LNT 内 HC 的燃烧产生热能可使后置的 DPF 获得比 LNT 更高的排气温度,有利于其实现再生。

美国自 2004 年开始对重型车的 LNT + DPF 系统进行研究试验,试验结果表明,LNT 系统的 NO$_x$ 转化率达 80% ~ 90%,但由此增加的燃油消耗率达 7%。研究发现,四元催化转化技术的最优结构布置方案为 DPF + LNT + DOC,使用这种布置方案能使柴油机排气达到欧 V 排放标准,而且燃油消耗率仅增加 1.8%。总体看来,重型柴油机使用 LNT 后的燃油消耗率存在一定升幅。

思 考 题

7-1 柴油机各类微粒捕集技术的特点是哪些？

7-2 NH₃-SCR 技术和 HC-SCR 技术有哪些异同？如何抑制 NH₃-SCR 的副反应？

7-3 氧化催化技术中贵金属催化剂发挥的作用是什么？如何在保证贵金属催化剂活性的前提下减少其涂层？

第八章 燃料与排放

本章主要介绍燃料对发动机排放的影响,讨论汽油和柴油的改良方法及常用的代用燃料。

汽车发动机的排气污染物都是由于燃料在汽缸内燃烧引起的,因此污染物的种类和数量显然与燃料的性质直接相关。但是,一方面由于发动机燃料组成和物理化学性质的复杂性;另一方面由于发动机排放物生成机理的多元性,以致燃料和排放物的关系复杂。况且,汽车工业与石油工业之间往往缺乏足够的协调,致使这方面的研究工作进展缓慢。

近几年来,世界各国日益重视研究燃料组成及添加剂对排放的影响,燃料组成对催化剂净化效果的影响以及开发清洁性的能源,紧紧围绕汽车—油料—空气品质改善开展研究。

第一节 燃料对排放的影响

一、汽油对排放的影响

汽油的组成和性质对汽油机的排放有重要影响,因此实施新排放法规时必须对汽油的品质作明确规定。

1. 辛烷值的影响

汽油的辛烷值不仅对汽油机的排放有影响,而且直接关系到是否发生爆震。辛烷值是表示汽油抗爆性的指标。在汽油机燃烧中,随着压缩比及汽缸内气体温度的升高,可能出现一种不正常的自燃现象,称为爆震。汽油的辛烷值高,则抗爆震能力强,辛烷值低可能引起较强的爆震,并增加 NO_x 排放量,特别在较稀混合气的情况下更加显著。事实上,由于爆震对发动机有破坏作用,引起 NO_x 剧增的强爆震情况在实际使用中不允许发生。

从另一方面看,较低的辛烷值限制了发动机的压缩比,导致燃油消耗率上升,总的污染物排放量也随之上升。

在许多情况下烯烃是汽油提高辛烷值的理想成分。但是由于烯烃的热稳定性不好,导致它易形成胶质,并沉积在进气系统中,影响燃烧效果,增加排放。活泼烯烃是光化学烟雾的前体物,蒸发排放到大气中会产生光化学反应,进而引起光化学污染。我国许多城市在夏秋季发生过空气臭氧浓度超标的光化学烟雾型空气污染,与使用高烯烃汽油有直接关系。

2. 汽油挥发性的影响

汽油从液态变为气态的性质称为汽油的蒸发性。汽油能否在进气系形成良好的可燃混合气,汽油的蒸发性能是主要因素。汽油的蒸发性能一般用蒸馏曲线(馏程)和 37.8℃(100 ℉)测得的雷德蒸气压 RVP 表示。汽油馏出温度的范围称为馏程。将 100mL 试验燃料放在烧瓶中,加热产生燃料蒸气,经冷凝器凝结,滴入量筒内。将第一滴凝结的燃料流入量筒时的温度称为初馏点。随着温度升高,依次测出对应油量的馏出温度。

为了评价燃料的挥发性,汽油的馏程主要由馏出 10%、50%、90% 的温度 t_{10}、t_{50}、t_{90} 表征。

（1）馏出 10% 的温度。汽油馏出 10% 的温度标志着它的起动性。如果 10% 馏出温度较低,说明在发动机上使用这种燃料容易冷起动。但是此温度过低,在管路中输送时受发动机温度较高部位的加热而变成蒸气,在管路中形成"气阻",使发动机断火,影响它的正常运转。

（2）馏出 50% 的温度。汽油馏出 50% 的温度标志着汽油的平均蒸发性。它影响着发动机的暖机时间、加速性及工作稳定性。若此温度较低,说明这种汽油的挥发性较好,在较低温度下可以有大量的燃料挥发而与空气混合,这样不仅可缩短暖机时间,而且从较小负荷向较大负荷过渡时,能够及时供给所需的混合气。

（3）馏出 90% 的温度。汽油馏出 90% 的温度标志着燃料中含有难于挥发的重质成分的数量。当此温度低时,燃料中所含的重质成分少,进入汽缸中能够完全挥发,有利于燃烧过程的进行。此温度过高,燃料中含有较多的重质成分,在汽缸中不易挥发而附在汽缸壁上,燃烧容易形成积炭,或者沿着汽缸壁流入油底壳,稀释机油,破坏轴承部位的润滑。

由式(8-1)的参数组合且用燃油中氧含量修正的驱动性指数 DI 可以来表征该燃油发动机的驱动性或相应汽车驾驶的舒适性,包括冷起动时间、加速性能、怠速运转稳定性等。

$$DI = 1.5t_{10} + 3t_{50} + t_{90} + 11\omega_{O_2}$$

式中:ω_{O_2}——汽油中氧的质量分数。

汽油的雷德蒸气压 RVP 应按季节和使用地区的气候条件适当控制。在高温时要严格控制 RVP,尽量减少热油产生的问题,例如燃油供给系统的气阻和蒸发排放控制系统炭罐的过载。在高温下控制 RVP 对减少发动机及加油时的蒸发排放也有影响。在低温下,要有足够的RVP,以得到好的起动和暖机性能。

汽油的挥发性对 NO_x 排放没有影响,对 CO 排放影响很小。

3. 汽油密度的影响

汽油的密度与构成汽油的各种烃类比例,特别是总的 C/H 原子比有密切关系。由于挥发性的缘故,夏用和冬用汽油密度不同。汽油密度增加往往使化油器提供较稀的混合气,使汽油喷射系统提供较浓的混合气。不过,因为汽油密度相对变化量很小,因此可认为,密度变化对于根据标准燃料调整的发动机排放的影响实际上可以忽略不计。

4. 烃类组成的影响

汽油主要由烷烃(包括正构烷烃、异构烷烃和环烷烃等)、烯烃和芳香烃等组成。

烷烃热稳定性好,形成臭氧活性 MIR 低,但正构烷的辛烷值低,异构烷和环烷的辛烷值高,是理想的汽油组分。

烯烃具有较高的辛烷值,但热稳定性差,易于在发动机的进气系统里形成胶状沉淀物。烯烃蒸发到大气中是一种化学活性物质,生成臭氧活性 MIR 值比烷烃高,容易在光化学反应中生成臭氧,还会生成有毒的二烯烃。研究表明,车用汽油中烯烃的质量分数从 20% 降至 5%,会使大城市中臭氧生成率下降 20% ~ 30%。减少小分子烯烃的效果尤为明显。

芳烃具有很高的辛烷值(RON > 100,MON > 95),所以添加芳烃组分,是炼油工业为使汽油达到现代车用汽油所需的抗爆性水平而使用的一种手段。随着汽油的无铅化,这种增加汽油中芳香烃含量的趋势正在加强。由于芳香烃分子结构比烷烃稳定,所以燃烧速度较慢,在其他相同的条件下导致较高的未燃 HC 排放量。当从含芳香烃多的高级汽油改为烷烃汽油时,HC 排放量明显下降。芳香烃具有较高的 C/H 比,因而有较高的密度和较大的 CO_2 排放量。汽油中芳香烃的质量分数从 50% 降到 20%,CO_2 排放量可减少 5% 左右。芳香烃燃烧温度高,从而增加了 NO_x 排放量。重的芳香烃和其他高分子重化合物都有可能在汽油机燃烧室表面形成沉积物,增加排气中的 HC 和 NO_x 排放。现代车用汽油正逐步限制芳香烃含量,特别是对苯含量的限制尤为严格。

5. 硫含量的影响

硫(S)天然存在于原油中,如果在炼油过程未进行脱硫处理,汽油就受其污染。硫可降低三效催化转化器的效率,对氧传感器也有不利影响,因而使车用汽油机排放增加。不论发动机技术水平和状态如何,汽油中硫的质量分数 ω_S 从 10^{-4} 降到 10^{-5} 数量级时,HC、CO、NO_x 等均有显著的下降。高硫汽油会引起车载诊断系统的混乱和误报。

6. 添加剂的影响

车用汽油中可能加入多种类型的添加剂:防止汽油爆震的抗爆剂,如四乙基铅、甲基环戊二烯三羰基锰(MMT)等;抑制烯烃聚合的抗氧剂,如氨基酚、烷基酚等;有助于清洗进气系统被污染表面、防止喷油嘴堵塞的表面活性剂,如脂肪酸胺、丁二酰亚胺等。

四乙基铅是非常有效的廉价汽油抗爆剂,曾经广泛使用了数十年以提高汽油的辛烷值。但由于发动机使用含铅汽油时,随排气排出的铅对人体神经系统有积累性的严重毒害作用,并会使三效催化转化器和氧传感器很快失效,因此四乙基铅现在已经或正在被禁用。

曾经想使用甲基环戊二烯三羰基锰 MMT 代替四乙基铅以提高汽油的抗爆性,但使用这种添加剂在许多国家是有争议的。汽油中的 MMT 在燃烧后以氧化锰等形式排出,同时沉积在燃烧室和排气系统内。锰沉淀物会使火花塞失火,增加排放。锰沉淀物在催化器上,引起表面堵塞,使催化剂起燃特性和稳态转化效率均变差。同时沉积在催化剂表面的锰沉积物有足够的氧存储作用,可能造成催化器监测器的误报。

在无铅汽油中加铁化合物(如二茂铁)可增加辛烷值,但铁基添加剂燃烧后产生的铁氧化物沉积在催化剂和氧传感器上,使得排放控制系统功能下降,排放上升,所以铁化合物不应添加在无铅汽油之中。

硅在汽油中原本不存在,但有些商用汽油中有硅,这是因在精炼之后把废溶剂作为组分掺和到汽油中所致。即使浓度不高的硅也能损坏催化剂和氧传感器,所以汽油中不应有硅。

无铅汽油还添加一些高辛烷值的含氧有机化合物,如甲基叔丁基醚(MTBE)和乙醇等。汽油自身含有的氧有助于氧化汽油的不完全燃烧产物 CO 和 HC,降低它们的排放。当用无反馈控制的供油系统时,从纯烃燃料改用含氧燃料意味着混合气稀化,也导致 CO 和 HC 排放下降。

抗氧化和表面活性添加剂有助于保持进气系统和供油系统的清洁从而维持原有的标定,改善排放,尤其提高怠速排放的稳定性。

二、柴油对排放的影响

柴油的组成和性质对柴油机的排放有重要影响,因此各国都对柴油品质做出明确规定。我国 2000 年开始实施的排放法规,采用了与欧洲等价的技术要求。

1. 十六烷值的影响

柴油的十六烷值对柴油机燃烧的滞燃期有很大影响。如果十六烷值较低,则滞燃期较长,初期预混燃烧的燃油量增加,放热率峰值和最高燃烧温度较高,因而 NO_x 排放量增加;如果十六烷值较高,可推迟喷油,这样有利于在保持燃油经济性的条件下降低 NO_x 排放。另外,高十六烷值的柴油易于自燃,可降低柴油机 CO 和 HC 的排放。十六烷值对微粒排放的影响比较复杂,在不同条件下可能得出相反的结果。

十六烷值也影响柴油机的蓝烟和白烟排放,它们是在柴油机冷起动时或高海拔地区运转时,由于大气压力下降产生的未燃烧柴油液滴组成的排气烟雾。十六烷值下降时柴油机冷起动性能变差,柴油机容易排气冒白烟,引起排放增加。

2. 黏度、密度和馏程的影响

当柴油黏度增加时,喷油时油束的雾化变差,燃烧恶化,炭烟排放增加。

柴油密度较高,会导致微粒排放量增加,因为柴油密度超过柴油机标定范围会造成过度供油效应。

柴油的馏程也影响柴油机的微粒排放量。较重的馏分组成使柴油喷注雾化变差,蒸发迟缓,易形成局部过浓的混合气,产生较多的微粒。

3. 芳香烃含量的影响

柴油中芳香烃含量直接影响其十六烷值,两者之间有逆变关系。只有添加十六烷值改善剂才能打破这种关系(例如,加质量分数为 0.5% 的辛基硝酸酯,可使十六烷值从 42 提高到 52)。

芳香烃是柴油中的有害成分,芳香烃燃烧时冒烟倾向严重,所以当柴油中芳香烃的体积分数 φ_{AH} 增加时,柴油机微粒排放的质量浓度急剧增加。柴油机的 CO、HC 排放也随柴油芳香烃含量的提高而增加。NO_x 排放受柴油芳香烃含量影响较小。研究表明,柴油中芳香烃的体积分数 φ_{AH} 从 30% 降低到 10% 可使 NO_x 排放下降 4% ~5%。

4. 硫含量的影响

一般柴油中含有比汽油高得多的硫分。柴油中的硫在柴油机中燃烧后以 SO_2 的形式随排气排出。其中一部分 SO_2(约 2% ~3%)被氧化成 SO_3,然后与水结合形成硫酸和硫酸盐,由于硫酸盐是非常吸水的,在环境大气平均相对湿度 50% 下,每 1g 硫酸盐可吸 1.3g 水,所以在滤纸上沉积的硫酸盐含有 53%(m)的水和 47%(m)的干硫酸盐。当柴油中硫的质量分数 ω_S 从 3×10^{-3} 减小到 5×10^{-4} 时,柴油机的微粒排放量可能下降 10% ~15%,即柴油中的硫的质量分数每下降 0.1%,柴油机微粒比排放会下降 $0.02 \sim 0.03 g/(kW \cdot h)$。

现在正在开发的能从发动机富氧排气中降低 NO_x 排放的 $DeNO_x$ 催化剂,对柴油硫含量极为敏感,特别是吸附还原性催化剂极易受硫中毒而失效。柴油机用氧化性催化剂易于把 SO_2 氧化成 SO_3,导致硫酸盐大大增加。所以,从柴油机排气催化净化角度出发,降低柴油的硫含量是极为必要和迫切的。降低柴油的硫含量也有助于减少柴油机排气中难闻的气味。但降低硫含量是通过在炼油工艺中加氢生成硫化氢而实现的,这个过程增加了炼油的能耗和 CO_2 排放,同时提高了成本。

5. 添加剂的影响

在柴油中加入少量碱土金属或过渡金属(Ba、Ca、Fe、Mn 等)的环烷酸盐或硬脂酸盐,可显著降低柴油机排气的烟度,这类添加剂被称为消烟剂。消烟效果主要决定于阳离子(金属)类型,而阴离子影响很小。Ba 的效果很好,其次为 Ca、Mn 等。Ba 对降低烟度效果明显,但对排气微粒浓度,则先随着 Ba 的增加快速下降,然后又逐渐上升,这主要是由 Ba 的氧化物造成的。当柴油中硫含量较高时,由于形成较多的 $BaSO_4$,有时甚至使微粒排放量不降反升。消烟剂使微粒粒度分布向较小尺寸方向移动,使环境效应更加恶化。由于这些理由及这类重金属大多数对人体有害,所以现在不推荐使用消烟剂。

柴油中还可能加有机添加剂,如为缩短滞燃期的十六烷值改善剂以及稳定剂、表面活性剂等,它们一般都能改善柴油机的排放状况。

第二节　燃料的改善

根据燃油品质对车用发动机性能和排放影响的研究结果,美、日和欧洲各国纷纷提出新配方燃油,以适应越来越严格的发动机排放法规。

一、汽油的改善

对于低排放无铅汽油来说,规定铅的质量浓度要从微量降低到零,以消除铅对人体健康的直接危害和催化剂的毒害作用。对硫含量也作了严格限制,因为硫使催化剂中毒,这种毒害作用虽然不像铅那样不可恢复,有一定的可逆性,但使总的催化效率下降。硫还会使催化器监测器 OBD 系统失效。

大幅度降低烯烃含量,以降低排气的臭氧生成活性,并减少汽油机内的沉积物。对芳香烃特别是苯含量作了限制,以降低排气的毒性。控制汽油的密度变动范围,以免发动机偏离标定供油量过大。

对汽油的挥发性作了更加合理而细致的规定,既保证发动机有良好的驱动性,又不会引起气阻、过量蒸发等运行可靠性和排放问题。

低排放汽油允许用含氧掺和物,但对氧含量有一定的控制。

二、柴油的改善

对于低排放柴油来说,首先要提高十六烷值。这里要区别十六烷值和十六烷指数两个概念。十六烷值是指柴油在规定的实验发动机上测得的有关柴油压缩着火性的一个相对性参数;而十六烷指数是指燃料固有的十六烷,由被测燃料特性计算得出。固有的十六烷和加入十六烷改善剂后的十六烷对柴油机的影响不同,为避免添加剂的剂量过多,应尽量减少十六烷值与十六烷指数之间的差值。

与汽油的情况类似,缩小低排放柴油的密度变化范围,以保证燃油质量供给的稳定性。

低排放柴油的标志性特征是降低柴油中的硫含量,这是因为硫使柴油机排气微粒中的硫酸盐成正比的增加,而且高硫柴油排除了应用氧化型催化剂降低微粒排放的可能性。很难找到抗硫性能好的富氧 NO_x 催化剂。欧洲排放体系对柴油硫含量的要求对比见表 8-1。

欧洲排放法规对柴油硫含量要求对比表　　　　　　　　　　　　　　表 8-1

	Euro I	Euro II	Euro III	Euro IV	Euro V
硫($\times 10^{-6}$)	≤2000	≤500	≤350	≤50	≤10

柴油中的芳香烃会增加柴油机的微粒和 NO_x 排放,并使排气中毒性大的多环芳香烃的含量增加。所以,低排放柴油严格限制芳香烃,特别是其中多环芳香烃的含量。

第三节　代用燃料

根据已探明的世界石油蕴藏量和目前石油消耗量,估计石油最多可满足人类今后 100 年的要求。为此,各国正纷纷研发发动机代用燃料。到 21 世纪中叶,石油的代用燃料将在发动机燃料中扮演重要角色。研发和应用代用燃料的另一动因是减少环境污染,因为有些代用燃料可降低有害气体排放,有些燃料甚至能改善大气中的碳循环。较有前途的发动机代用燃料有天然气、液化石油气、醇类燃料、植物油和氢气等。其中,液化石油气 LPG 是石油炼制过程中的副产品,可作为近期的发动机燃料之一,显然将随油气资源一起枯竭。这些燃料以很小的比例加入汽油或柴油中,或者以很大比例甚至百分之百用于经过必要改造的点燃式或压燃式发动机中。

本节将主要介绍天然气、液化石油气、醇类燃料、植物油和氢气的物化特性和排放特性。

一、天然气和液化石油气

1. 天然气

天然气主要来源于油田,它是地表下岩石储集层中自然存在的、以轻质碳氢化合物为主体的气体混合物,主要成分是甲烷(CH_4),其余为乙烷、丙烷、丁烷及少量其他物质。地球上有丰富的天然气资源,是世界上产量增长最快的能源。

天然气按其存在形式分为压缩天然气和液化天然气。压缩天然气(CNG)是将天然气压缩至 20MPa 存储在气瓶中,经减压器减压后供给发动机燃烧;液化天然气是将天然气液化后,存储在高压瓶中,且储气瓶的体积比压缩天然气的小,续驶里程长,但技术要求高。目前用于汽车上的是压缩天然气。

1)天然气的性能指标

天然气的组成成分决定了其理化性能,该性能与汽油比较见表 8-2。

天然气与汽油的理化性能比较 表 8-2

项　　目		天然气(甲烷)	汽油(90#)
C/H 原子比		4	2 ~ 2.3
密度(液相 kg/m³)		424	700 ~ 780
分子量 M		16.043	96
沸点(℃)		−161.5	30 ~ 90
凝固点(℃)		−182.5	—
临界温度(℃)		−82.6	—
临界压力(MPa)		4.62	—
汽化热(kJ/kg)		510	—
比热(液体,沸点,kJ/kg·K)		3.87	—
比热(气体,25℃,kJ/kg·K)		2.23	—
气/液容积比(15℃)		624	—
密度(气相,kg/m³)		0.715	—
化学计量比	质量比	17.25	14.8
	体积比	9.52	8.586
高热值(MJ/kg)		55.54	—
低热值(MJ/kg)		50.05	43.9
混合气热值(MJ/m³)		3.39	3.37
辛烷值(RON)		130	92
着火极限(%)		537	390 ~ 420
火焰传播速度(cm/s)		33.8	39 ~ 47
火焰温度(℃)		1918	2197

由表 8-2 可知,天然气具有如下特点。

(1)热值高。甲烷含量高的天然气的低热值比汽油高,当甲烷含量为 80% 时,天然气的低热值与汽油相当。因为天然气的密度低,所以理论混合气热值比汽油稍低。

(2)抗爆性能好。天然气的主要成分是甲烷,甲烷的研究法辛烷值为 130,具有很强的抗爆性能。研究表明,燃用天然气的专用型发动机应采用的合理压缩比为 12,通过提高压缩比可以大幅度地提高天然气汽车的动力性和燃料经济性。

(3)混合气着火界限宽。天然气与空气混合后具有很宽的着火界限。这种性能为发动机稀燃技术提供保证,从而提高燃料经济性、降低排放。

(4)着火温度高。这不利于发动机的性能,由此需要较高的点火能量。

2)压缩天然气的规格

为保证压缩天然气汽车的正常行驶,各国都各自制定了标准,对压缩天然气质量提出技术要求。我国汽车用压缩天然气标准(SY/T 7546—1996)见表 8-3。

汽车用压缩天然气技术要求 表 8-3

项　　目	质量指标	试 验 方 法
高位发热值(MJ/m³)	≥31.4	GB/T 11062
硫化氢(H_2S)含量(mg/m³)	≤20	GB/T 11060.1 或 GB/T 11060.2
总硫(以硫记)含量(mg/m³)	≤270	GB/T 11061
二氧化碳含量(v/v,%)	≤3.0	SY/T 7506
水露点	低于最高操作压力下最低环境温度5℃	SY/T 7507(计算确定)

3)天然气的排放性能

天然气在汽车上与空气混合时是气态,因此,与汽油、柴油相比,混合气更均匀,燃烧更完全。另外,天然气的主要成分甲烷中只有一个碳分子,从理论上讲,燃烧产物中 CO 较少。表 8-4 是我国改装某一压缩天然气汽车的排放试验结果,表明压缩天然气的 CO 和 HC 排放较汽油明显降低。但是,燃用 CNG 排放的甲烷增加。甲烷是一种温室气体,它对大气的加热潜力是 CO_2 的 32 倍,甲烷在大气中的存在时间一般为 10 年,比 CO_2 存在的时间短 1/10。此外,使用中发现纯压缩天然气汽车 NO_x 排放高。改装的两用燃料(汽油-CNG 或柴油-CNG)汽车如果调整使用不当,各种污染物排放并不低,而且会导致汽车动力性下降。

压缩天然气与汽油排放比较 表 8-4

污　染　物	轻　型　客　车			小　轿　车		
	汽油	CNG	降低率	汽油	CNG	降低率
CO(%)	3.0	0.5	83.3%	1.00	0.15	85%
HC(10⁻⁶)	1000	800	20%	200	150	25%

2.液化石油气

液化石油气(LPG)与汽油、柴油等常规汽车燃料相比,具有燃烧完全、积炭少、排放污染物低等优点。

1)液化石油气的理化性能

车用液化石油气的主要成分是丙烷和丁烷。丙烷沸点低,极易汽化,冷起动性好,但热值低;丁烷沸点高,不易汽化,但热值高。因此,为了保证液化石油气的正常使用,要求车用液化石油气有足够的丙烷、丁烷含量。液化石油气的理化性能与其他燃料比较见表8-5。

车用气态燃料的主要特性与汽、柴油比较　　　　　表8-5

项　目	汽油	柴油	天然气	液化石油气	氢气
沸点常压(℃)	30～220	180～370	−161.5	−0.5	−253
车上的存储状态	液态	液态	气态(CNG)或液态(LPG)	液态	气态或液态
液态的相对密度20/4(℃)	0.72～0.75	0.83	0.42(气态);0.72(液态)	0.54	与空气密度比为0.07
雷德蒸气压(kPa)	62.0～82.7			358.5	
低热值(MJ/kg)	44.52	43	49.54	45.31	119.64
汽化潜热(kJ/kg)	297			358.2(丙烷);373.2(丁烷)	
辛烷值(RON)	90,93,95,97		120	94	
十六烷值	27	40～60			
闪点(℃)	−43	60	−161.5	−41(丙烷);0～2(丁烷)	
自燃点(℃)	260		700	450(丙烷);400(丁烷)	530～560
最低点火能量(MJ)	0.25～0.3				0.02
分子量	100～115	226	16	44(丙烷);58(丁烷)	2
在空气中的可燃范围体积比(%)	1.3～7.6		5～15	2.4～9.6(丙烷);1.8～9.6(丁烷)	
化学计量比	14.8	14.5	16.75	15.66(丙烷);15.45(丁烷)	

由表可知,液化石油气的特点与天然气相似,具有热值高、抗爆性能好、着火温度高、容易与空气混合和排放低等优点。

2)液化石油气的规格

车用液化石油气必须保证其使用安全性、抗爆性以及良好的起动性能和排放性能。饱和蒸气压是液化石油气最主要的安全指标。最高值保证在正常使用允许的最高温度条件下,气瓶内液化石油气的压力在气瓶允许的范围内;最低值保证在允许的最低使用温度条件下,液化石油气的压力能满足汽车使用要求。水分是液化石油气中的有害成分,它会促使硫化物腐蚀气瓶、管路、阀门、汽化器等金属部件。低温时,含水化合物还会堵塞管道、阀门等处。

因此,各国对车用液化石油气均提出了标准要求。表8-6为我国对车用液化石油气的具体技术要求。

项　目		质量指标		实验方法
		车用丙烷	车用丙丁烷混合物	
37.8℃ 蒸气压(表压 kPa)		≤1430	≤1430	按 GB/T 6602
组分 (%)	丙烷	—	≥60	按 SH/T 0230
	丁烷及以上组分	≤2.5	—	
	戊烷及以上组分	—	≤2	
	丙烷	≤5	≤5	
残留物	100mL 蒸发残留物 mL	≤0.05	≤0.05	按 SY/T 7509
	油渍观察	通过	通过	
密度(20℃或15℃,kg/m³)		实测	实测	按 SH/T 0221
铜片腐蚀		不大于 1 级	不大于 1 级	按 SH/T 0232
总硫含量(×10⁻⁶,质量分数)		≤123	≤123	按 SY/T 7508
游离水		无	无	目测

3)液化石油气的排放性能

液化石油气(LPG)与空气混合时也是气态,混合充分,燃烧完全,因此,根据 LPG 特点设计的发动机可有效降低排放污染物。LPG 排放污染物较低,但它比 CNG 的排放要高。双燃料液化石油气—汽油的排放性能受改装、调整等许多因素的影响,排放性能不太稳定。另外,LPG 和 CNG 汽车必须采用电喷技术和三效催化转化技术才能取得较低的排放性能,而且必须定期检测维护才能维持其低排放性。汽车燃用汽油、LPG、CNG 排放污染物对比见表 8-7。

汽车燃用汽油、LPG、CNG 排放污染物对比　　　　　表 8-7

污染物	汽油	CNG	LPG
非甲烷碳氢	1	0.1	0.5 ~ 0.7
甲烷	1	10	—
一氧化碳	1	0.2 ~ 0.8	0.8 ~ 1.0
氮氧化物	1	0.2 ~ 1.0	1.0

二、醇类燃料

醇类燃料资源丰富,可从众多的原料中提取,甲醇可从天然气、煤、石脑油、重质燃料、木材和垃圾等物质中提炼。乙醇的原料主要是从含糖、含淀粉的农作物,如甜菜、甘蔗、玉米、草秆等中提取。

醇类燃料汽车是指以甲醇或乙醇为燃料的汽车。它与电动车、天然气汽车一样,都是新能源和低公害汽车。醇类燃料汽车发展较早,到目前为止,在技术方面和成本方面醇类汽车已经达到实用阶段。

1.醇类燃料的性能指标

醇类燃料与汽油理化性能的比较见表 8-8。由表可知,甲醇、乙醇性质类似之处很多,与汽油相比,它们的缺点和优点几乎相同,只是在程度上略有差别。另外,醇类燃料吸水性强、化学活性高、容易发生早燃等。

项　目	汽　油	甲　醇	乙　醇
物理状态	液态	液态	液态
车上的存储状态	液态	液态	液态
液态的相对密度20/4(℃)	0.72~0.75	0.7914	0.7843
沸点常压(℃)	30~220	64.8	78.3
饱和蒸汽压(kPa)	62.0~82.7	30.997	17.332
低热值(MJ/kg)	44.52	20.26	27.20
汽化潜热(kJ/kg)	297	1101	862
辛烷值(RON)	90,93,95,97	112	111
十六烷值	27	3	8
闪点(℃)	-43	11	21
自燃点(℃)	260	470	420
最低点火能量(ML)	0.25~0.3		
分子量	100~115	32	46
在空气中的可燃范围	1.3~7.6		

　　醇类燃料的特点主要有如下方面。

　　(1)辛烷值比汽油高,可采用高压缩比提高热效率。但是醇类燃料的抗爆性敏感度大,中、高速时的抗爆性不如低速时好。普通汽油与15%~20%的甲醇混合,辛烷值可以达到优质汽油的水平。

　　(2)蒸发潜热大,使得醇类燃料低温起动和低温运行性能恶化。此外,甲醇、乙醇的闪点比汽油高,甲醇在5℃以下、乙醇在20℃以下在进气系统中很难形成可燃混合气,如果发动机不加装进气预热系统,燃烧全醇燃料时汽车难以起动。但在汽油中混合低比例的醇,由燃烧室壁面给液体醇以蒸发热,这一特点可成为提高发动机热效率和冷却发动机的有利因素。

　　(3)常温下为液体,操作容易,储带方便。

　　(4)可燃界限宽,燃烧速度快,可以实现稀薄燃烧。

　　(5)与传统的发动机技术有继承性,特别是使用汽油—醇类混合燃料时,发动机结构变化不太大。

　　(6)热值低,甲醇的热值只有汽油的48%,乙醇的热值只有汽油的64%。因此,与燃用汽油相比,在同等的热效率下,醇的燃料经济性低。

　　(7)沸点低,蒸汽压高,容易产生气阻。

　　(8)甲醇有毒,会刺激眼结膜,也会通过呼吸道、消化道和皮肤进入人体,刺激神经,造成头晕、乏力、气短等症状。

　　(9)腐蚀性大。醇具有较强的化学活性,能腐蚀锌、铝等金属。甲醇混合燃料的腐蚀性随甲醇含量的增加而增加。另外,醇与汽油的混合燃料对橡胶、塑料的溶胀作用比单独的醇或汽油都强,混合20%时对橡胶的溶胀最大。

　　(10)醇混合燃料容易发生分层。醇的吸水性强,混合燃料进入水分后易分离为两相。因此,醇混合燃料要加助溶剂。

2.醇类燃料的应用

醇类燃料在汽车上应用主要有三种类型:掺烧、纯烧和改质。

掺烧主要是醇(甲醇或乙醇)以不同的比例掺入汽油中,甲醇、乙醇与汽油的混合燃料分别用 M 和 E 表示,其后的数字表示甲醇或乙醇的体积混合百分率,如 E20 表示 20% 乙醇与汽油混合燃料。如交通运输部公路科学研究所在 20 世纪 90 年代初进行掺烧20%、40%、60%和85% 乙醇的应用研究,中科院进行的掺烧甲醇的研究都属于醇类掺烧类型。研究表明,如果掺烧的醇少于 20%,发动机不必作改造,只要作适当地调整,汽车性能即可与燃烧汽油时相当。掺烧比例加大时,可通过适当增大压缩比增加发动机预热装置便可保证汽车的各种使用性能。同时,在混合燃料中添加助溶剂,防止醇燃料与汽油分层。

纯烧类型是指单纯燃烧甲醇或乙醇燃料。这种类型的优点是发动机可以根据燃料的特点进行改造,如按醇燃料的理论空燃比设计和调整共有系统、加装发动机预热装置、加大油泵的供油量、改善零部件的抗腐蚀性等。通过改造发动机后,纯烧类型汽车的动力性和经济性比烧汽油时有较大的提高。

改质类型现在主要是指甲醇改质。利用发动机的余热将甲醇生成为 H_2 和 CO、然后输送到发动机内燃烧。采用甲醇改质需要对发动机进行较大的改造,最好重新设计发动机。

3.醇类燃料的排放性能

醇类燃料对降低汽车排放污染的效果明显,国内外试验表明,醇燃料排放的 CO、HC、NO_x都比汽油低,乙醇由于大幅度提高压缩比致使 NO_x 排放增加。醇类燃料排放试验结果见表8-9和表 8-10。

德国大众汽车公司甲醇汽车尾气排放与汽油车比较(试验方法:FTP—75 程序)　　表 8-9

污　染　物	甲醇汽车	汽　油　车	变化率(%)
CO(g/km)	0.60	1.60	−62.5
HC(g/km)	0.10	0.15	−33.3
NO_x(g/km)	0.15	0.20	−25
总醛(mg/m³)	14.8(冷态)	2.3(冷态)	+543(冷态)
	3.7(热态)	2.5(热态)	+48(热态)

E85 汽车急速排放与同型汽油车排放对比　　　　　表 8-10

污　染　物	E85	汽　油　车	变化率(%)
CO(%)	1.7	8	−78.8
HC(10^{-6})	300	1400	+78.6
NO_x(10^{-6})	41.5	26	+59.6

三、生物质燃料

生物质燃料包括植物材料和动物废料等有机物质在内的燃料,是人类使用的最古老燃料的新名称。生物质燃料是清洁的可再生能源,它以大豆和油菜籽等油料作物、油棕和黄连木等油料林木果实、动物油脂以及废餐饮油等为原料制成的液体燃料,是优质的石油燃料代用品。生物质燃料是典型的"绿色能源",大力发展生物质燃料对经济可持续发展,推进能源替代,减轻环境压力,控制城市大气污染具有重要的战略意义。

1.动物油脂

动物油脂主要原料为生活废弃油脂。废弃油脂污染环境,重复使用更会损害人身体健康,将废弃油脂改造为生物质燃料,能实现废弃油脂的重复利用,变废为宝。

目前,废弃油脂是价格最低的生物质燃料油原料,其来源主要是煎炸食品后留下的煎炸废油、从剩饭菜中经水分离得到的油脂、餐具洗涤过程中流入下水道中的油品(俗称为地沟油)、油脂加工企业产生的酸油以及造酒行业产生的酒糟油。动物油脂转化为生物质燃料是通过脂肪酸和中性油的混合物与甲醇同时进行酯交换和酯化反应实现的,再经过分离和蒸馏后,得到生物质燃料、甘油和水。

2. 植物油

植物油用作发动机应急燃料在历史中就曾得到应用。近来人们则希望通过使用植物油作为发动机燃料来摆脱对石油的过度依赖。植物油的许多性质与柴油比较接近,因此主要用作柴油机替代燃料。与柴油相比,植物油热值略低,但因密度大,体积热值较接近;植物油馏分比柴油重得多,黏度和表面张力比柴油大,雾化困难;自燃点高而十六烷值低,着火性差,着火延迟期长;残炭高,燃烧室易生成沉积物。此外,植物油容易生成胶状物堵塞油路。许多试验表明,纯植物油用作柴油机燃料时,通过加大喷油提前角,增加油泵循环供油量等措施,可以获得良好的动力性。但使用纯植物油冷起动困难,而且容易出现过滤器堵塞、燃烧室积炭、活塞环黏结、润滑油稀释等问题。表 8-11 列出了几种植物油的主要性质。

几种植物油的主要性质表 表 8-11

性质	相对密度	运动黏度 (38℃)/(mm²/s)	表面张力 (20℃)/(mN/m)	凝点 (℃)	残炭 (%)	热值 (MJ/kg)	自燃点 (℃)	十六烷值
豆油	0.926	40.20	41.37	−7.5	0.58	38.9	363	27
芝麻油	0.922	36.89	40.32	−3.0	0.56	37.2	320	
玉米油	0.922	34.74	41.48	−12.5	0.42	37.2	357	
菜籽油	0.921	34.71	40.85	−12.5	0.52	38.9	350	32
米糠油	0.922	39.53	41.45	−10.0	0.35	37.2	340	
花生油	0.919	39.30	41.00	3.0	0.36	37.6	360	
向日葵油	0.924	31.0		−6.7	0.34	36.2	360	33
柴油	0.84	5.03	32.32	−22.5	0.003	42.5	220	50

四、氢气

氢是石油时代结束后最有希望的发动机能源,用氢气作发动机燃料一直是人们梦寐以求的事情。氢气作发动机燃料有许多优点:资源丰富、热值高、排放污染少。它既可以借助化工技术从煤、天然气等化石能源制取,也可利用太阳能、核能等自然能源分解水获得。氢作为代用燃料,其燃烧产物既没有 HC、CO 和炭烟等污染物,也没有造成温室效应的 CO_2,其唯一的有害排放物是 NO_x,因此氢是理想的清洁燃料。

氢作为车用发动机燃料的主要问题是氢的能量密度很低。就目前的技术来说,无论是采用低温液化、高压压缩还是金属吸附等储氢方法,燃料及附加设备的质量和体积都太大。相对来说,使用液氢比较可行,但超低温技术价格昂贵。另外,氢的制造成本还很高。

近年来,储氢金属的研究成果为解决氢气储存问题展现了良好前景。储氢金属是一类能与氢结合的金属或合金材料,如铁钛合金、镁及其合金、稀土金属与铁、钴、镍的合金等。这类金属或合金在一定条件下能与氢形成金属氢化物,而在受热或其他条件下又能将氢气释放出来,从而起到储氢作用。用于储氢的金属或合金必须具备以下条件:吸氢和放氢速度高;氢化物生成热小,释放氢气所需能量少;单位质量或体积吸氢量大;导热性好,吸氢时热量容易扩散,放氢时容易被加热;性能稳定,反复吸放氢气不影响性能;价格便宜。

氢燃料可以用在汽油机上,也可以用在柴油机上。在汽油机上使用时,通过氢气—空气混合器经氢气与空气混合在进气行程送入汽缸即可。但汽油机使用氢气时存在功率下降和回火问题。柴油机使用氢燃料时,由于氢的着火温度高,难于自行燃烧,一般采用火花塞或炽热表面点火。

思 考 题

8-1 汽油和柴油的性质对排放的影响有哪些?

8-2 相对于传统燃料,天然气和液化石油气对汽车排放的影响有哪些优缺点?

8-3 氢气作为最清洁能源,其主要技术难题有哪些?

第九章　汽车排放污染物净化方案及新能源汽车技术

本章主要讨论汽油车和柴油车分别达到欧Ⅱ、欧Ⅲ、欧Ⅳ和欧Ⅴ排放标准的主要净化方案,并介绍了新能源汽车技术。

汽车排放标准不同,排放限值也不同。汽车排放标准日趋严格,排放限值越来越低,对车用发动机机内净化和后处理净化提出的要求愈来愈高,其净化技术方案也会不同。机内净化所采用的是第四章和第五章中所阐述的降低污染物生成量的技术,后处理净化是采用在第六章和第七章中所阐述的用净化装置降低排气污染物的技术。从第二章中知道汽车各种排放污染物的生成机理不同,影响因素很多,比如在第八章中讨论的燃料就对排放有较大影响。其净化措施之功效既存在一致性,但也可能存在对立性。同一净化措施对某种主要排放污染物虽有良好的净化效果,但也可能对其他排放污染物有负面影响。因此,汽车排放污染物净化技术方案一般采用机内净化技术和后处理净化相结合的综合净化技术方案。

第一节　汽油车排放污染物一般净化方案

对汽油车来说,其排放污染物主要有 CO、HC 和 NO_x,对于二气门或多气门、非增压或增压发动机,均可采用闭环电控燃油喷射系统加三效催化转化器,使其同时净化 CO、HC 和 NO_x,并能使净化效率较高,可达到欧Ⅱ排放标准。其方案示意图如图 9-1 所示。

图 9-1　达到欧Ⅱ排放标准的汽油车净化方案示意图

由于欧Ⅲ排放标准与欧Ⅱ排放标准的主要区别在于排放限值更小,且需考虑冷起动排放。这就要求净化效率更高且汽车一起动就应有良好的净化效果,即要求起动时三效催化转化器内的温度最好能大于催化剂的起燃温度。这就要求一方面使催化剂的起燃温度尽可能低,另一方面通过强制加热方式或其他方式使转化器内的温度在起动时就已达到或很快达到起燃温度。一般情况下,要满足欧Ⅲ排放标准的要求,二气门、非增压汽油发动机可采用闭环电控燃油喷射系统加紧凑耦合型三效催化转化器或前置双催化转化器或三效催化转化器辅以强制加热,其方案示意图如图 9-2a) 所示。对于多气门、增压汽油发动机则可采用闭环电控燃油喷射系统加低起燃温度的三效催化转化器或紧凑耦合型三效催化转化器,其方案示意图如图9-2b)所示。

为了使发动机满足欧Ⅲ法规的要求,也可采用缸内直喷稀薄燃烧汽油机——GDI发动机。GDI发动机所采用的净化技术主要是降低HC和NO$_x$的排放量。该净化技术主要由以下四项技术构成:采用二阶段燃烧,提前激活催化剂;采用反应式排气管;高EGR率;使用稀NO$_x$催化剂。三菱汽车公司的缸内直喷汽油机排放控制措施示意图如图9-3所示。

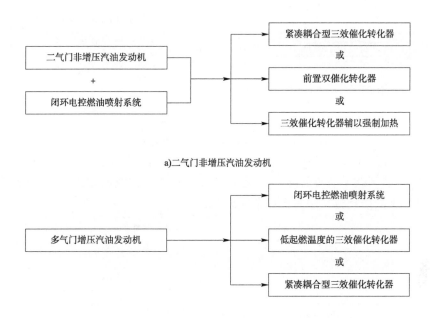

a)二气门非增压汽油发动机

b)多气门增压汽油发动机

图9-2　达到欧Ⅲ排放标准的汽油车净化方案示意图

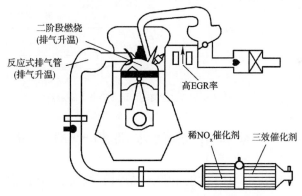

图9-3　三菱汽车公司的缸内直喷汽油机排放控制措施

　　采用二阶段燃烧和反应式排气管的目的是为了降低HC排放量,这种方法是在汽车起动后的冷车这段时间内,通过二阶段燃烧和使用反应式排气管使三效催化剂在短时间内达到起燃温度。为使发动机在稀燃状态下能够有效还原NO$_x$,GDI发动机使用了NO$_x$吸附催化转化器。为了净化发动机在理论空燃比状态下工作时排气中的HC和NO$_x$,GDI发动机在NO$_x$吸附型催化器之后还配置了三效催化转化器,三效催化转化器的位置尽量靠近发动机,以更快激活催化剂,减少HC排放。

　　欧Ⅳ排放标准在冷起动和各工况的排放限值比欧Ⅲ更小,二气门和非增压汽油发动机难以满足,一般应在多气门增压汽油发动机的基础上采用综合控制的发动机管理系统加紧凑耦合型三效催化转化器或前置双催化转化器或三效催化转化器辅以强制加热,为进一步降低NO$_x$,可同时采用废气再循环,其方案示意图如图9-4所示。

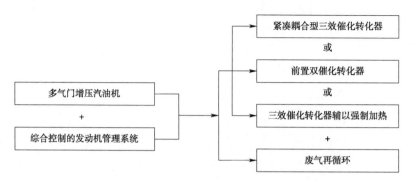

图9-4　达到欧Ⅳ排放标准的汽油车净化方案示意图

欧Ⅴ排放标准的排放限值比欧Ⅳ更小,特别是在NO$_x$以及非甲烷碳氢(NMHC)方面有更严格的限制。为达到欧Ⅴ的排放标准,一般在欧Ⅳ净化方案的基础之上采用可变气门正时技术(VVT),其典型的净化方案示意图如图9-5所示。

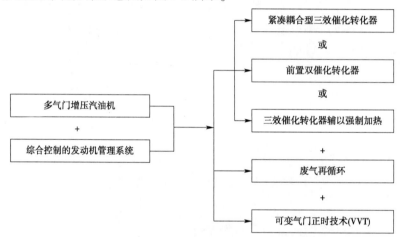

图9-5　达到欧Ⅴ排放标准的汽油车净化方案示意图

第二节　柴油车排放污染物一般净化方案

柴油发动机排放物中的HC、CO含量很低,一般只有汽油发动机的几十分之一,其NO$_x$排放量与汽油机大致处于同一数量级,但柴油机的微粒排放量相当高,约为汽油机的30~80倍。因此,柴油车排放主要控制NO$_x$和微粒的排放量。为达到欧Ⅱ排放标准,采用涡轮增压中冷和高压喷射减少微粒,有的采用电子控制喷油,有的仍用机械控制。典型的欧Ⅱ净化方案如图9-6所示。

图9-6　达到欧Ⅱ排放标准的柴油车净化方案示意图

为达到欧Ⅲ排放标准,柴油车需采用电子控制,喷油压力要更高,且每循环多次喷射。其技术方案应有高压共轨或泵喷嘴喷射系统;采用多气门和可变喷嘴涡轮增压中冷以进一步降低微粒的排放。采用微粒捕集技术和NO$_x$净化技术可进一步分别减少微粒和NO$_x$排放,典型的欧Ⅲ净化方案示意图如图9-7所示。

为满足欧Ⅳ排放标准,柴油车一般在欧Ⅲ净化方案的基础上,与多级中冷废气再循环、选择性催化还原、微粒捕集器等技术中的一种或多种相结合,再加上先进的电控技术,可有效降低 NO_x 和微粒,使柴油车达到欧Ⅳ排放标准。其典型的净化方案示意图如图9-8所示。

为了满足欧Ⅴ排放标准的要求,在欧Ⅳ净化方案的基础上,需要进一步对发动机燃烧进行优化。同时,由于更为严格的 NO_x 排放限值,单一排气后处理技术已不能满足要求,采用复合后处理技术能更为有效地降低柴油机排放(图9-9)。复合后处理技术目前最常用的方式是选择性催化还原、微粒捕集器、氧化催化转化器三种技术相结合。

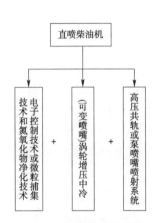

图9-7 达到欧Ⅲ排放标准的柴油车净化方案示意图

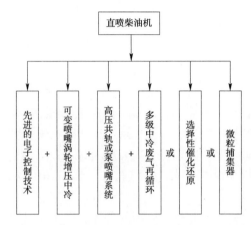

图9-8 达到欧Ⅳ排放标准的柴油车净化方案示意图

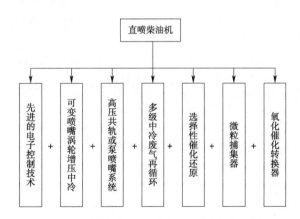

图9-9 达到欧Ⅴ排放标准的柴油车净化方案示意图

为满足规定的排放限值,除采取上述各种措施外,还要求使用无铅低含硫量的燃油。对于柴油机,欧Ⅱ标准要求使用含硫量0.05%的柴油,欧Ⅲ标准要求使用含硫量0.02%的柴油,欧Ⅳ标准要求使用含硫量0.0055%的柴油,欧Ⅴ标准要求使用含硫量0.0010%的柴油。

为满足日趋严格的排放法规的要求,各汽车公司、高等学校和科学研究院所必须加速开发新产品,采取有效的机内、机外净化措施,有效控制发动机的废气排放,同时对于石油和化工等其他产业也应采取有效措施。只有各相关行业共同努力,才能不断提高大气质量,改善人类生存环境。

第三节 新能源汽车技术

新能源汽车包括混合动力汽车(HEV)、纯电动汽车(EV)、燃料电池电动汽车(FCEV)、氢动力汽车以及其他新能源(如天然气、二甲醚、太阳能等)汽车。

一、混合动力汽车

1.混合动力汽车发展概况

20世纪90年代以来,世界各国对环保的呼声日益高涨,电动汽车脱颖而出。虽然人们普遍认为未来是电动汽车的天下,但是目前的电池技术问题阻碍了电动汽车的发展。由于一般电池的能量密度与汽油相差极大,远未达到人们的要求,所以若在十年内燃料电池技术没有重大突破,电动汽车将无法取代燃油发动机汽车。在这种情况下,"准绿色"的新型产品——混合动力型汽车登上了历史舞台。

所谓混合动力汽车(HEV)是将一种或多种的能量转换技术(如发动机、燃料电池、发电机、电动机)和一种或多种能量存储技术(如燃料、电池、超级电容器、飞轮)集合于一体。这种混合动力装置既发挥了发动机持续工作时间长、动力性好的优点,又利用了电动机无污染、低噪声的长处,两者"并肩战斗",取长补短,汽车的热效率可提高10%以上(对于城市公交车辆热效率可提高30%左右),废气排放可改善30%以上。

混合动力汽车在发达国家已经日益成熟,有些国家已经进入实用阶段。20世纪90年代以来,在各国政府的支持下,国外各知名汽车公司均投入巨资开始进行电动汽车和混合动力汽车实用车型的研制和开发。很多公司采用了包括现代电子、精密机械、控制技术、新型材料甚至航天技术在内的各种高新技术,使不少样车的主要动力性指标达到了燃油汽车的水平。1997年10月,全球首辆商业性混合动力型汽车"PRIUS"由日本丰田公司研制成功。随后,通用、福特等公司也推出了相应的混合动力汽车产品。

20世纪90年代起,我国开始电动汽车和混合动力汽车的研制,也取得了一定的进展。1998年,清华大学与厦门金龙公司合作研制了混合动力客车。目前,东风、奇瑞等汽车公司的"863计划"电动汽车重大项目也取得了可喜的成绩。

随着各国汽车排放法规的日趋严格,混合动力汽车性能的日益提高以及其成本的不断降低,混合动力汽车的市场份额将逐渐增大,成为近些年来重点发展的新型汽车。

2.混合动力汽车的类型和控制策略

先进的驱动技术是混合动力汽车取得成功并实现其优越性的关键。混合动力汽车是将电力驱动和辅助动力单元(Auxiliary Power Unit,简称APU)合用到一辆汽车上。这个辅助动力单元通常采用一台发动机或动力发电机组。一方面,发动机始终在最佳工作点上驱动发电机或直接驱动汽车,排放少、效率高;另一方面,蓄电池又可得到发电机的不断补充充电,从而在减小蓄电池容量和体积的同时提高了汽车最高速度,加大了续驶里程,延长了蓄电池的使用寿命。根据动力系统的连接方式,目前开发研制的混合动力汽车基本上可分为三类,即串联式、并联式和混联式等。

1)串联式混合动力汽车

这种系统更接近于电动汽车,它由燃油发动机、发电机、电池和电动机等动力装置以串联方式连接组成。在这种系统中,一台小型的燃油发动机直接驱动发电机发电,电能被储存于蓄电池或传给电动机以驱动车轮。负荷小时由电池驱动电动机带动车轮转动;负荷大时则由发动机带动发电机发电驱动电动机;车辆制动或减速时,电动机把驱动轮的动能转化为电能,并通过功率变速器给蓄电池充电。

串联式 HEV 动力传动系的组成,如图 9-10 所示。这种类型车能以超低排放模式工作。由于串联式 HEV 动力传动系中的发动机与汽车驱动轮之间无机械连接,具有独立于汽车行驶工况对发动机进行控制的优点,适用于市内常见的频繁起步、加速和低速运行工况,可使发动机稳定于高效区或低排放区附近工作。但串联式 HEV 动力传动系的综合效率较低,这是因为发动机输出的机械能由发电机转化为电能,再由电动机将电能转化为机械能用以驱动汽车,途经二次能量转换,中间必然会伴随着能量的损失。

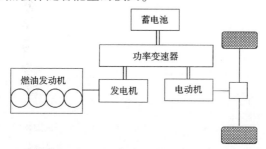

图 9-10 串联式 HEV 动力传动系示意图

2)并联式混合动力汽车

并联式 HEV 动力传动系的组成如图 9-11 所示。这种系统更接近传统意义上的燃油汽车,此系统的发动机和电动机是并列连接到驱动桥上的。汽车行驶时,发动机与电动机可以分别独立或共同向汽车驱动轮提供动力。并联式混合动力汽车主要由燃油发动机提供动力,动力性较好。其驱动系统控制较复杂,电池总容量仅是串联式的 1/3,能量传递损失小。但由于发动机与汽车驱动轮间有直接的机械连接,发动机运行工况不可避免地要受到汽车具体行驶工况的影响,很难在最佳工作区工作,燃油经济性和排放性能均较串联式差。

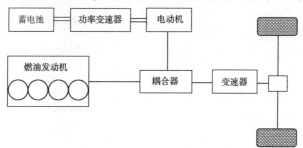

图 9-11 并联式 HEV 动力传动系示意图

综上所述,并联式 HEV 布置方案由于在传动系组成及控制方面更接近于传统汽车传动系,并且所需的电动机功率较小,电池组数量少,整车的价位也较低。更可贵的是,并联式 HEV 可采用传统车用发动机,从而可把传统车用发动机的最新研究成果应用到混合动力汽车上,节省了研发资金,目前这种结构的传动系应用比较广泛。

3)混联式混合动力汽车

典型的混联式 HEV 动力传动系布置方案简图如图 9-12 所示,在该系统上既装有电动机又装有发电机,具备了串、并联结构各自的特点。这种系统包括两条能量传递路线:一是机械能传递路线,发动机输出的机械能可通过机械装置直接驱动车轮;二是电能传递路线,发动机输出的机械能通过发电机转化成电能由电动机驱动车轮。同时,电池连接到发电机和电动机之间,可接受充电或提供辅助动力。

图 9-12a)的开关式结构,通过离合器的结合与分离来实现串联分支与并联分支间的相互切换。离合器分离,切断了发动机和发电机与驱动轮的机械连接,系统以串联模式运行;离合器接合,发动机与驱动轮有了机械连接,系统以并联模式运行。图 9-12b)的分路式结构中,串联分支与并联分支都始终处于工作状态,而由行星齿轮传动在串联分支和并联分支间进行发动机输出能量的合理分配。此结构可通过发电机对串联分支实施各种各样的控制,同时又可通过并联分支来维持发动机与驱动轮间的机械连接,最终实现对发动机的转速控制。

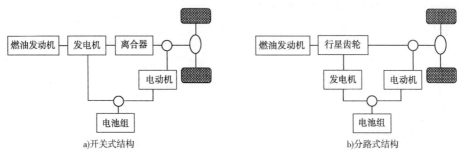

a)开关式结构　　　　　　　　　　　　b)分路式结构

图 9-12　混联式 HEV 动力传动系示意图

混联式 HEV 布置方案综合了串联、并联两种布置方案的优缺点,是一种相对比较完善的动力系统,其电池的体积、质量、成本较低;发动机总是在最高效率下工作,具有很好的燃油经济性和较低的排放,加速性和平稳性也很好。混联式 HEV 控制系统和机械结构最为复杂,技术难度最大,增加了开发和生产成本,不过,随着控制技术和制造技术的发展,现代混合动力汽车更倾向于选择这种结构。

在以上三种方式中,串联式混合动力汽车的污染最小,但是能量在传递过程中损失较大,且对电池的要求较高。并联式混合动力车动力系统的集成度相对较低,主要依赖于发动机提供动力,发动机的运转受工况的影响,因而燃料的经济性较差、排气污染情况相对较大、噪声较大,这不符合混合动力车高效率、低能耗、低污染的基本目标,但由于其具有较好的动力性,曾一度得到各大汽车公司的青睐。丰田公司 1997 年 12 月推出的混联式混合动力汽车 PRIUS 成为混合动力汽车技术发展的一个里程碑。混联式混合动力汽车同样具有良好的动力性而且污染与油耗大大降低,因此,世界各大汽车公司纷纷开始把注意力投向混联式混合动力汽车的研究与开发。这三种方式具体的分类比较见表 9-1。

三类混合动力汽车的比较　　　　　　　　　　　　　　　　　表 9-1

方式	控制系统	电池	能量传递效率	燃油发动机工作效率	环境污染	其他
串联式	控制系统结构比较简单,控制方法简便,只要根据蓄电池充电状态决定其运行或停止	对电池要求较高,容量大,增加了电池和汽车重量以及制造成本	动力传递过程中,存在能量转换的损失,降低了能量利用率	发动机的工作不受汽车行驶工况的影响,总在最佳工况下工作,具有较好的燃油经济性	污染最小	每一动力装置的功率均等于汽车要求的总功率,设备规模较庞大,增加了车辆的成本及机构布置的难度

方式	控制系统	电池	能量传递效率	燃油发动机工作效率	环境污染	其他
并联式	动力控制系统及机械切换系统相对较复杂	总容量比串联式小（约为1/3），对蓄电池的峰值功率要求较低	动力直接传到车轮上，中间环节少，比串联式有更高的能量效率	主要动力还是来源于燃油发动机，但燃油发动机工作范围大，效率较低	污染和噪声较大	结构简单，可把传统车用发动机的最新研究成果应用到混合动力汽车上，节省了研发资金
混联式	机械传动系统及控制系统最为复杂	对电池的依赖小，甚至可以不需外置充电系统	较高	发动机的工作不受汽车行驶工况的影响，总是在最高效率状态下运转，具有很好的燃油经济性	比并联小	发动机和电动机均可较小。动力系统可根据不同工况选用不同的动力驱动方式，充分利用两套动力装置的优点

3. 混合动力汽车需要解决的关键技术问题和面临的挑战与机遇

混合动力汽车要进入实用化，需要具备高比能量和高比功率的能量存储装置，低成本、高效率的功率电子设备和燃料经济性高、排放低的高效发动机。所要解决的关键技术问题主要涉及以下方面。

1) 混合动力单元技术

混合动力汽车的动力可以同时来自热力发动机和电动机。在混合动力汽车上，发动机又被称为混合动力单元，与传统汽车发动机相比，其作用发生了变化。在并联混合动力汽车上，混合动力单元通过传动轴驱动车轮，同时电动机也承担一部分动力的功能，因而使得混合动力单元能够采用尺寸更小、效率更高的发动机；在串联混合动力汽车上，混合动力单元驱动一台发电机产生电能，由于汽车的行使与发动机没有直接的联系，因此混合动力单元也能够采用小型高效的发动机，且其运行工况可以固定于较小的高功率和低排放区。

混合动力汽车的主要目标就是降低排放，所以，控制混合动力单元的排放将是今后研究的重点。目前对混合动力单元的研究主要集中在三个方面：一是燃烧系统的优化，通过研究燃料与空气混合物的点燃和燃烧的过程，探究 HC、CO、NO_x 以及微粒的形成机理，从而改进燃烧系统；二是尾气处理技术，主要研究高效的尾气催化系统和过滤系统；三是代用燃料的研究。

从目前的研究表明，直喷式柴油发动机将是首选的混合动力单元。柴油发动机已日趋小型化，同时，采用先进的共轨式喷油系统，降低了微粒(PM)和 NO_x 排放、改善了热效率和低温排放污染等，在性能上已经有了很大的提高。

2) 能量存储技术

目前运用于混合动力汽车上的能量储存装置主要还是高能蓄电池。除此之外，虽然超级电容器、飞轮电池等新型能量储存装置也在研究开发，但是近期最有希望进入实用化的还是高能蓄电池。

目前，镍氢电池和锂离子电池技术较成熟，已达到混合动力汽车的使用要求。从发展看，能量储存装置的研究应该包括以下内容：一是研究电池内部的连接、检测、监控以及便于将整个电池子系统安装在汽车上的支撑机构；二是电池设计和制造方面的改进，降低制造成本，改善电池的性能和提高使用寿命；三是电池的热能管理及剩余电量管理。由于电池的工作温度不可能覆盖汽车运行的工作温度范围，为了保证电池系统的统一，减少各电池单元之间的不平衡，所以需要一个有效的热能控制管理系统。此外，电池的剩余电量直接影响混合动力汽车的经济性和排放，因此需要有效的测试方法和控制装置。

在混合动力汽车中，能量储存装置的作用已发生了质的变化，有时也称之为载荷调节装置，这就是它的真正作用所在。在混合动力汽车中，提供整车行驶所需的动力最终依然来源于使用高能量密度化学燃料的发动机或燃料电池，荷载调节装置引进的目的是通过它的调节作用来达到提高燃油经济性和减少排放的目的。由于混合动力汽车的最终能量来源依然是化学燃料，所以它不像纯电动汽车那样需要建设大规模的配套基础设施来满足其普及的要求，现有的加油站系统无须作任何的改进即可适用。

3）汽车集成电力电子模块技术

混合动力系统的精确运转依赖于优化控制的实现，控制系统的开发是混合动力系统的最关键的技术创新。控制系统要能够根据采集到的速度和负荷等数据，计算出以最高效率为基点的分配到发动机与电动机上的功率值，即实现发动机与电动机的最优耦合功率分配比。为了满足汽车高速开关控制的要求，混合动力汽车还需具有高功率密度、低损耗的开关、电容和电感等器件。同时，混合动力汽车还要设有一些分立装置，例如专用的集成电路、模拟和数字集成电路以及其他功率电子装置。混合动力汽车对智能化的要求导致其控制的复杂性，因此要求控制装置采用高速运行的半导体芯片，其功率密度高，散热性能也较好。

在混合动力汽车进入实用化的过程中，一个关键性的部件是汽车集成电力电子模块。它采用现代电子集成技术，将复杂的电力电子系统集成在一个单一封装内，能够供给汽车大约100kW 的功率，其功率范围为 10～100kW。该模块能够实现对整车的控制，例如，控制电动机功率的输入和输出、发动机的输出功率和能量储存系统的离合，同时还能控制再生制动能量的回收与释放，确定电池的充电状态、判断是否对电池充电以及优化控制发动机的起动以减少排放。

混合动力汽车在现有技术的基础上达到了提高燃油经济性和减少排放的目的，因而极具发展前景。在美、日和欧洲各国下一代汽车开发计划中，混合动力汽车处于战略发展的位置。混合动力汽车使人们看到了在短期内大幅提高燃油经济性和减少排放的可能性。

混合动力汽车正在改变着汽车产品的结构和构成，已经走向市场化。

二、纯电动汽车

纯电动汽车（EV）又称为蓄电池电动汽车，是一种仅采用蓄电池作为储能动力源的汽车。电动汽车无排气尾管，在不考虑生产电池和电能的排放时，它属于零排放汽车。电池通过功率变换装置向电动机提供电能并驱动其运转，电动机经传动装置带动车轮旋转从而推动汽车运动。纯电动汽车主要由蓄电池、电池管理系统、驱动电动机和驱动系统、车身和底盘以及安全保护系统等构成。

现代电动汽车驱动系统由三个主要的子系统组成：电动机驱动子系统、能量子系统和辅助子系统。电动机驱动子系统由车辆控制器、电力电子变换器、电动机、机械传动装置和驱动轮组成；能量子系统包含能源、能量管理单元和燃料供给单元；辅助子系统由功率控制单元、车内环境控制单元和辅助电源组成，如图9-13 所示。

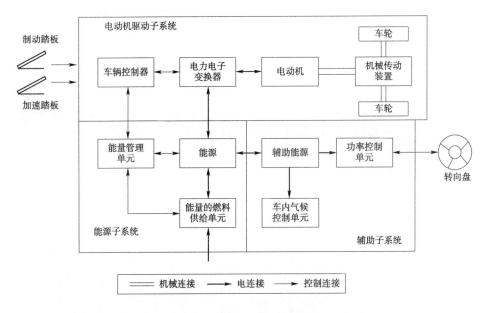

图 9-13 电动汽车驱动系统示意图

基于来自加速踏板和制动踏板的控制输入,车辆控制器向电力电子变换器给出控制信号。大多数电动汽车蓄电池组、超级电容器组以及飞轮组都具有接收再生能量的能力。能量管理单元与车辆控制器相配合,控制再生制动及制动能量的回收,并监控能源的使用性能。辅助电源为所有的电动汽车辅助设备,尤其是车内环境控制和功率控制单元,提供不同电压等级所需的功率。

1. 纯电动汽车的驱动模式

纯电动汽车是完全用电动机取代发动机驱动的,而电动机驱动与发动机相比有两大技术优势。第一,由于发动机能高效产生转矩时的转速被限制在一个较窄的范围内,为此需要通过庞大而复杂的变速机构来适应这一特性。而电动机可以在相当宽广的速度范围内高效的产生转矩,其调速性能指标(可达 1:20000)远高于汽车行驶要求。第二,电动机实现转矩的快速响应性指标要比发动机高出两个数量级,若发动机的动态响应时间是 500ms,则电动机只需5ms。由于按常规来说,电气装置执行的响应速度都要比机械机构快几个数量级,因此随着计算机电子技术的发展,用先进的电气控制来取代庞大而响应滞后的部分机械及液压装置已成为技术进一步发展的必然趋势。

由于纯电动汽车是单纯用蓄电池作为驱动能的汽车,存在能量不充足特点,因此需要采用合理的驱动结构布局来充分发挥电动机驱动的优势。目前,电动汽车的驱动结构布局主要有四种典型结构,如图 9-14 所示。

1) 传统驱动模式

传统驱动模式如图 9-14a)所示,它由传统汽车的驱动模式演变而来,即由电动机代替发动机,仍采用燃油汽车的传动系统,由离合器、变速器、传动轴和驱动桥等构成。与传统汽车类似,也有电动机前置、驱动桥前置(F-F),电动机前置、驱动桥后置(F-R)等各种驱动模式。其结构复杂、效率低,不能充分发挥电动机驱动的优势。其工作原理类似于传统汽车,离合器用来切断或接通电动机到车轮之间传递动力的机械装置,变速器是一套具有不同速比的齿轮机构,驾驶人按需要来选择不同的挡位,在低速时,车轮获得大转矩低转速;而在高速时,车轮获得小转矩高转速。由于采用了调速电动机,其变速器可相应简化,挡位数一般有两个。这种模式主要用于早期的电动汽车,省去了较多的设计,适用于对原有汽车的改造。

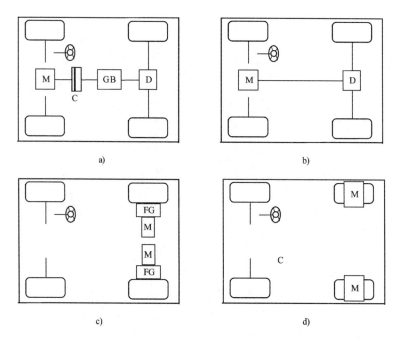

图 9-14 电动汽车驱动结构

C-离合器;GB-变速器;D-差速器;M-电动机;FG-固定速比减速器

2)电动机驱动桥组合式驱动模式

如图 9-14b)所示,在电动机端盖的输出轴处安装减速齿轮和差速器等,电动机、减速器、驱动桥的轴相互平行,一起组合成一个驱动整体。它通过固定速比的减速器来放大电动机的输出转矩,因而没有可选择的变速挡位,所以就省掉了离合器。这种机械传动机构紧凑,传动效率较高,便于安装。但对电动机的调速性能要求较高。按传统汽车的驱动模式来说,它可以有电动机前置、驱动桥前置(F-F)或电动机后置、驱动桥后置(R-R)两种方式。它具有良好的通用性和互换性,便于在现有的汽车底盘上安装,使用和维修也较方便。

3)电动机驱动桥整体式驱动模式

如图 9-14c)所示,整体式驱动系统有同轴式和双联式两种。同轴式驱动系统的电动机轴是一种特殊制造的空心轴,在电动机左端输出轴处的装置有减速齿轮和差速器,再由差速器带动左右半轴,左半轴直接带动,而右半轴通过电动机的空心轴来带动。

双联式驱动系统由左右两台永磁电动机直接通过半轴带动车轮,左右两台电动机由中间的电控差速器控制。所以汽车转弯时,前一种采用机械式差速器;后一种由电控式差速器来实现。同样,它在汽车上的布局也有电动机前置、驱动桥前置(F-F)和电动机后置、驱动桥后置(R-R)两种驱动模式。该电动机驱动桥构成的机电一体化整体式驱动系统,具有结构更紧凑、传动效率高、质量轻、体积小的特点,而且还有良好的通用性和互换性。

4)轮毂电动机分散驱动模式

如图 9-14d)所示,轮毂式电动机直接装在汽车车轮里,它主要有两种结构:一种是内定子外转子结构,其外转子直接安装在车轮的轮缘上。由于不通过机械减速,通常要求电动机为低速转矩电动机;另一种就是用一般的内转子外定子结构,其转子作为输出轴与固定减速比的行星齿轮变速器的太阳轮相连,而车轮轮毂通常与其齿圈相连,它能提供较大的减速比来放大其输出转矩。采用轮毂电动机驱动可大大缩短从电动机到驱动车轮的传递路径,不仅能腾出大量的有效空间用于总体布局,而且对于前一种内定子外转子结构,也大大提高了对车轮的动态响应控制性能。每台电动机的转速可独立调节控制,便于实现电子差速,既省去了机械差速器,也有利于提高汽车转弯时的操控性。轮毂电动机分散驱动在汽车上的布置方式有:双前轮驱动、双后轮驱动和四轮驱动几种模式,其中四轮驱动具有更好的通用性。由于电动机的动态响应速度远高于发动机加机械传动系统的响应时间,因此可较容易地实现传统高档轿车难以实现的控制功能,而机电一体化更有利于对汽车的结构布局。轮毂式电动机分散驱动模式应是未来电动汽车驱动的发展方向。

2. 纯电动汽车能量总成控制技术

纯电动汽车使用电动机作为动力,用蓄电池作为能量储存单元。由于蓄电池的能量密度和功率密度比燃油低很多,因此纯电动汽车的续驶里程有限。近年来高性能动力电池,如锂离子动力电池的研究取得很大进展,但由于还未大规模生产,其成本较高,目前主要运用于小型车、短途的社区交通。为了提高车辆的能量利用率、延长续驶里程,迫切需要优化管理整车的能量。

能量管理系统具有以下几项功能:优化系统的能量分配;预测电动汽车电池的荷电状态(State of Charge, SOC)和相应的续驶里程;再生制动时,合理地调整再生能量;提供最佳的驾驶模式;根据车辆的行驶气候条件,调整其温度控制方式;根据外部光照条件,自动调节电动汽车的灯光照明强度;分析电源尤其是蓄电池的工作历史;诊断电源错误的工作模式和有缺陷的部件。其中,能量管理策略的设计、电池 SOC 预测和再生制动能量回收是目前纯电动汽车能量管理研究中的热点和关键技术。

1) 纯电动汽车能量管理策略

传统纯电动汽车中,蓄电池作为唯一的能量源,承担着车辆的全部功率负荷,这种结构决定了只需设计简单的能量管理策略即可实现能量的分配。而现有的能量管理策略大都是针对采用发动机和电动机的混合动力电动汽车,这种混合动力电动汽车只是由传统燃油汽车向纯电动汽车和燃料电池汽车过渡的中间产品。世界各国发展电动汽车的中长期目标都是采用化学电池或燃料电池的零排放电动汽车(无内燃机)。尽管锂电池技术近年来日趋成熟,但仍不能从根本上解决车辆续驶里程短、加速性能不佳的问题。目前国内外兴起的新型能量存储形式电池——超级电容器,可以很好地满足电动汽车对能量存储和瞬时大电流的需求。然而这种能量存储并联单元的工作特性与采用发动机和电动机的混合动力系统有很大区别,因此,需要在结合目前已有的混合动力汽车能量管理策略研究成果的基础上,研究这类系统的能量优化管理策略。

2) 电动汽车动力电池 SOC 估计方法

动力电池作为电动汽车的主要能量源,它的 SOC 是能量管理系统中最重要和最基础的参数之一。美国先进电池联合会(United States Advanced Battery Consortium, USABC)在其《电动汽车电池实验手册》中定义 SOC 为:在一定放电倍率下,电池剩余电量与相同条件下额定容量的比值。电池的 SOC 估计方法有四个方面的作用:根据电池的 SOC 值,可以识别电池组中各电池间的性能差异,并依此进行均衡充电,以保持电池性能的均匀性,最终达到延长电池寿命的目的;避免电池出现过放电、过充电;能量管理策略根据准确的 SOC 值进行合理的能量分配,从而更有效地利用有限能量;预测车辆的剩余行驶里程。

三、燃料电池汽车

燃料电池汽车（FCEV）通过氢气和空气中的氧气进行电化学反应来产生电，驱动车辆。燃料电池的燃料是氢和氧，生成物是清洁的水，它本身工作不产生 CO 和 CO_2，也没有硫和微粒排出。与传统汽车相比，燃料电池的能量转化效率高达 60% ~ 80%，为发动机的 2~3 倍。氢气可以来自天然气、甲醇、生物质、太阳能以及化工厂的伴生气等，从能源的利用和环境保护方面看，燃料电池汽车是一种理想的车辆。

发展燃料电池汽车的困难在于燃料（氢气）储存、燃料电池的尺寸以及高昂的生产成本、高性能的质子交换膜和复杂的控制系统。同时它还必须有电池用于冷起动、暖气和在加速时增加功率输出。

1. 燃料电池电动汽车驱动系统的基本结构

目前的燃料电池电动汽车主要采用的是混合驱动方式，即在燃料电池的基础上，增加了一组电池或超级电容作为另一动力源。

燃料电池电动汽车动力系统的基本结构如图 9-15 所示。燃料电池组发出的电力经 DC/AC 逆变器后进入电动机，驱动汽车行驶或向蓄电池充电，当汽车行驶需要的动力超过燃料电池的发电能力时，蓄电池也参加工作，共同驱动汽车行驶。

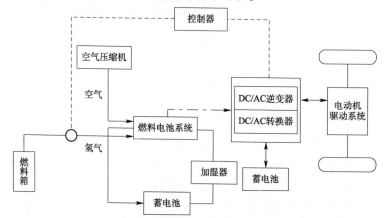

图 9-15　燃料电池电动汽车动力系统基本结构

2. 燃料电池电动汽车的驱动类型及其特点

燃料电池电动汽车的驱动类型可分为：纯燃料电池驱动（PFC）、燃料电池和辅助蓄电池联合驱动（FC + B）、燃料电池和超级电容联合驱动（FC + C）、燃料电池加辅助电池加超级电容联合驱动（FC + B + C）四种结构。

1）纯燃料电池驱动（PFC）

纯燃料电池电动汽车驱动系统结构如图 9-16 所示。

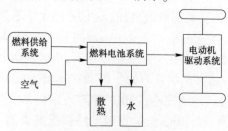

图 9-16　纯燃料电池驱动系统结构图

这种结构的优点有:改善超载能力;控制方案简单。同时,它主要存在的问题有:由于燃料电池的功率很大,导致燃料电池制造成本上升及整车质量增加,引起整车消耗的能量和功率增加;尽管燃料电池系统效率较高,但燃料电池系统的氢气消耗量会增加,进而增加整车单位里程消耗的燃料,增加使用成本;燃料电池系统的动态响应和可靠性难以满足车辆的要求;系统无法实现制动能量的回收。

这种系统结构简单,由于燃料电池的功率需要满足所有行驶工况的要求,其数值会很大,而大功率的燃料电池在制造方面存在较大难度,所以采用单一燃料电池结构的燃料电池电动汽车逐渐减少。

2)燃料电池和辅助蓄电池联合驱动(FC + B)

燃料电池和辅助蓄电池联合驱动是一种比较流行的结构。这种驱动结构由于蓄电池组的存在减轻了燃料电池系统的压力,汽车对燃料电池功率密度和成本的要求没有纯燃料电池驱动结构高。该驱动结构如图9-17所示。

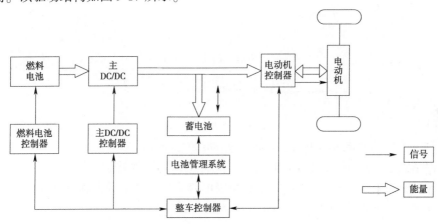

图9-17　FC + B 驱动系统结构图

这种结构在燃料电池驱动模式上增加了一组蓄电池和一个 DC/DC 变换器。燃料电池输出的功率经过转换和控制直接输入到电动机驱动车轮。当需求功率过大时,蓄电池起辅助作用;当车辆制动时,蓄电池可以回收部分制动能量,所有工况下蓄电池的工作均由电池管理系统统一管理。在这种结构中,燃料电池作为主动力源提供持续功率,蓄电池组的功能是回收汽车制动能量,在汽车起动、加速、爬坡的过程中提供补充能量。

此结构的主要优点有:相对减少了对燃料电池的功率要求;燃料电池系统起动容易;假如燃料电池出现故障,蓄电池仍可工作,系统的可靠性高;可以回收制动能量。

3)燃料电池和超级电容联合驱动(FC + C)

这种驱动模式在燃料电池的基础上增加一个超级电容,其中一个明显特点就是用超级电容代替了蓄电池,完全摒弃了寿命短、成本高、使用要求复杂的电池。近年来出现的 FC + C 型燃料电池电动汽车还处于研究阶段,其结构如图9-18所示。

这种混合驱动结构应用燃料电池作为主动力源提供持续功率,超级电容器作为辅助动力源提供峰值功率。该驱动系统增加了一个大功率 DC/DC 变换器和一个小功率的辅助 DC/DC 变换器,燃料电池和超级电容的输出功率通过它们进行匹配以共同驱动电动机工作。由于燃料电池能输出功率,故制动时的能量回收由超级电容来完成。

这种结构的优点有:由于超级电容器既能快速充电又能快速放电,所以可以利用超级电容器迅速高效的回收制动时产生的再生能量;超级电容有负载均衡作用,放电电流减少从而使电池的利用能量、循环寿命得到提高,降低了使用成本;FC + C 结构控制简单,解决了汽车冷起动和加速爬坡的难题,能充分发挥超级电容的优势。但是,超级电容存储的能量有限,即比能量极低,只能提供持续大约 1min 的峰值功率。

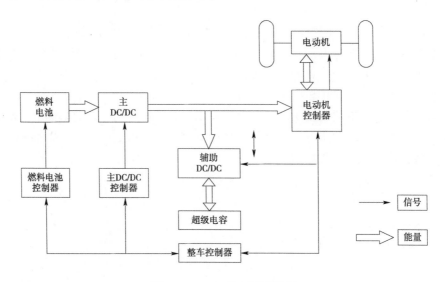

图 9-18　FC + C 驱动系统结构图

4)燃料电池加辅助电池加超级电容联合驱动(FC + B + C)

在这种结构中,可以由燃料电池单独或与蓄电池共同提供持续功率,而且在车辆起动、爬坡和加速等工况需求峰值功率时,蓄电池和超级电容可以单独或共同提供这部分功率,使能量分配更趋合理。系统结构如图 9-19 所示。

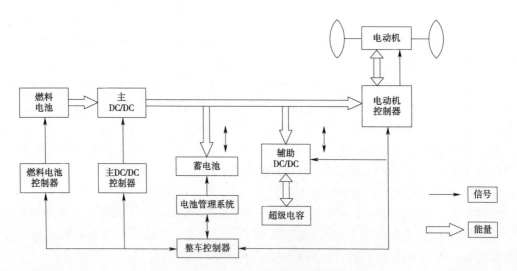

图 9-19　FC + B + C 驱动系统结构图

其特点就是在 FC + B 的基础上,在电压总线上再并联一组超级电容,它可以提供加速所需的尖峰电流或吸收紧急制动的尖峰电流。超级电容的功率密度大,充放电效率高,接受快速大电流充电能力强,能够保护蓄电池防止过充。

这种结构的优点有:可以进一步降低对燃料电池和蓄电池的功率要求;在寒冷环境下,当

162

蓄电池不能产生足够大的电流驱动车辆时,蓄电池可以对超级电容器进行小电流充电,让超级电容器提供足够的起动功率,这样可以减少蓄电池的数量和单个电池的容量,减轻蓄电池的负担;再生制动时,超级电容器接收回馈能量,减少蓄电池的充放电次数,延长蓄电池的使用寿命。但这种结构很复杂,整车控制难度也很大,它的控制策略比较复杂。

3. 燃料电池电动汽车能量管理系统

1)车载三种能源的比较

燃料电池作为主能源,持续输出功率大,但是由于输出特性偏软,故要通过 DC/DC 转化器转换为稳定的直流高压输出;镍氢电池作为主要的辅助能源,动力性好,能瞬间输出大电流,并且可以提供燃料电池起动所需能量;由于镍氢电池瞬间输出大电流能力有限,而且过大的放电电流会导致电池性能的大大恶化,尤其重要的是其充电电流过大会降低电池的寿命,故配置超级电容,其能量可以通过副 DC/DC 变换器控制,这样在大电流输出阶段,超级电容可以和镍氢电池一并输出大电流,更为关键的是在再生制动阶段,超级电容可以回收大电流,减小对镍氢电池的损害。

2)动力总成控制系统

燃料电池电动车动力总成控制系统结构如图 9-20 所示。系统由驾驶人意图识别、整车模糊控制器、能量管理模块、燃料电池发动机及其 DC/DC、超级电容及其 DC/DC、镍氢电池、电动机控制器等构成。动力总成控制系统的核心包括整车控制及能量管理系统。

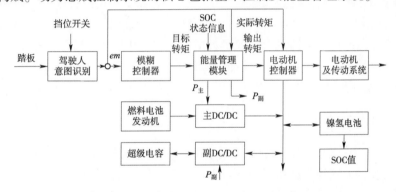

图 9-20　燃料电池电动汽车动力总成控制系统结构图

能量管理模块的输入量为镍氢电池 SOC 值、燃料电池及超级电容等状态信息、电动机控制器回馈的实际转矩以及整车控制策略输出的目标转矩等。而其输出控制量为:主 DC/DC 的输出功率 $P_{主}$、副 DC/DC 的输出功率 $P_{副}$ 以及输出给电动机控制器的输出转矩。为禁止燃料电池发动机母线功率回流,设计中主 DC/DC 的输出功率为单向,而主管超级电容的副 DC/DC 则为双向。

3)能量管理策略

多能源能量管理系统一方面要使三种能源在合适的工作模式下工作,同时还要实现整车能量效率的优化控制。根据镍氢电池 SOC 值及汽车目前所处的运行模式可确定当前三种能源的工作状况。

燃料电池的自身机理及辅助系统响应的滞后性决定了输出功率不适应频繁变化,故目前燃料电池车能量管理策略的核心是减弱燃料电池发动机的动态过程,延长其寿命。根据整车当前状态及电动机系统输出转矩等信息对燃料电池发动机输出功率进行预测调节,可在电动机系统大功率输出时提前增加负责燃料电池发动机输出功率的主 DC/DC 的输出,这样可大大提高整车的动力性,同时可以保护燃料电池和辅助能源。

第四节　其他新能源汽车技术

一、燃气汽车

　　近年来,由于燃气汽车的众多优点,逐渐被各国政府认定为当前最理想的可替代燃料汽车,并且在应用与运营方面比较成功。与燃油汽车相比,天然气汽车的使用成本较低;与电动汽车相比,天然气汽车的续驶里程长。因此燃气汽车是目前最具有推广价值的低污染汽车。

　　燃气汽车根据使用燃料及其使用形态不同可分为:液化石油气汽车和天然气汽车,而天然气汽车又可分为三类:液化天然气汽车(LNGV)、压缩天然气汽车(CNGV)和吸附天然气汽车(ANGV)。目前,液化石油气汽车由于改装容易、适应性好,比天然气汽车发展更快。

　　燃气汽车的主要特点有:发热量低;排放污染少;改装容易;发动机寿命长;抗爆性、燃烧率、低温起动性及运行平稳性等许多性能都有所提高;燃气汽车比燃油汽车更安全。

　　目前,燃气汽车的研究主要集中在两个方向上,即燃料供给系统的开发和发动机工作过程的优化。其中如何控制燃料的供给量即空燃比和混合气量是研究焦点。国外对燃气供给系统的研究已经经历了混合、电控混合和电控气体喷射三个阶段。我国目前改装较多的是机械气化混合系统,正在向电控混合系统(装有三效催化转化器)过渡。国内已经研制出机械式燃气系统,对气体喷射也进行了柴油机上的双燃料试验研究。从排放和节能的角度看,燃气汽车的发展方向应是采用闭环电控喷射加三效催化转化的、天然气单一燃料汽车和采用缸内喷射加稀薄燃烧技术的柴油天然气双燃料汽车。

二、生物乙醇汽车

　　乙醇作为可再生资源,替代一部分汽、柴油制得车用醇类燃料,有助于缓解汽、柴油供应紧张的局面,且能改善大气的污染状况。从机理讲,燃料乙醇热值比汽油热值低,会使动力性能下降。但因乙醇中的氧,将原汽油中不能完全燃烧的部分充分燃烧,从而使功率上升。两者相抵,总体持平或略有下降。据中国汽车研究中心所作的发动机台架试验和行车试验结果表明,使用车用乙醇汽油,发动机不需改造,动力性能基本不变,尾气排放中的 CO 和 CH 化合物平均减少30%以上,油耗略有降低。

　　乙醇作为内燃机代用燃料有以下优点:增加汽油中的氧含量,使燃烧更充分,彻底有效地降低了尾气中有害物质的排放;有效提高汽油的标号,使发动机运行平稳;有效消除火花塞、气门、活塞顶部及排气管、消声器部位积炭的形成,可以延长主要部件的使用寿命;乙醇有降低稀释机油的作用,可延长发动机机油的使用时间,减少更换次数;乙醇具有抗爆性能优良的特点,可有效消除发动机工况燃烧不良而引起的爆震现象,减少工况噪声,降低汽车噪声对城市环境的影响。

　　乙醇燃料的生产大部分是以玉米、甜高粱、甜薯、木薯和甘蔗等粮食为原料,随着粮食成本的增加,乙醇的生产必然要受到各种限制。此外,醇类燃料在使用过程中也存在一些问题,如金属腐蚀和供油系统堵塞、橡胶件溶胀、润滑油污染、冷起动困难、易产生气阻及热起动性差等缺点,这些将是今后需要研究和解决的问题。

三、太阳能汽车

太阳能汽车由于其零污染、能源丰富,代表了汽车发展的新水平,被人们称为"未来汽车"。和传统汽车不同,太阳能汽车已经没有发动机、变速器、底盘等构件,而是由太阳能电池(板)、控制器、储电器、电动机等组成。其中,太阳能电池依据所用半导体材料不同,通常分为硅电池、硫化镉电池、砷化镓电池等,最常用的是硅太阳能电池。太阳能汽车借助电池板采集阳光,并产生电流,通过电流驱动电动机,最终驱动车辆行驶,其工作原理如图9-21所示。

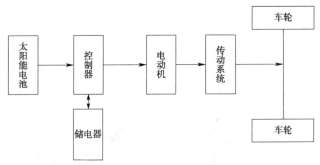

图9-21　太阳能汽车工作原理示意图

太阳能汽车有三种驱动方式:直接驱动式、间接驱动式和混合驱动式。

(1)直接驱动式。太阳能电池(板)产生的电流不经过储电器,直接通过控制器、电动机、传动系统来驱动汽车的车轮行驶。

(2)间接驱动式。太阳能电池(板)产生的电流通过控制器先给储电器充电,当汽车需要行驶时,电流从蓄电池组中流出,通过控制器、电动机、传动系统来驱动汽车的车轮行驶。

(3)混合驱动式。太阳能电池(板)即可以把产生的电流直接驱动汽车行驶,也可以用之前储存在蓄电池组的电能驱动汽车行驶,还可以在汽车行驶过程中给储电器充电。

为了长途行驶或预防连续阴雨天气的需要,在储电器上可增加外接充电接口。

太阳能汽车正在不断地贴近人们的生活,虽然它的发展仍存在着很多技术上的挑战,但不可否认的是在不可再生能源日益匮乏的今天,太阳能汽车将可能是未来新能源应用的佼佼者。

思　考　题

9-1　汽油车与柴油车排放污染物净化方案的异同点有哪些?

9-2　什么叫混合动力? 有哪几种形式?

9-3　试述电动汽车和混合动力汽车的特点及其前景如何?

第十章 汽车排放测试

本章主要介绍 CO、HC、NO$_x$ 和微粒等排放污染物测试仪器的工作原理和测试方法,叙述曲轴箱排放物和蒸发排放物的测试要点。

汽车排放污染物的测试是废气净化研究的重要方面。正确测试汽车有害排放物的含量,是研究汽车有害排放物的形成及其控制技术和装置的重要前提。随着各国汽车排放标准的日趋严格,其排放测试技术也在不断地完善。

汽车排放污染物的浓度一般都低,在排气过程中的废气成分因相互影响而不稳定,采样测量时,样气在进入测试仪器前的管路中有凝聚和吸附现象等。因此,为得到正确的测量结果,就必须要有合理的采集排气样气的取样系统以及具有良好的抗干扰性能和高灵敏度的测试仪器。

第一节 汽车排放污染物取样系统

取样是汽车排放测试的第一环,在不同条件下,需要不同的取样技术。取样方法不同,取样系统也有所不同。取样系统的功能在于使样气经过预处理,以便按一定要求送入分析系统。取样的正确与否对测量结果关系极大。

一般说来,当汽车在不变工况工作时,污染物的排放量可通过排气成分分析仪器测量该成分在排气中的浓度,然后根据汽车的排气总流量来计算求得。当汽车在变工况工作时,虽说在理论上可先测出成分浓度和排气流量随时间的变化曲线,然后再对时间积分计算总量。但实际上由于排气管压力随工况变化而变化,取样系统和测量仪器动态响应滞后不同,以及在输送过程中各工况的样气部分混合,使得浓度曲线不能再现汽车排放的时间特性,造成很大的误差。于是采用通过测量排放平均值的方法来确定总排放量,如把一个标准测试循环中的所有排气收集到气袋里,然后测量浓度和气量,从而算出该循环的总排放量。这种方法需要用很大的气袋来收集排气,很不方便。同时样气在收集过程中可能发生物理和化学变化,导致测量结果失真。

按取样方法分,目前常采用的取样系统有直接取样系统、稀释取样系统和定容取样系统。下面针对每种取样方法并结合取样系统分析它们的特点。

一、直接取样系统

直接取样法是将取样探头插入发动机的排气管中,用取样泵连续抽取一定量气体不经稀释直接送入分析系统进行分析。样气在进入分析仪前,需经过滤、冷凝等处理以除去样气中大的颗粒物和水分,如图 10-1 所示。但常温或者低温时,排气中高沸点的碳氢化合物极易在冷凝器内凝聚成液体,造成测量的误差。为了避免误差,可对管路系统加热,测量汽油机排气中碳氢化合物浓度时要求将采样管路加热到 130℃,而柴油机排气所含高沸点的碳氢化合物较多,要求加热到190℃以上。由于直接取样法设备简单、操作方便,被广泛用于许多国家和地区的各种用途发动机的排放测量中。

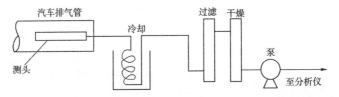

图 10-1　直接采样法流程图

为简化排放测量程序,提高测量精度,总质量大于3500kg的重型车辆排放气态污染物,一般在稳定工况下测量。图 10-2 为适用于重型车辆气态排放物的直接取样分析系统流程图。

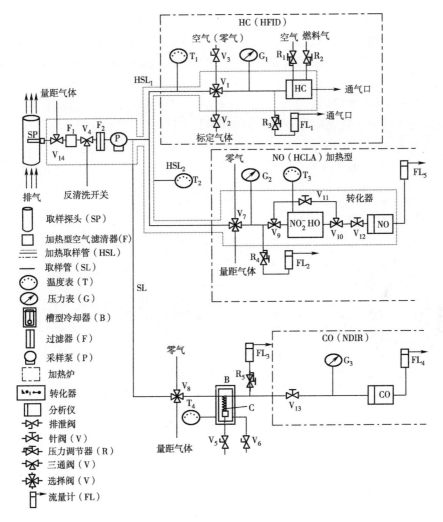

图 10-2　直接取样分析系统流程图

发动机在测功机台架上稳定运行,分析用样气直接从发动机的排气管抽取。因为未经稀释的排气污染物浓度较高,保证了较高的测量精度。采样泵(P)把排气经加热取样管 HSL_1(保温 453～473K)输送到氢火焰离子型检测器(HFID)分析 HC,经加热取样管 HSL_2(保温

167

368～473K)输送到加热型化学发光分析仪(HCLA)分析,另外排气经取样管 SL 输送到不分光红外线吸收型分析仪(NDIR)分析 CO 和 CO_2。为了排除水蒸气对 NDIR 工作的干扰,用温度保持 273～277K 的槽型冷却器(B)来冷却和凝结排气样气中的水分。

取样探头一般为一端封闭、多孔、平直的不锈钢探头,垂直插入排气管内,插入长度不少于排气管内径的 80%。探头处的排气温度不应低于 343K,进行 NG(Natural Gas)发动机测试时,取样探头应安装在距排气歧管或增压器凸缘盘出口 1.5～2.5m 的位置。

二、稀释取样系统

柴油机排气微粒(PM)的测量,首先需要对排气进行稀释,然后再用滤纸取样。稀释的目的是通过低温的稀释空气将排气中可能进行的化学反应终止,模拟汽车尾气排出后被大气稀释的过程。排气被稀释后,部分气态未燃烃会凝结,成为 PM 的一部分。因此,稀释在一定程度上影响柴油机排气 PM 测量的准确性、重复性以及所测的 PM 排放评价指标的可比性。

稀释取样系统根据测试原理的不同,可分为全流稀释取样系统(Full Flow Dilution Sampling System,缩写为 FFDSS)和分流稀释取样系统(Partial Flow Dilution Sampling System,缩写为 PFDSS)。

1. 全流稀释取样系统(FFDSS)

图 10-3 为稀释柴油机全部排气的全流稀释微粒取样系统,它可由初级稀释风道(PDT)和微粒取样系统(PSS)等构成的单级稀释取样(Single Dilution Sampling,缩写为 SDS)系统;也可由初级稀释风道(PDT)和次级稀释取样系统(SDT)组成的双级稀释取样(Double Dilution Sampling,缩写为 DDS)系统。

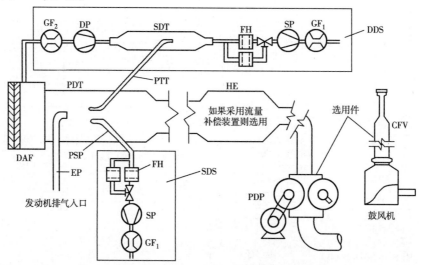

图 10-3　全流稀释取样系统

EP-排气管;PDP-容积式泵;CFV-临界流量文杜里管;HE-热交换器;PDT-初级稀释通道;SDS-单级稀释系统;DDS-双级稀释系统;PSP-颗粒物取样探头;PTT-颗粒物传输管;SDT-次级稀释通道;DAF-稀释用空气过滤器;FH-滤纸保持架;SP-颗粒物取样泵;DP-稀释用空气泵;GF-气体计量仪或流量测定仪

一般说来,排气管(EP)从发动机排气歧管或涡轮增压器出口,到稀释通道的排气管长度不得超过 10m。如果排气管长超过 4m,那么管子超过 4m 的部分都应隔热。隔热材料的径向厚度至少为 25mm,其导热率在温度为 673K 时,不得大于 0.1W/(m·K)。

初级稀释风道(PDT)中应有足够的湍流强度和足够的混合长度,保证取样前柴油机排气管(EP)排出的排气经稀释空气滤清器(DAF)净化的稀释空气混合均匀。单级稀释系统的直径至少为460mm,双级稀释系统的直径至少为200mm。发动机的排气应顺气流引入初级稀释通道,并充分混合。

对仅用于SDS的颗粒物取样探头(PSP)和仅用于DDS的颗粒物传输管(PTT),两者必须逆气流安装在稀释用空气和排气混合均匀的地方(即在稀释通道的中心线上、在排气进入稀释通道点的下游约10倍管径的地方),内径均至少为12mm,不得加热。从PSP探头前端到滤纸保持架的距离不得超过1020mm;从PTT传输管入口平面到出口平面不得超过910mm,颗粒物样气的出口必须位于次级稀释通道的中心线上,并朝向下游。

2. 分流稀释取样系统(PFDSS)

由于全流稀释取样系统设备笨重,占地面积大,测试功耗也大,所以对重型车用柴油机进行稳态测量微粒排放时,可把一部分柴油机排气输入稀释风道的分流稀释取样系统。图10-4为测量重型车用柴油机稳态微粒排放用的分流稀释取样系统。

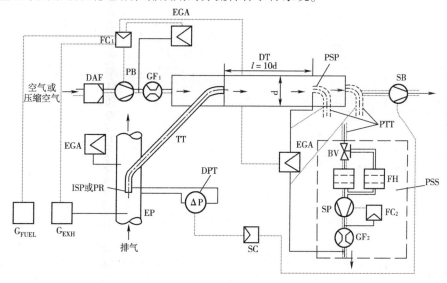

图10-4 分流稀释取样系统

EP-排气管;PR-取样探头;ISP-等动态取样探头;EGA-排气分析仪;TT-颗粒物取样传输管;SC-压力控制装置;DPT-差压传感器;FC$_1$-流量控制器;GF$_1$-气体计量仪或流量测定仪;SB-抽风机;PB-压力机;DAF-稀释用空气过滤器;DT-稀释通道;PSS-颗粒物取样系统;PSP-颗粒物取样探头;PTT-颗粒物传输管;FH-滤纸保持架;SP-颗粒物取样泵;FC$_2$-流量控制器;GF$_2$-气体计量仪或流量测定仪;BV-球阀

柴油机排气管(EP)中的排气通过等动态取样探头(ISP或PR)和颗粒物取样传输管(TT)输送到稀释通道(DT)。通过DT的稀释排气流量用颗粒物取样系统(PSS)中的流量控制器(FC2)和颗粒物取样泵(SP)控制,稀释空气流量用流量控制器(FC1)控制。

三、定容取样系统

现在,世界各国的排放法规大多规定对汽车的排气先用干净空气进行稀释,然后用定容取样(Constant Volume Sampling,缩写为CVS)系统取样。定容取样法实际上是有控制地用周围空气对汽车或者发动机排气进行连续稀释,模拟汽车或发动机排气向大气中扩散的实际过程,然后从稀释的排气中等比例抽取混合均匀的稀释排气到取样袋中,试验结束后测试气袋中污染物的平均浓度,然后根据总的稀释流量,计算出污染物的排放量。测量总流量的常用方法有两种：一是用容积泵（Positive Displacement Pump，缩写为PDP）；二是用临界流量文杜里管（Critical Flow Venturi，缩写为CFV）。

1. 带容积泵（PDP）的定容取样系统

带容积泵的定容取样（PDP CVS）系统如图10-5所示。容积泵（PDP）每转的抽气体积是一定的，只要转数不变，总流量就不变。PDP系统可使流量无级变化，但结构庞大，且流量受温度影响大。

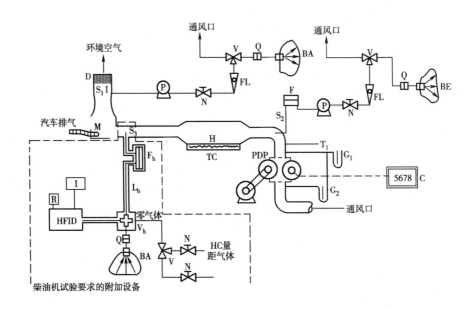

图10-5　带容积泵的定容取样（PDP CVS）系统

D-稀释空气滤清器；M-混合室；H-热交换器；TC-温度控制系统；PDP-容积泵；T_1-温度传感器；G_1、G_2-压力表；S_1-收集稀释空气定量样气的取样口；S_2-收集稀释排气定量样气的取样口；F-滤清器；P-取样泵；N-流量控制器；FL-流量计；V-快速动作阀；Q-快速接头；BA-稀释空气取样袋；BE-稀释排气取样袋；C-容积泵转数计数器；虚线部分压燃式发动机车辆分析HC时的附加设备；F_h-加热滤清器；S_3-取样口；V_h-加热式多通阀；HFID-加热式氢火焰离子型分析仪；R及I-记录积分瞬时HC浓度设备；L_h-加热取样管

2. 采用临界流量文杜里管的定容取样（CFV CVS）系统

采用临界流量文杜里管的定容取样系统，如图10-6所示。其总流量由一临界文杜里管CFV来确定，只要文杜里管一定，总流量就不变。该系统受温度影响较小，结构相对简单，但只可通过切换文杜里管来改变流量，且只能有级地改变。

为了保证CVS系统的取样精度，流经系统的稀释排气质量流量必须保持恒定。流量控制器N，用于保证在试验过程中，从取样探头处采集的样气流量稳定（约10L/min），气体样气流量应保证在试验结束时，样气足够分析用。流量计FL，用于在试验期间调节和监控气体样气的流量稳定。

测试柴油机时，因较重的HC可能在样气袋中冷凝，需对HC进行连续分析，因此，稀释排气用加热到463K的管路输送到分析器，并用积分器测试循环时间内的累计排放量。柴油机包括微粒排放量的测量，还需一个由流量控制器、微粒过滤取样器、取样泵和积累流量计组成的微粒取样系统。

为保证排气与稀释空气均匀混合，CVS系统中稀释排气流动必须满足雷诺数$Re > 4000$。

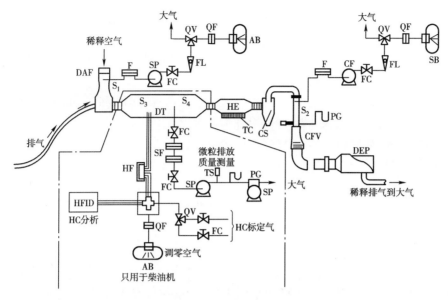

图 10-6 采用临界流量文杜里管的定容取样(CFV-CVS)系统

AB-稀释空气取样袋;CF-积累流量计;CFV-临界流量文杜里管;CS-旋风分离器;DAF-稀释空气滤清器;DEP-稀释排气抽气泵; DT-稀释风道;F-过滤器;FC-流量控制器;FL-流量计;HE-换热器;HF-加热过滤器;PG-压力表;QF-快接管接头;QV-快作用阀; $S_1 \sim S_4$-取样探头;SB-衡释排气取样袋;TS-温度传感器;SF-测量微粒排放质量的取样过滤器;SP-取样泵;TC-温度控制器

第二节 排气成分分析仪

目前,汽车排气中的 CO 和 CO_2 用不分光红外线气体分析仪测量,NO_x 用化学发光分析仪测量,HC 用氢火焰离子型分析仪测量。当需从总 HC 中分离出非甲烷碳氢化合物时,一般用气相色谱仪测量甲烷。发动机排气中的氧多用顺磁分析仪测量。

一、不分光红外线气体分析仪(NDIR)

不分光红外线气体分析仪(Non Dispersive Infra Red Analyzer,NDIRA)是根据不同气体对红外线的选择性吸收原理提出的。红外线是波长为 $0.8 \sim 600 \mu m$ 的电磁波,多数气体具有吸收特定波长的红外线的能力。如 CO 能吸收 $4.5 \sim 5 \mu m$ 的红外线,CO_2 能吸收 $4 \sim 4.5 \mu m$ 的红外线,CH_4 能吸收 $2.3 \mu m$、$3.4 \mu m$ 和 $7.6 \mu m$ 的红外线,NO 能吸收 $5.3 \mu m$ 的红外线,不分光红外线气体分析仪根据其特定的吸收来鉴别气体分子的种类。

不分光红外线气体分析仪的工作原理,如图 10-7 所示。红外线光源 1 射出的红外线经过旋转的截光盘 2 交替地投向气样室 7 和装有不吸收红外线的气体(如氮)的参比室 4,透过两室的气体后进入检测器 5。检测器有两个接收气室,当样气室中的被测样气浓度变化时,两个接受气室接受的红外线辐射能的差别也发生变化,导致分隔两气室的薄膜 6 两侧压变化。由截光盘调制的周

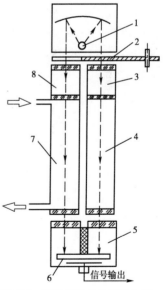

图 10-7 不分光红外线气体分析仪工作原理图

1-红外光源;2-截光盘;3、8-滤波室;4-参比室;5-检测器;6-电容器薄膜;7-气样室

171

期性变化引起电容器电容量周期变化,该信号经放大成为分析仪的输出信号。

为防止其他气体成分对被测成分测量的干扰,在光路上设置了滤波室 3 和 8,滤掉干扰气体能吸收的波段。如分析 CO,在滤波室中充以 CO_2 和 CH_4 等,分析时就不会受排气中的 CO_2 和 CH_4 成分的干扰;分析 CO_2 时,则应充入 CO、CH_4 等。

不分光红外线气体分析仪采用直接取样系统时,水蒸气对 CO 和 NO 的测定有干扰,在取样流程中应串联有冷却器或除湿器,以尽量除去水分。

不分光红外线气体分析仪测量 NO 时,由于输出信号非线性且易受干扰,其测量精度低;测量 HC 时,只能检测某一波长段的 HC,如检测器接收室内充填正己烷,则测量仪器对非甲烷饱和烃敏感,而对非饱和烃和芳香烃则不敏感,测量的结果主要是反映了饱和烃的含量而不代表各种 HC 的含量,所以总的精确度较差。排放法规规定,CO 和 CO_2 用不分光红外线气体分析仪测量。

二、化学发光分析仪(CLD)

化学发光分析仪(Chemical Luminescence Detector,CLD)用来测量 NO_x 浓度,其优点是感应度高,体积分数可达 10^{-7},应答性好,在 10^{-2} 浓度范围内输出特性呈线性关系,适用于连续分析,是测量 NO_x 的标准方法。

CLD 只能直接测量 NO,其原理基于 NO 与臭氧的反应。

$$NO + O_3 \rightarrow NO_2^* + O_2 \tag{10-1}$$
$$NO_2^* \rightarrow NO_2 + h\nu \tag{10-2}$$

式中:h——普朗克常数;

  ν——光子的频率。

当 NO 与 O_3 反应生成 NO_2 时,大约有 10% 处于激态(NO_2^*),这种激态 NO_2^* 衰减回基态 NO_2 时,会发射出波长 $0.6 \sim 3\mu m$ 的光子 $h\nu$。化学发光的强度与 NO 和 O_3 两反应物的浓度乘积成正比,还与反应室的压力、NO 在反应室内的滞留时间以及样气中其他分子种类有关。在其他条件不变的情况下,而且一般 O_3 浓度比 NO 高很多且几乎恒定,化学发光强度与 NO 的浓度成正比。

化学发光分析仪工作原理,如图 10-8 所示。样气根据需要由通道 A 或 B 进入反应室 1。通道 A 直接通向反应室,这个通道只能测量样气中 NO 的浓度;样气通过通道 B 时,样气中的 NO_2 将在催化转化器 5 中按下式转化成 NO,再进入反应室:

$$2NO_2 \rightarrow 2NO + O_2 \tag{10-3}$$

这样仪器测量得到的是 NO 和 NO_2 的总和 NO_x。利用测得的 NO_x 与 NO 的差值,即可确定样气中 NO_2 的浓度。

使用滤光片 8 让光电倍增管检测器 7 只记录波长为 $0.60 \sim 0.65\mu m$ 的光,以避免其他成分气体对测量的干扰。检测器 7 的微弱信号经信号放大器 6 放大后输出。

为使 NO_2 尽可能完全地转化成为 NO,催化

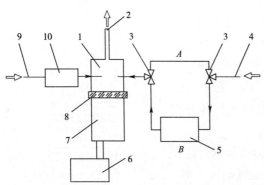

图 10-8 化学发光分析仪工作原理图

1-反应室;2-反应室出口;3-转换开关;4-样气入口;5-催化转化器;6-信号放大器;7-光电倍增管检测器;8-滤光片;9-氧入口;10-臭氧发生器

转化器中的温度必须保持在920K以上。在实际测量中常会出现NO_2测量值过低的问题,主要原因有两个:一是催化转化器老化,NO_2向NO的转化率下降;二是NO_2可能冷凝在水中。因此,在NO_2浓度较高的排放气体测量中(如直接取样测量柴油机排放时),必须将取样系统加热,并且在使用过程中定期检查催化转化效率,当其低于90%时,应予以更新。

三、氢火焰离子型分析仪(FID)

氢火焰离子型分析仪(Flame Ionization Detector,FID)是目前测量汽车排放中HC的最有效手段。FID灵敏度高,可测到极小浓度的HC,且线性范围宽,对环境温度和压力也不敏感。

FID的工作原理是利用HC在氢火焰燃烧时,2300K左右的高温氢火焰会使HC离子化成自由离子,离子数基本上与HC的浓度成正比。如图10-9所示,待测气体与氢气混合后,由入口4进入燃烧器,由燃烧嘴6喷出,在空气的助燃下由通电的点火丝点燃。HC在缺氧的氢扩散火焰中分解出离子和电子。这些离子和电子在周围100~300V的电压下在离子收集器1中形成按一定方向运动的离子流,通过对离子流电流的测量就可测得碳原子的浓度,从而反映出相应的HC的浓度。

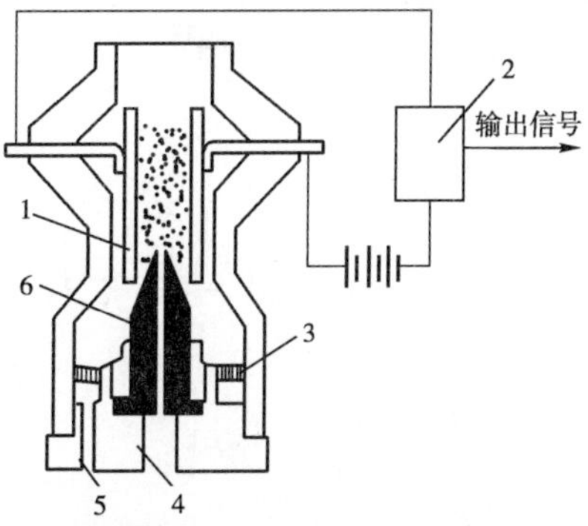

图10-9　氢火焰离子型分析仪工作原理图
1-离子收集器;2-信号放大器;3-空气分配器;4-氢和待测气体入口;5-助燃空气入口;6-燃烧嘴

FID不受样气中有无水蒸气的影响,但可能受其中氧的干扰。这种干扰可用两个措施来减小:一是用40%的H_2和60% He的混合气代替纯H_2;二是用含氧量接近待测气体的零点气和量距气进行标定。

不同的HC分子结构对FID的影响不同。FID显示的碳原子数与实际的原子数之比,烷烃不低于0.95,环烷烃和烯烃一般不低于0.90,而对芳香烃特别是含氧有机物(如醇、醛、醚、酯等)响应的偏离较大。

因高沸点的HC在取样过程中会凝结,为避免这个问题,应对采样管路加热。测量汽油机排气时应加热到400K左右,测量柴油机排出的HC要用加热管路和加热氢火焰离子型分析仪(HFID)。

四、顺磁分析仪(PMA)

气体受不均匀磁场的作用时会受到力的作用,如果该气体是顺磁性的,此力指向磁场增强的方向;如果是反磁性的,则指向磁场减弱的方向。大多数气体是反磁性的,只有少数气体是高度顺磁性的。氧气是一种强顺磁性气体,NO_x有较弱的顺磁性,NO和NO_2的顺磁性分别为氧的44%和29%。因为汽车排放中,氧的浓度要比NO_x高得多,所以可用顺磁分析仪测量排气中的氧浓度。

顺磁分析仪(Paramagnetic Analyzer,PMA)的工作原理如图10-10所示。样气5中的氧6,在永久磁铁2产生的磁场吸引下自左向右充入水平玻璃管4中。在磁场强度最大的地方,样气被电热丝3加热。加热后的氧顺磁性下降,磁铁对它的吸

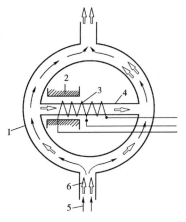

图10-10　顺磁分析仪工作原理图
1-环形室;2-永久磁铁;3-加热丝;4-玻璃管;5-样气;6-样气中的氧

引力小于冷态的氧。冷的样气被吸到磁极中心,挤走热的样气。冷的样气被加热后又被挤走。这样在玻璃管 4 中就形成了气体流动,也称磁风,其速度与样气中的浓度成正比。如果加热丝 3 同时起热线风速仪的作用,就可以简单地测定磁风速度,从而测得样气中的氧浓度。

五、气相色谱仪(GC)

气相色谱仪(Gas Chromatography,GC)是将混合物中各组分相互分离,以便对混合气的组成各成分浓度进行详细的分析。它灵敏度高,需要样气数量很少,一次可完成多种成分的分析,是应用极为广泛的通用微量分析设备。

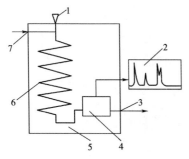

图 10-11　气相色谱仪工作原理图
1-试样注入口;2-色谱图记录仪;3-气体出口;4-检测器;5-温控槽;6-色谱柱;7-载气入口

气相色谱仪工作原理如图 10-11 所示,用样气注射器把一定体积的样气从试样注入口 1 注入仪器,与从载气入口 7 进入仪器的氢、氦、氩等载气混合后流入装有填充剂的色谱柱 6 中。由于样气的不同组分对色谱柱中的填充剂的亲和力(吸附或溶解性)不同,在载气的推动下被分离。亲和力弱的组分,很难被滞留在填充剂中,首先流出色谱柱;反之,亲和力强的组分流出较晚。

色谱柱经分离后的各组分还需依次由载气送到出口处的检测器 4 进行检测,由检测器测定各组分的浓度。检测器除了氢火焰离子型分析仪(FID)外,常用的还有用于测量 CO 和 CO_2 等的热导率检测器(Thermal Conductivity Detector,TCD),测量含卤和含氧成分的电子捕获型检测器(Electron Capture Detector,ECD)和测量含硫成分的焰光光度检测器(Flame Photometric Detector,FPD)。

检测器可输出与被分离组分数量相对应的信号,在色谱图记录仪 2 上以色谱峰点的形式记录下来。从注入试样开始到出现色谱峰点为止的时间,称为滞留时间或淘析时间。当测试条件相同时,试样中的每一组分的滞留时间是一个定值,所以可根据滞留时间来定性分析试样中所含的每一组分。而色谱峰的面积则与对应组分的含量成正比,可据此进行定量。

第三节　微粒测量与分析

排气微粒是指依据一定的取样方法,在最高温度为 325K 的稀释排气中,由过滤器收集到的固态或液态微粒。

一、微粒质量测量

用符合要求的取样系统把排气微粒收集在过滤器上,用微克级精密天平称得过滤器在收集微粒前后的质量差,就可获得排放微粒的质量。

微粒测量过滤器通常采用滤纸。为了保证测量的精度,空白滤纸和有微粒滤纸的质量测量必须在调温调湿的洁净小室内进行。空白滤纸至少在取样前 2h 放入小室内的滤纸盒中,待稳定化后测量和记录质量,然后仍放在小室内直到使用。如果从小室取出后 1h 内没有使用,则在使用前必须重新测量质量。收集微粒后的滤纸放回小室内至少 2h,但不得超过 36h,然后测量总质量。微粒滤纸与空白滤纸的质量差就是微粒质量。

微粒质量测量的取样系统如图 10-3 和图 10-4 所示,可采用全流和分流稀释系统。

排气微粒质量可用下式计算。

$$M_p = \frac{V_{mix}}{V_{ep} \cdot d} \cdot m_f \quad 或 \quad m_f = \frac{V_{ep}}{V_{mix}} \cdot M_p \cdot d \tag{10-4}$$

式中:V_{ep}——流经过滤器的流量,m^3;

V_{mix}——流经通道的流量,m^3;

M_p——排放微粒质量,g/km;

m_f——过滤器收集的微粒质量,g;

d——与运转循环一致的距离,km。

二、微粒成分分析

微粒成分分析虽不是排放法规所要求的,但对微粒的形成、氧化过程及微粒后处理技术的研究等都具有重要意义。微粒中有机可溶成分 SOF 的分离及分析方法如下。

1. 热解质量分析法(TG)

热解质量分析法(Thermo Gravimetry,TG)是在惰性气体气氛(如 N_2)中,将微粒样品按规定加热速率加热到 923K,保温 5min。在这段时间内,其中可挥发部分蒸发,用热天平测得的微粒质量减小量就代表其中可挥发部分(Volatile Fraction,VF),用此法测得的主要是高沸点 HC 和硫酸盐,基本与 SOF 相吻合。然后将气氛换成空气,在相同温度下,样品进一步减少的质量对应被氧化的炭烟组分,残留的则是微量灰分。

该方法的优点是能准确快捷地得出样品质量损失率变化的连续曲线,可据此定量分析 VF 中的不同馏分,可测量炭烟在各种条件下的氧化速率。缺点是热解质量分析仪昂贵,且一次只能处理一个样品。

值得注意的是,TG 把微粒样品与取样滤纸一起加热,但法规规定的涂四氯乙烯的滤纸往往不能满足耐热性要求,所以要采用耐热的滤纸(如无涂层的玻璃纤维滤纸)专门采样。此外,必须考虑取样滤纸的质量损失。

2. 真空挥发法(VV)

真空挥发法(Vacuum Volatilization,VV)是将微粒样品置于真空干燥箱内,在真空度 95kPa 以上,温度 473K 以上加热 3h 左右,其质量变化即为微粒中 VF 含量。

此方法设备简单、操作方便,真空干燥箱具有较大的容积,一次可同时处理多个样品,但不能连续记录质量的变化,收集 VF 较困难。

3. 索氏萃取法(SE)

对微粒中的 SOF 可采用萃取法采集,常用的有索氏萃取法(Soxhlet Extraction,SE)。图 10-12 为其装置简图。

盛有溶剂的烧瓶置于恒温浴缸中,用水加热使溶剂蒸发,上升到冷凝管中,冷凝物回到样品室中浸泡样品,进行萃取。萃取液达到一定体积时,经虹吸管流回烧瓶。这样,溶剂在萃

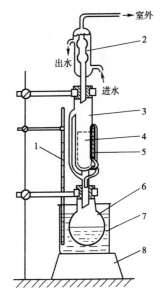

图 10-12　索氏萃取装置简图
1-温度计;2-冷凝管;3-样品室;4-样品;5-虹吸管;6-烧瓶;7-浴缸;8-电炉

取器中循环流动,不断将微粒中的 SOF 带到烧瓶中,直到完全萃取。

萃取溶剂通常采用二氯甲烷,其沸点为 315K,比样品中的 SOF 低得多。萃取一般连续 8h 就可完成,样品原始质量与残渣质量(在吸附的溶剂挥发完全后测量)之差就是 SOF 质量。

该方法从原理上说,是测量柴油机排放微粒中 SOF 最准确的方法,且萃取液可多次使用,不足之处是耗时多,操作较复杂。

汽车排放微粒中的 SOF 成分复杂,可通过气相色谱仪 GC 进一步分析,以弄清其中各种 HC 的来源。一般低于 C_{19} 的 HC 来自柴油,高于 C_{28} 的则来自润滑油。如果色谱仪与质谱仪联用(色质联机分析 GC-MS),则可对复杂有机物进行更细致的分析。

第四节　烟度测量与分析

微粒质量的测量是目前汽车排放法规规定的微粒测量方法,这对控制微粒排放的研究、开发和评价其环境影响显然是合理的。但这种方法设备复杂,操作费时费力,且不能追踪微粒的瞬态排放特性。

柴油机微粒的生成以炭烟为核心,在中等以上负荷时炭烟的比例大,SOF 较小,所以长期以排气烟度的测量来表征炭烟的多少。我国规定对柴油机的烟度进行测量。

烟度的测量方法主要有两类:一类是滤纸法,先用滤纸收集一定的烟气,再通过比较滤纸表面对光反射率的变化来测量烟度,所用的测量仪器为滤纸式烟度计;另一类是消光度法,利用烟气对光的吸收作用,即通过光从烟气中的透过度来测量烟度,所用的测量仪表为消光式烟度计。

一、滤纸式烟度计

我国对柴油机、车用柴油机的烟度测量规定使用滤纸式烟度计,其技术参数和要求应符合 HJ/T4—93 的规定。

滤纸式烟度计主要由定容采样泵和检测仪两部分组成。抽气泵从排气中抽取固定容积的气样,让气样通过装在夹具上的滤纸,使气样的炭烟沉积在滤纸上。由于抽取的气样数量恒定,因此滤纸被染黑的程度能反映气样中所含炭烟的浓度。

滤纸式烟度计检测仪的结构和工作原理,如图 10-13 所示。它由反射光检测器与指示器组成,由白炽电灯泡光源射向已取样滤纸的光线,一部分被滤纸上的微粒吸收,一部分被反射给光电元件,从而产生相应的光电流,并由指示器指示输出。光电流的大小反映了滤纸反射率的大小,滤纸反射率取决于滤纸被染黑的程度。光电越小,滤纸的反射率越低,即滤纸的染黑程度越高,表明被测炭烟的浓度越高。滤纸的染黑度用 0 ~ 10 波许单位表示,规定白色滤纸的波许单位为 0,全黑滤纸的波许单位为 10,从 0 ~ 10 之间均匀分度。

为保证滤纸式烟度计读数稳定,一要光源稳定,二要滤纸规格统一。烟度滤纸反射系数应为 0.92 ± 0.03,当量孔径为 45μm,在压差 2 ~ 4kPa 下的透气度为 3L/(cm² · min),厚度为 0.18 ~ 0.20mm。

滤纸式烟度计结构简单,使用方便,曾获得广泛的应用。但由于柴油机微粒中各种成分对光线的吸收能力不同,不同柴油机在不同工况下测得的滤纸烟度值与微粒质量之间没有完全一一对应关系。这种烟度计不能测定由油雾造成的蓝烟与白烟,也不能对瞬态工况进行连续的测量。

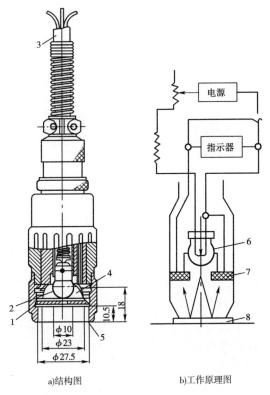

a)结构图　　　　　　b)工作原理图

图 10-13　滤纸式烟度计检测仪

1、7-光电元件;2-灯泡;3-电线;4-灯室;5-滤纸接合面;6-光源;8-滤纸

二、消光式烟度计

消光式烟度计的工作原理,是让部分或全部排气流过光源和接收器构成的光通道,接收器所接收的光强度的减弱(消光量)就代表排气的烟度。

消光式烟度计已被国际标准化组织(ISO)所推荐,其基本技术要求已在我国国标 GB 3847—1999《压燃式发动机和装用压燃式发动机的车辆排气可见污染物限值及测试方法》中规定。

消光式烟度计可分为全流式和分流式两种,全流式消光烟度计测量全部排气的透光衰减率,有在线式及排气管尾端式两种。美国 PHS 烟度计为全流式消光烟度计,其基本结构如图 10-14 所示。在排气管尾端不远处的排气烟束两侧,分别布置有光源和光电检测单元,光电检测单元接收到的光线与排气烟度成正比。

分流式消光烟度计是将排气的一部分引入测量烟度取样管,送入烟度计进行连续分析。哈特里奇(Hartridge)烟度计是一种典型的分流式消光烟度计,其烟度的分度为 0(无烟,通常用干净空气的透明度标定) ~ 100(全黑,透光度为 0)。这种烟度计除烟度显示部分外,其检测部分主要由校正装置、光源与光电检测单元(光电池等)组成,基本结构如图 10-15 所示。

测量前将转换手柄 5 转向校正位置(光源 1 和光电池 4 位于图 10-14 中虚线位置),此时光源和光电检测单元分别位于校正管的两端,用鼓风机 7 将干净的空气引入校正管,对烟度计进行零点校正,然后将手柄转向测量位置(光源和光电池位于图 10-14 中实线位置),使光源和光电检测单元分别位于测量管两端,接通被测排放气体对光源发射光的消光度,通过显示记录仪表,可观察到排放烟度随时间的变化情况。

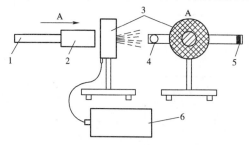

图 10-14　PHS 烟度计基本结构示意图
1-排气管;2-排气导入管;3-检测通道;4-光源;
5-光电检测单元;6-烟度显示记录仪

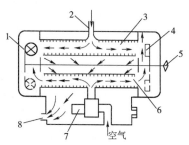

图 10-15　哈特里奇烟度计基本结构示意图
1-光源;2-排气入口;3-排气测试管;4-光电池;
5-转换手柄;6-空气校正器;7-鼓风机;8-排气出口

全流式消光烟度计的优点是响应极快,因为它没有烟室,也就没有气体充满气室的滞后时间,其维护较为方便。但受结构所限,其排气管的直径就是光学测量长度(采用镜面反射系统除外),其低量程范围存在测量分辨率低的问题。此外,样气难以进行加热或降温处理,废气温度和压力波动的无法控制也会引起测量误差。与全流式消光烟度计比较,分流式消光烟度计在温度和压力补偿上不存在困难,因此测量的重复性要比全流式消光烟度计好。

消光式烟度计不仅可测黑烟,而且也可测蓝烟和白烟。它对低浓度的可见污染物有较高的分辨率,可以进行连续测量。它不仅可用来研究柴油机的瞬态炭烟和其他可见污染物的排放性能,而且可以方便地测量排放法规中所要求的自由加速烟度和有负荷加速烟度。

第五节　汽油车非排气污染物的测量与分析

一、曲轴箱排放物

曲轴箱排放物是指从发动机曲轴箱排放到大气中的气体污染物,主要包括:从活塞和汽缸之间的间隙窜入曲轴箱的油气和已燃气体、曲轴箱内的润滑油蒸气。

我国国家标准 GB 18352.2—2001《轻型汽车污染物排放限值及测量方法(Ⅱ)》附录 D《曲轴箱气体排放试验(Ⅲ型试验)》已对其试验方法作了详细规定。让发动机在怠速、对应车辆以 (50 ± 2) km/h 速度行驶的转速和负荷以及同样转速但负荷加大 70% 这样三种工况下运转,在适当位置测量曲轴箱内的压力,如在机油标尺孔处使用倾斜式压力计进行测量。在上述各测量工况下,测得的曲轴箱内的压力均不得超过测量时的大气压力。

二、蒸发排放物

蒸发排放物是指除汽车排气管排放以外,从车辆的燃料(汽油)系统损失的 HC,主要包括燃油箱呼吸损失(昼间换气损失),由于燃油箱内温度变化所排放的 HC;热浸损失,在车辆行驶一段时间后,静置车辆的燃料系统排放的碳氢化合物。

我国国家标准 GB 18352.2—2001 附录 E《装点燃式发动机车辆蒸发排放试验 密闭室法(Ⅳ型试验)》已对其试验方法作了详细规定。

蒸发排放测量用密闭室是一个气密性很好的矩形测量室,试验时可用来容纳车辆。车辆与密闭室内的各墙面应留有距离,封闭时应能达到气密性的相关要求,内表面不应渗透 HC。至少有一个墙内表面装有柔性的不渗透材料,以平衡由于温度的微小变化而引起的压力变化。墙的设计应有良好的散热性,在试验过程中墙上任何一点的温度不应低于 293K。

试验时,应使用符合规定的基准燃料,车辆技术状况良好,试验前已经进行至少 3000km 的走合行驶,装在车辆上的蒸发控制系统,在此期间工作正常,炭罐经过正常使用,未经异常吸附和脱附。

密闭法的测试程序细节十分烦琐,其主要过程如下:首先把车辆的燃油箱加到标称容量的 $40\% \pm 2\%$,在室内经 (60 ± 2) min 把燃油温度从 (289 ± 1) K 均匀加热温升 (14 ± 0.5) K,测量加热前后室内的 HC 浓度,确定昼间换气损失;然后把车辆从密闭室取出,在底盘测功机上进行 1 个市区运转循环(1 部)和 1 个市郊运转循环(2 部),再回到密闭室内(温度范围为 296~304K)进行热浸 1h,测量热浸损失。由于运转蒸发损失很小,在试验过程中未测量。将昼间换气损失和热浸损失测定的 HC 的排放质量相加,就作为蒸发排放物的试验结果。

思 考 题

10-1　常用的汽车排放污染物取样系统有哪些?

10-2　用于汽车排放成分分析测试的方法主要有哪几种? 分别适用于何种排放物的检测?

10-3　简述柴油机排放烟度的测量方法及烟度计种类。

第十一章　排　放　标　准

本章主要介绍美国、日本和欧洲各国汽车排放标准以及我国的汽车排放标准。

为了治理环境污染,各国根据大气环境污染的具体情况,制订有关环境保护的法律与大气污染治理目标,对各种污染源的排放提出控制要求,针对不同类型的机动车制定出不同的排放标准,这些标准是要求强制性执行的,因而也称为排放法规。

排放法规由一系列各种污染物的限值组成,还包括检测、认证和强制执行的方法,其每一部分内容互相联系,互相一致。当今世界上主要有三种排放法规体系,即美国、欧洲和日本的排放法规体系。这些汽车排放法规已成为汽车设计与制造的准则、汽车强制性认证的主要依据和汽车产品国际贸易的保障。

排放法规的目标是确保汽车发动机按清洁的标准进行设计与工作。法规限定了 HC、CO、NO_x 和 PM 的排放量。每种排放标准必须包含以下内容:资源分类、气体/颗粒物排放检测、炭烟检测、检测条件、检测流程、燃油认证、系列概念与类型认证、目击与非目击认证测试、退化因素、污染物控制、标准/生效日期、灵活的程序和认证程序。

第一节　国外汽车排放标准

一、美国汽车排放标准

美国有加州及联邦两个标准。美国加州最早控制汽车排放,而且标准也最严。1963 年制定了"大气清洁法";1966 年加州制定"7 工况法",颁布汽车排放控制标准;1968 年联邦采用"7 工况法"开始控制汽车排放;1972 年联邦采用 LA-4C(FTP-72)试验规范,并增加对 NO_x 的控制;1975 年改用 LA-4H(FTP-75),并一直延续使用至今。1975 年起到 20 世纪 80 年代,美国排放标准大幅度加严,特别强化对 NO_x 的限值,同时再提高对 HC 和 CO 的控制,1983 年排放标准一直维持到 1993 年。1990 年美国国会修订了"清洁空气法",对汽车排放提出更加严格的要求。表 11-1 是美国联邦轿车排放标准。联邦分两阶段加严排放标准,对 HC 的排放限制不仅指总碳氢(THC),而要限制非甲烷碳氢化物(NMHC),另外新标准增加对排放稳定性(使用寿命)的考核,提出 8 万 km 和 16 万 km 两个排放限值(表 11-2)。

美国联邦轻型车排放控制标准(g/m)　　　　　　　　　　　　表 11-1

实施年份	测试循环	CO	HC	NO_x
1960	—	84	10.6	4.1
1966	7 工况法	51	6.3	—
1970	7 工况法	34	4.1	—
1972	FTP-72	28	3.0	3.1

180

实施年份	测试循环	CO	HC	NOx
1975	FTP-75	15	1.5	3.1
1980	FTP-75	7	0.41	2.0
1983	FTP-75	3.4	0.41	1.0
1994	FTP-75	3.4	0.25	0.4

美国轻型汽车排放限值（FTP-75测试循环）（g/km）　　　表11-2

标准名称	实施年份	保证里程(km)	CO	HC	NOx	PM[①]
Tier1	1994	80000	2.11	0.16（NMHC）	0.25	0.05
		160000	2.61	0.19（NMHC）	0.37	0.05
Tier2	2004	80000	1.06	0.08（NMOG）	0.124	0.05
		160000	1.06	0.08（NMOG）	0.124	0.05

注：①微粒排放只用于柴油车。

1994年加州颁布了清洁燃料和低排放汽车计划CF/LEV,规定从1995年起实施严格的低污染汽车标准(LEV),分四阶段进行:即过渡低排放车(TLEV)、低排放车(LEV)、超低排放车(ULEV)和零污染车(ZEV)。表11-3是加州轿车排放限值。

美国加州轻型汽车排放限值（g/km）　　　表11-3

保证里程80000km				
标准	CO	NMOG	NOx	PT	HCHO
---	---	---	---	---	---
1993	2.11	0.6	0.25	0.05	—
TLEV	2.11	0.08	0.25	0.05	0.009
LEV	2.11	0.047	0.125	0.05	0.009
ULEV	1.06	0.025	0.125	0.025	0.005
ZEV	0	0	0	0	0
保证里程160000km					
标准	CO	NMOG	NOx	PT	HCHO
1993	2.61	0.19[①]	0.62	0.05	—
TLEV	2.61	0.097	0.37	0.05	0.011
LEV	2.61	0.056	0.19	0.05	0.011
ULEV	1.31	0.034	0.19	0.025	0.007
ZEV	0	0	0	0	0

注：①指非甲烷有机气体,1993年加州排放标准规定是NMHC。

美国联邦49个州和加利福尼亚州的重型车用柴油机的排放限值见表11-4。

美国重型车用柴油机的排放限值（g/km）　　　表11-4

联邦				
实施年份	车辆类型	CO	THC	NOx	PM
---	---	---	---	---	---
1994	重型汽车	20.8	1.74	6.71	0.134
1996	城市公共汽车	20.8	1.74	6.71	0.067

实施年份	车辆类型	CO	THC	NOₓ	PM
1998	重型汽车	20.8	1.74	5.36	0.134
1998	城市公共汽车	20.8	1.74	5.36	0.067
2004	重型汽车	20.8	$NMHC + NO_x = 3.30$		0.134
2007	重型汽车	20.8		0.80	0.027

加 州					
实施年份	车辆类型	CO	THC	NOₓ	PM
1994	重型汽车	20.8	1.61	6.71	0.134
1996	城市公共汽车	20.8	1.61	6.71	0.067
1998	重型汽车	20.8	1.61	5.36	0.134

1998 年 11 月 5 日加利福尼亚州颁布了低污染汽车标准 II（LEV II），该标准规定在 2004 年到 2010 年间执行。在 2014 年到 2022 年间加利福尼亚州将采用低污染汽车标准 III（LEV III），排放限值见表 11-5 和表 11-6。该标准在原低污染汽车标准 II 的基础上主要做了如下修改：将指标 NMOG 和指标 NO_x 结合成一个指标 $NMOG + NO_x$；对指标 $NMOG + NO_x$ 提出了更严格的要求；并增加了对排放控制系统耐久性的要求，排放限值见表 11-7 ～ 表 11-9。

乘用车低污染汽车标准 II 排放限值（g/km）　　　　表 11-5

种类	50000km 或 5 年					120000km 或 11 年				
	NMOG	CO	NOₓ	PM	HCOH	NMOG	CO	NOₓ	PM	HCOH
LEV	0.075	3.4	0.05	—	0.015	0.09	4.2	0.07	0.01	0.018
ULEV	0.04	1.7	0.05	—	0.008	0.055	2.1	0.07	0.01	0.011
SULEV	—	—	—	—	—	0.01	1.0	0.02	0.01	0.004

中、重型车低污染汽车标准 II 排放限值（保证里程 120000km）　　　　表 11-6

种类	8500 ～ 10000lbs					10001 ～ 14000lbs				
	NMOG	CO	NOₓ	PM	HCOH	NMOG	CO	NOₓ	PM	HCOH
LEV	0.195	6.4	0.2	0.12	0.032	0.23	7.3	0.4	0.12	0.04
ULEV	0.143	6.4	0.2	0.06	0.016	0.167	7.3	0.4	0.06	0.021
SULEV	0.100	3.2	0.1	0.06	0.008	0.117	3.7	0.2	0.06	0.010

乘用车低污染汽车标准 III 排放限值（g/km）　　　　表 11-7

种　类	$NMOG + NO_x$	种　类	$NMOG + NO_x$
LEV	0.16	ULEV50	0.050
ULEV	0.125	SULEV	0.030
ULEV70	0.070	SULEV20	0.020

中-重型车低污染汽车标准 III 排放限值（保证里程 150000km）（g/km）　　　　表 11-8

重　量	种　类	$NMOG + NO_x$
8500 ～ 10000lbs	ULEV	0.2
	SULEV	0.145
10001 ～ 14000lbs	ULEV	0.317
	SULEV	0.2

低污染汽车标准Ⅲ排放微粒限值（g/km）　　　　　表 11-9

年　　份	PM（g/km）	SPN
2014	0.006	6×10^{12}
2017	0.003	3×10^{12}

二、欧洲汽车排放标准

随着欧洲一体化进程以及汽车保有量的增长，欧洲国家从 1993 年开始推行了日趋严格的排放标准，而且从 1996 年起除日本外，欧共体和大部分汽车工业发达国家都相继采用了联合国欧洲经济委员会（ECE）的排放标准，这是由于此排放标准有了实质性的变化：ECE 扩大了限制有害排放物的种类；试验运转循环更加接近实际使用条件；规定了汽车尾气排放物能够满足环保指标的行程；确立了按汽车环保参数认证的汽车生产稳定性和质量监督统计方法等。汽车排放欧洲Ⅰ号标准（简称欧Ⅰ）是通过对 ECER83 进行了两次修订后形成的更加严格的排放法规，它于 1993 年生效。汽车排放欧洲Ⅱ号标准（简称欧Ⅱ）于 1996 年开始在欧洲实施，该标准对使用无铅汽油和柴油汽车的排放限值更加严格，它既规定电喷汽油机和使用气体燃料以及双燃料汽车排放的测定方法外，又对生产一致性采用了新的检查方法。2000 年起开始实施欧Ⅲ标准，2005 年起开始实施欧Ⅳ标准，2009 年起开始实施欧Ⅴ标准，2014 年起开始实施欧Ⅵ标准。各阶段的排放标准见表 11-10，各标准的详细数据见表 11-11～表 11-16。

欧洲汽车排放标准（g/km）　　　　　表 11-10

年　　份	汽油机			柴油机	
	CO	NO_x	HC	NO_x	PM
1986 年	1.5	4.6			
1989 年				1.4	0.5
1992 年（欧Ⅰ）	2.8	1.0		0.8	0.36
1996 年（欧Ⅱ）	2.3	0.3		0.8	0.25
2000 年（欧Ⅲ）	2.3	0.15	0.2	0.5	0.10
2005 年（欧Ⅳ）	1.0	0.1	0.1	0.5	0.02
2009 年（欧Ⅴ）	1.0	0.1	0.06	0.2	0.005
2014 年（欧Ⅵ）	1.0	0.1	0.06	0.1	0.005

欧Ⅰ型式认证排放限值（g/km）　　　　　表 11-11

车　辆　类　别		基准质量（RM）（kg）	CO	HC + NO_x	PM
第一类车		全部	2.72	0.97（1.36）	0.14（0.20）
第二类车	1 级	$RM \leqslant 1250$	2.72	0.97（1.36）	0.14（0.20）
	2 级	$1250 < RM \leqslant 1700$	5.17	1.4（1.96）	0.19（0.27）
	3 级	$RM > 1700$	6.90	1.7（2.38）	0.25（0.35）

欧Ⅱ型式认证和生产一致性排放限值（g/km） 表 11-12

车辆类别		基准质量（RM）（kg）	CO		HC + NOx			PM	
			汽油机	柴油机	汽油机	非直喷柴油机	直喷柴油机	非直喷柴油机	直喷柴油机
第一类车		全部	2.2	1.0	0.5	0.7	0.9	0.08	0.10
第二类车	1 级	RM≤1250	2.2	1.0	0.7	0.7	0.9	0.08	0.10
	2 级	1250 < RM≤1700	4.0	1.25	1.0	1.0	1.3	0.12	0.14
	3 级	1700 < RM	5.0	1.5	1.2	1.2	1.6	0.17	0.20

欧Ⅲ型式认证和生产一致性排放限值（g/km） 表 11-13

车辆类别		基准质量（RM）（kg）	CO		HC	NOx		HC + NOx	PM
			汽油机	柴油机	汽油机	汽油机	柴油机	柴油机	柴油机
第一类车		全部	2.3	0.64	0.2	0.15	0.50	0.56	0.05
第二类车	1 级	RM≤1305	2.3	0.64	0.2	0.15	0.50	0.56	0.05
	2 级	1305 < RM≤1760	4.17	0.80	0.25	0.18	0.65	0.72	0.07
	3 级	1760 < RM	5.22	0.95	0.29	0.21	0.78	0.86	0.10

欧Ⅳ型式认证和生产一致性排放限值（g/km） 表 11-14

车辆类别		基准质量（RM）（kg）	CO		HC	NOx		HC + NOx	PM
			汽油机	柴油机	汽油机	汽油机	柴油机	柴油机	柴油机
第一类车		全部	1.00	0.50	0.10	0.08	0.25	0.30	0.025
第二类车	1 级	RM≤1305	1.00	0.50	0.10	0.08	0.25	0.30	0.025
	2 级	1305 < RM≤1760	1.81	0.63	0.13	0.10	0.33	0.39	0.04
	3 级	1760 < RM	2.27	0.74	0.16	0.11	0.39	0.46	0.06

欧Ⅴ型式认证和生产一致性排放限值（g/km） 表 11-15

车辆类别		基准质量（RM）（kg）	CO		HC	NMHC	NOx		HC + NOx	PM
			汽油机	柴油机	汽油机	汽油机	汽油机	柴油机	柴油机	柴油机
第一类车		全部	1.00	0.50	0.10	0.068	0.06	0.18	0.23	0.005
第二类车	1 级	RM≤1305	1.00	0.50	0.10	0.068	0.06	0.18	0.23	0.005
	2 级	1305 < RM≤1760	1.81	0.63	0.13	0.09	0.075	0.235	0.295	0.005
	3 级	1760 < RM	2.27	0.74	0.16	0.108	0.082	0.28	0.35	0.005

欧Ⅵ型式认证和生产一致性排放限值（g/km） 表 11-16

车辆类别		基准质量（RM）（kg）	CO		HC	NMHC	NOx		HC + NOx	PM
			汽油机	柴油机	汽油机	汽油机	汽油机	柴油机	柴油机	柴油机
第一类车		全部	1.00	0.50	0.10	0.068	0.06	0.08	0.17	0.005
第二类车	1 级	RM≤1305	1.00	0.50	0.10	0.068	0.06	0.08	0.17	0.005
	2 级	1305 < RM≤1760	1.81	0.63	0.13	0.09	0.075	0.105	0.195	0.005
	3 级	1760 < RM	2.27	0.74	0.16	0.108	0.082	0.125	0.215	0.005

三、日本汽车排放标准

日本在 1966 年起实施汽车排放法规,采用 4 工况法控制 CO。1973 年对乘员 11 人以下的客车和总质量小于 2500kg 的轻型载货车改用市区 10 工况热起动法,增加控制 HC 和 NO_x,用炭罐收集法控制汽油蒸发。1975 年起增加了城郊 11 工况冷起动试验法,并加严了 10 工况限值。表 11-17 为日本轻型车排放标准。

日本轻型车排放标准(g/试验)　　　　　　　　　表 11-17

车　型	最大总质量 GVW (t)	实施年份	CO		HC		NO_x		微粒 (g/km)
			10 工况 (g/km)	11 工况	10 工况 (g/km)	11 工况	10 工况 (g/km)	11 工况	
汽油乘用车		1978	2.7	85	0.39	9.5	0.48	6	—
		2000①	1.27	31.1	0.17	4.42	0.17	2.5	
汽油载货车	≤1.7	1981	17	130	2.7	17	0.84	8	—
		1988	2.7	85	0.39	9.5	0.48	6	
		2000①	1.27	31.1	0.17	4.42	0.17	2.5	
	1.7~2.5	1981	17	130	2.7	17.7	1.26	9.5	—
		1994①	17	130	27	17.7	0.63	6.6	
		1998①	8.42	104	0.39	9.5	0.63	6.6	
		2001①	3.36	38.3	0.17	4.42	0.25	2.78	
柴油载货车	≤1.7	1988	2.7		0.62		1.26		—
		1993②	2.7		0.62		0.84		0.34
		1997②	2.7		0.62		0.55		0.14
		2002②	0.63		0.12		0.28		0.052
	1.7~2.5	1988②	980		670		500		—
		1993②	2.7		0.62		1.82		0.43
		1997②	2.7		0.62		0.97		0.18
		2003②	0.63		0.12		0.49		0.06

注:①1994 年起改为 10.15 工况,g/km;

②1993 年前 1.7~2.5t 柴油车为 6 工况,10^{-6},1993 年后改为 10.15 工况,g/km。

日本 1989 年提出更加严格的汽车排放法规,修改试验规范改为 10.15 工况,污染物限值标准主要是修改轿车,特别是柴油乘用车,其污染物限值见表 11-18。

为减轻大气污染,日本政府 2003 年 3 月 25 日公布了一项柴油车尾气排放标准的法令,对自 2005 年秋季出售的车辆做出了迄今为止全世界最为严格的规定。这项新法令对能引起呼吸器官不适的 NO_x 尤其是一种疑为致癌物质的微粒物的排放量做出了严格的限制,甚至严于欧美正在执行的标准。对运载量在 3.5t 以上的大型货车和客车,微粒物的允许排放量由 0.18g/kW·h 减少到 0.027g/(kW·h),降低了 85%;NO_x 排放量由 3.38g/(kW·h)减少到 2g/(kW·h),降低了 41%;中小型客运、货运车的标准则是微粒物由 0.052~0.06

$g/(kW \cdot h)$ 减少到 $0.013 \sim 0.015g/(kW \cdot h)$，降低了 75%；$NO_x$ 由 $0.28 \sim 0.49\ g/(kW \cdot h)$ 减少到 $0.14 \sim 0.25g/(kW \cdot h)$，降低了 50%。

日本柴油乘用车 NO_x 排放短期和长期目标　　　　　　　　　　　表 11-18

污染物	最大总质量 GVW (t)	标准	实施年份	工况	第一阶段			第二阶段			新短期目标⑥		
					标准	实施年份	降低(%)	标准	实施年份	降低(%)	限值	实施年份	降低(%)
NO_x	≤1.25	0.98	1986MT① 1987AT②	10.15⑤ 工况	0.72	1994	29	0.55	1997	43	0.28	2002	60
	>1.25	1.26	1986MT 1987AT		0.84		33		1998	56	0.30		67
微粒		—			0.2		—	0.14	1998	60	0.052③ 0.052④		74 72

注：①MT 手动变速器。

②AT 自动变速器。

③≤1.25 t。

④>1.25 t。

⑤1994 年前为 10 工况；≤1.25t，NO_x 在 1990 年实施 0.5g/km；>1.25t，NO_x 在 1992 年实施 0.6g/km。

⑥1998 年提出。

日本环境省认为，新法令的实施将大大减轻大型柴油车辆的污染，并且可以促使人们更多地使用中小型汽油车。

第二节　我国汽车排放标准

我国汽车排放控制始于 20 世纪 80 年代初。80 年代末，我国的轻型汽车、重型柴油车和摩托车的排放控制移植和采用了欧洲排放标准体系。1993 年，我国发布七项汽车排放国家标准《轻型汽车排气污染物限值及测试方法》(GB 14761.1—1993)、《车用汽油机排气污染物排放标准》(GB 14761.2—1993)、《汽油车燃油蒸发污染物排放标准》(GB 14761.3—1993)、《汽车曲轴箱污染物排放标准》(GB 14761.4—1993)、《汽油车怠速污染物排放标准》(GB 14761.5—1993)、《柴油车自由加速烟度排放标准》(GB 14761.6—1993)、《汽车柴油机全负荷烟度排放标准》(GB 14761.7—1993)。1999 年，我国正式发布四项汽车排放国家标准 GB 14761—1999、GB 17691—1999、GB 3847—1999、GMW 692—1999，于 2000 年 1 月 1 日起实施。至此，我国新车排放达到欧洲 20 世纪 90 年代初期水平。我国 2001 年 4 月 16 日发布了 GB 18352.1—2001 与 GB 18352.2—2001 分别于 2001 年 4 月 16 日与 2004 年 7 月 1 日起实施，于 2002 年 11 月 27 日颁布了 GB 14762—2002，从 2003 年 1 月 1 日起实施，于 2005 年 4 月 27 日颁布了 GB 18352.3—2005，于 2007 年 7 月 1 日与 2010 年 7 月 1 日分别实施第Ⅲ与第Ⅳ阶段排放限值。

一、1993 年颁布的排放标准

1. 轻型汽车排气污染物排放标准(GB 14761.1—1993)

表 11-19 为轻型汽车冷起动后排气污染物排放标准值，适用于装备点燃式四冲程发动机及压燃式发动机，最大总质量为 400 ~ 3500kg，最大设计车速等于或大于 50km/h 的轿车、客车和货车。

基准质量（RM）	CO　　L$_1$		HC（C 当量）　　L$_2$		NO$_x$（NO$_2$ 当量）　　L$_3$	
（kg）	型式认证	一致性	型式认证	一致性	型式认证	一致性
$RM \leq 750$	65	78	10.8	14.0	8.5	10.2
$750 < RM \leq 850$	71	85	11.3	14.8	8.5	10.2
$850 < RM \leq 1020$	76	91	11.7	15.3	8.5	10.2
$1020 < RM \leq 1250$	87	104	12.8	16.6	10.2	12.2
$1250 < RM \leq 1470$	99	119	13.7	17.8	11.9	14.3
$1470 < RM \leq 1700$	110	132	14.6	18.9	12.3	14.8
$1700 < RM \leq 1930$	121	145	15.5	20.2	12.8	15.4
$1930 < RM \leq 2150$	132	158	16.4	21.2	13.2	15.8
$2150 < RM$	143	172	17.3	22.5	13.6	16.3

2. 汽油车怠速污染物排放标准（GB 14761.5—1993）

表 11-20 为道路用汽油车怠速污染物排放标准值,适用最大总质量大于 400kg、最大设计车速等于 50km/h 的汽车。

新汽油车怠速污染物排放标准表　　　　表 11-20

项目　　　　　　车型 车别	CO（%）		HC（10^{-6}）[①]			
			四冲程		二冲程	
	轻型车	重型车	轻型车	重型车	轻型车	重型车
1995 年 7 月 1 日以前定型的汽车	3.5	4.0	900	1200	6500	7000
1995 年 7 月 1 日以前新生产汽车	4.0	4.5	1000	1500	7000	7800
1995 年 7 月 1 日起的定型汽车	3.0	3.5	600	900	6000	6500
1995 年 7 月 1 日起的新生产汽车	3.5	4.0	700	1000	6500	7000

注:①HC 容积浓度值按正己烷当量。

二、1993 年北京市颁布的汽车排放标准

表 11-21 为 1998 年公布的北京市汽车排放污染物标准限值,比我国当时的标准值要高 80% 以上,达到欧洲 20 世纪 90 年代初的标准。

1998 年北京市汽车排放标准（g/km）　　　　表 11-21

类别	一类车				二类车		
排放物	1999.1.1 ~ 2003.12.31	2004.1.1 起			2001.1.1 ~ 2003.12.31	2004.1.1 起	
		汽油车	柴油车	直喷柴油车		汽油车	柴油车
CO	3.16	2.2	1.0	1.0	3.16 ~ 8.0	2.2 ~ 5.0	1.0 ~ 1.5
HC + NO$_x$	1.13	0.5	0.7	0.9	1.13 ~ 2.0	0.5 ~ 0.7	
PM	0.18	0	0.08	0.1	0.18 ~ 0.29	0.08 ~ 0.17	

注:一类车指除驾驶人座位外,乘客座位不超过 8 个的车辆和厂定最大总质量不超过 3.5t 的载货车辆。二类车指除驾驶人座位外,乘客座位超过 8 个的车辆和厂定最大总质量不超过 5t 的载货车辆。

三、1999 年颁布的排放标准

国家质量技术监督局于 1999 年 3 月 10 日发布了《汽车排放污染物限值及测试方法》

（GB 14761—1999）、《压燃式发动机和装用压燃式发动机的车辆排气污染物限值及测试方法》（GB 17691—1999）和《压燃式发动机和装用压燃式发动机的车辆排气可见污染物限值及测试方法》（GB 3847—1999），于 2000 年 1 月 1 日起实施，标准比之前要严格得多。此标准适用于在我国境内行驶的汽油车、柴油车、液化石油气车及压缩天然气车。此四项标准均采用 ECE 法规，完善了汽车排放标准体系，是保护环境、促进汽车工业、提高技术水平与保证汽车工业持续健康发展的需要，为我国汽车排放标准今后的各项工作奠定了坚实的基础。

1. 汽车排放污染物限值及测试方法（GB 14761—1999）

本国家标准控制汽车排放的水平是欧 I 法规。在采用 ECER83/02 的技术内容时，结合中国的国情作了如下改动：用普通级无铅汽油代替 ECER83/02 中的含铅汽油；本标准控制对象是新型车辆的型式认证和生产一致性的检查，而"在用汽车"不在此标准的限制范围之内。

其排放限值执行日期及限值见表 11-22 ~ 表 11-25。

排放限值执行日期表   表 11-22

试验类型	试验分类	A 类及 B 类认证	B 类认证		C 类认证	
		M[①]N[①]类车辆	M₁[②]	N₁[③]	M₁[②]	N₁[③]
排气及曲轴箱气体排放	类型认证	2000.01.01	2000.01.01	2001.01.01	2000.01.01	2001.01.01
	生产一致性	2000.01.01	2001.01.01	2002.01.01	2001.01.01	2002.01.01
蒸发排放	类型认证	2001.07.01				
	生产一致性	2002.01.01				

注：①对 B 类认证指最大总质量超过 3500kg 的 M、N 类车辆。
②指车辆设计乘员人数（包驾驶人）不超过 6 人，且车辆的最大总质量不超过 2500kg。
③还包括设计上乘员数（含驾驶人）超过 6 人，或车辆的最大总质量超过 2500kg 但不超过 3500kg 的 M 类车辆。

M₁ 类车辆 A 类认证试验排放限值（g/km）   表 11-23

基准质量 RM（kg）	CO L_1	HC + NO$_x$ L_2
$RM \leqslant 1020$	58	19.0
$1020 < RM \leqslant 1250$	67	20.5
$1250 < RM \leqslant 1470$	76	22.0
$1470 < RM \leqslant 1700$	84	23.5
$1700 < RM \leqslant 1930$	93	25.0
$1930 < RM \leqslant 2150$	101	26.5
$2150 < RM$	110	28.0

注：N 类车辆类型认证的一氧化碳（CO）排放限值同上表 L_1 的规定，碳氢化合物和氮氧化物（HC + NO$_x$）总质量排放限值应为上表 L_2 值乘以系数 1.25。

B 类认证排放限值（g/km）   表 11-24

车 辆 类 型		基准质量 RM（kg）	CO L_1	HC + NO$_x$ L_2
M₁		全 部	2.72	0.97
N₁	1 类	$RM \leqslant 1250$	2.72	0.97
	2 类	$1250 < RM \leqslant 1700$	5.17	1.40
	3 类	$1700 < RM$	6.00	1.70

燃用柴油的 M1 和 N2 车辆(C 类认证)见表 11-25。

C 类认证排放限值(g/km)　　　　　　　　　表 11-25

车 辆 类 型		基准质量 RM(kg)	CO　L_1	HC + NO$_x$　L_2	PM　L_4
M_1		全部	2.72	0.97	0.14
N_1	1 类	$RM \leqslant 1250$	2.72	0.97	0.14
	2 类	$1250 < RM \leqslant 1700$	5.17	1.40	0.19
	3 类	$1700 < RM$	6.90	1.70	0.25

2. 压燃式发动机和装用压燃式发动机的车辆排气污染物限值(GB 17691—1999)(表 11-26)

型式认证和生产一致性试验气态和微粒污染物排放限值　　　　表 11-26

实施阶段	实施日期	CO		HC		NO$_x$		PM			
								$\leqslant 85kW$[①]		$> 85kW$[①]	
		类型	一致性	类型	一致性	类型	一致性	类型	一致性	类型	一致性
A	2000.1.1	4.5	4.9	1.1	1.23	8.0	9.0	0.61	0.68	0.36	0.4
B	2005.1.1	4.0	4.0	1.1	1.1	7.0	7.0	0.15	0.15	0.15	0.15

注:①指发动机功率。

四、2001 年颁布的排放标准

国家环境保护总局 2001 年发布了三项国家污染物排放标准:《轻型汽车污染物排放限值及测量方法(Ⅰ)》(GB 18352.1—2001),从 2001 年 4 月 16 日起实施;《轻型汽车污染物排放限值及测量方法(Ⅱ)》(GB 18352.2—2001),从 2004 年 7 月 1 日起实施;《车用压燃式发动机排气污染物排放限值及测量方法》(GB 17691—2001)。2011 年 6 月 30 日国家环境保护总局发布《关于实施国家第二阶段轻型车排放标准的公告》,规定自 2011 年 7 月 1 日起,在全国范围内开始实施相当于欧Ⅱ标准的国家机动车污染物排放标准第二阶段限值 GB 18352.2,又称国 2 标准,并停止对达到国家机动车排污标准第一阶段排放限值(相当于欧Ⅰ标准,又称国 1 标准)轻型车型式核准的申报和核准。"国 2 标准"与"国 1 标准"相比,CO 降低 30.4%;HC 与 NO$_x$ 降低 55.8%,新标准的实施标志着我国机动车污染防治进入了一个新阶段。其车辆类型认证Ⅰ型试验与生产一致性检查Ⅰ型试验的排放限值见表 11-27 与表 11-28。

车辆类型认证Ⅰ型试验的排放限值(g/km)　　　　　　　　表 11-27

车辆类型		基准质量 RM (kg)	CO(L_1)		HC + NO$_x$(L_2)			PM(L_3)	
			点燃式	压燃式	点燃式	非直喷压燃式	直喷压燃式	非直喷压燃式	直喷压燃式
M_1[①]		全部	2.72		0.97	1.36[②]	0.2	1.36[②]	
N_1[②]	1 类	$RM \leqslant 1250$	2.72		0.97	1.36[②]	0.14	0.2[③]	
	2 类	$1250 < RM \leqslant 1700$	5.17		1.40	1.96[③]	0.19	0.27[③]	
	3 类	$1700 < RM$	6.90		1.70	2.38[③]	0.25	0.35[③]	

生产一致性检查 I 型试验的排放限值（g/km）　　　　　　表 11-28

车辆类型		基准质量 RM（kg）	CO（L₁）		HC + NOₓ（L₂）			PM（L₃）	
			点燃式	压燃式	点燃式	非直喷压燃式	直喷压燃式	非直喷压燃式	直喷压燃式
M₁①		全部	3.16		1.13	1.58②		0.18	0.25②
N₁②	1 类	RM ≤ 1250	3.16		1.13	1.58③		0.18	0.25③
	2 类	1250 < RM ≤ 1700	6.00		1.60	2.24③		0.22	0.31③
	3 类	1700 < RM	8.00		2.00	2.80③		0.29	0.41③

注（表 11-27 和表 11-28 中）：

①只适用于以压燃式发动机为动力的车辆。

②表中所列的以直喷式柴油机为动力的车辆的排放限值的有效期为 2 年。

③表中所列的以直喷式柴油机为动力的车辆的排放限值的有效期为 1 年。

五、2002 年颁布的排放标准

我国于 2002 年 11 月 27 颁布了《车用点燃式发动机及装用点燃式发动机汽车排气污染物排放限值及测量方法》（GB 14762—2002），从 2003 年 1 月 1 日起实施。本标准规定了点燃式发动机两个实施阶段的型式核准和生产一致性检查试验的排放限值和测量方法，见表 11-29、表 11-30。

型式核准试验排放限值［g/（kW·h）］　　　　　　表 11-29

实施日期	汽油机		点燃式 NG、LPG 发动机②			
	CO	HC + NOₓ	CO	HC		NOₓ
				NMHC③④	THC④	
2002.7.1	34.0	14.0	4.5	0.9	1.1	8.0
2003.9.1	9.7, 17.4①	4.1, 5.6①	4.0	0.9	1.1	7.0

生产一致性检查试验排放限值［g/（kW·h）］　　　　　　表 11-30

实施日期	汽油机		点燃式 NG、LPG 发动机②			
	CO	HC + NOₓ	CO	HC		NOₓ
				NMHC③④	THC④	
2003.7.1	41.0	17.0	4.9	1.0	1.23	9.0
2004.9.1	11.6, 19.3①	4.9, 6.2①	4.0	0.9	1.1	7.0

注（表 11-29 和表 11-30 中）：

①仅适用于 GVM > 6350kg 的重型汽油车。

②对于汽油/LPG、汽油/NG 的点燃式两用发动机，燃用汽油时应满足汽油机对应的限值要求，对于燃用 NG/LPG 燃料时应满足表中点燃式 NG、LPG 发动机限值的要求。

③仅适用于 NG 发动机。

④制造厂可根据具体情况选择采用非甲烷碳氢 NMHC 或总碳氢 THC 限值。

六、2005 年颁布的排放标准

国家按照《轻型汽车污染物排放限值及测量方法（Ⅲ、Ⅳ）》（GB 18352.3—2005）于 2007 年 7 月 1 日与 2010 年 7 月 1 日分别实施第Ⅲ阶段与第Ⅳ阶段排放限值。本标准规定每次试验测得的气态排放物质量，以及压燃式发动机汽车的颗粒物质量，都必须低于表 11-31 所示限值。表 11-32 为Ⅵ型试验（低温试验）的排放限值。型式核准的执行日期见表 11-33。

Ⅰ型试验排放限值(g/km)　　　　　　　　　　　　　　　　　　表 11-31

阶段	类别	级别	基准质量 RM (kg)	CO (L_1)		HC (L_2)		NO_x (L_3)		HC+NO_x (L_2+L_3)		PM (L_4)
				点燃式	压燃式	点燃式	压燃式	点燃式	压燃式	点燃式	压燃式	压燃式
Ⅲ	第一类车	—	全部	2.3	0.64	0.20	—	0.15	0.50	—	0.56	0.05
	第二类车	Ⅰ	$RM \leqslant 1305$	2.3	0.64	0.20	—	0.15	0.50	—	0.56	0.05
		Ⅱ	$1305 < RM \leqslant 1760$	4.17	0.80	0.25	—	0.18	0.65	—	0.72	0.07
		Ⅲ	$1760 < RM$	5.22	0.95	0.29	—	0.21	0.78	—	0.86	0.10
Ⅳ	第一类车	—	全部	1.00	0.50	0.10	—	0.08	0.25	—	0.30	0.025
	第二类车	Ⅰ	$RM \leqslant 1305$	1.00	0.50	0.10	—	0.08	0.25	—	0.30	0.025
		Ⅱ	$1305 < RM \leqslant 1760$	1.81	0.63	0.13	—	0.10	0.33	—	0.39	0.04
		Ⅲ	$1760 < RM$	2.27	0.74	0.16	—	0.11	0.39	—	0.46	0.06

Ⅵ型试验的排放限值(g/km)　　　　　　　　　　　　　　　　　表 11-32

类　　别	级别	基准质量 RM (kg)	CO L_1	HC L_2
第一类车	—	全部	15	1.8
第二类车	Ⅰ	$RM \leqslant 1305$	15	1.8
	Ⅱ	$1305 < RM \leqslant 1760$	24	2.7
	Ⅲ	$1760 < RM$	30	3.2

注:试验温度 266K(-7℃)

型式核准执行日期　　　　　　　　　　　　　　　　　　　　　表 11-33

试验项目		第Ⅲ阶段	第Ⅳ阶段
Ⅰ型试验 Ⅲ型试验 Ⅳ型试验 Ⅴ型试验 Ⅵ型试验		2007.7.1	2010.7.1
车载诊断(OBD)系统试验	第一类汽油车	2008.7.1	
	其他车辆	2010.7.1	

七、轻型汽车污染物排放限值及测量方法(中国第五阶段)

我国于 2013 年 9 月 17 日发布了《轻型汽车污染物排放限值及测量方法(中国第五阶段)》(GB18352.5—2013),规定于 2018 年 1 月 1 日代替《轻型汽车污染物排放限制及测量方法(中国第Ⅲ、Ⅳ阶段)》(GB 18352.5—2005)。标准规定了轻型汽车污染物排放第五阶段型式核准的要求、生产一致性和在用符合性的检查和判定方法。

本标准与第四阶段相比主要变化如下。

①标准的适用范围扩大到基准质量不超过2610kg的汽车,明确了轻型混合动力汽车电动汽车应符合本标准要求。

②提高了Ⅰ型实验排放控制要求,修订了颗粒物质量测量方法并增加了粒子数量测量要求。

③将点燃式汽车的双怠速试验和压燃车的自由加速烟度试验归为Ⅱ型实验。

④提高了Ⅴ型试验的耐久性里程要求,增加了标准道路循环以及点燃式发动机的台架老化实验方法。

⑤增加了炭罐有效容积和初始工作能力的试验要求。

⑥增加了催化转化器载体体积和贵金属含量的试验要求。

⑦对车载诊断(OBD)系统的监测项目、极限值、两用燃料车的车载诊断技术等要求进行了修订。

⑧修订了生产一致性检查的判定方法,增加了炭罐、催化转化器的生产一致性检查要求。

⑨修订了在用符合性检查的相关要求,增加了车载诊断(OBD)系统、蒸发排放的检查要求。

⑩增加了排气后处理系统使用反应剂的汽车的技术要求。

⑪增加了装有周期性再生系统汽车的排放实验规程。

⑫修订了实验用燃料的技术要求。

表11-34为Ⅵ型实验(低温下冷起动后排气中CO和THC排放实验)的排放限值。

Ⅵ型实验(低温下冷起动后排气中CO和THC排放实验)**的排放限值**　　表11-34

实验温度266K(−7℃)				
类　别	级　别	基准质量 RM (kg)	CO L_1(g/km)	THC L_2(g/km)
第一类车	—	全部	15.0	1.80
第二类车	Ⅰ	$RM \leqslant 1305$	15.0	1.80
	Ⅱ	$1305 \leqslant RM \leqslant 1760$	24.0	2.70
	Ⅲ	$1760 < RM$	30.0	3.20

表11-35为Ⅰ型实验(常温下冷启动后排气污染物排放实验)的排放限值。

八、轻型汽车污染物排放限值及测量方法(中国第六阶段)

我国于2016年12月23日发布了《轻型汽车污染物排放限值及测量方法(中国第六阶段)》(GB18352.6—2016),规定于自2020年7月1日起,所有销售和注册登记的轻型汽车应符合本标准要求。标准规定了轻型汽车污染物排放第六阶段类型检验的要求、生产一致性和在用符合性的检查和判定方法。生产企业有义务确保所生产和销售的车辆,满足本标准所规定的在用符合性要求。

与《轻型汽车污染物排放限值及测量发放(中国第五阶段)》(GB18352.5—2013)相比,本标准的主要变化有如下方面。

①变更了Ⅰ型试验测试循环,加严了污染物排放限值,增加了汽油车排放颗粒物数量测量要求。

表 11-35

I 型实验（常温下冷起动后排气污染物排放实验）的排放限值

<table>
<tr><th rowspan="3">类 别</th><th colspan="14">限　　　值</th></tr>
<tr><th colspan="2">CO</th><th colspan="2">THC</th><th colspan="2">NMHC</th><th colspan="2">NO$_x$</th><th colspan="2">THC + NO$_x$</th><th colspan="2">PM</th><th colspan="2">PN</th></tr>
<tr><th colspan="2">L$_1$ (g/km)</th><th colspan="2">L$_2$ (g/km)</th><th colspan="2">L$_3$ (g/km)</th><th colspan="2">L$_4$ (g/km)</th><th colspan="2">L$_2$ + L$_4$ (g/km)</th><th colspan="2">L$_5$ (g/km)</th><th colspan="2">L$_6$（个/km）</th></tr>
<tr><th>基准质量 RM (kg)</th><th>PI</th><th>CI</th><th>PI</th><th>CI</th><th>PI</th><th>CI</th><th>PI</th><th>CI</th><th>PI</th><th>CI</th><th>PI^①</th><th>CI</th><th>PI</th><th>CI</th></tr>
<tr><td>第一类车　—　全部</td><td>1.00</td><td>0.50</td><td>0.100</td><td>—</td><td>0.068</td><td>—</td><td>0.060</td><td>0.180</td><td>—</td><td>0.230</td><td>0.0045</td><td>0.0045</td><td>—</td><td>6.0×10^{11}</td></tr>
<tr><td>第二类车　I　RM≤1305</td><td>1.00</td><td>0.50</td><td>0.100</td><td>—</td><td>0.068</td><td>—</td><td>0.060</td><td>0.180</td><td>—</td><td>0.230</td><td>0.0045</td><td>0.0045</td><td>—</td><td>6.0×10^{11}</td></tr>
<tr><td>II　1305≤RM≤1760</td><td>1.81</td><td>0.63</td><td>0.130</td><td>—</td><td>0.090</td><td>—</td><td>0.075</td><td>0.235</td><td>—</td><td>0.295</td><td>0.0045</td><td>0.0045</td><td>—</td><td>6.0×10^{11}</td></tr>
<tr><td>III　1760＜RM</td><td>2.27</td><td>0.74</td><td>0.160</td><td>—</td><td>0.108</td><td>—</td><td>0.082</td><td>0.280</td><td>—</td><td>0.350</td><td>0.0045</td><td>0.0045</td><td>—</td><td>6.0×10^{11}</td></tr>
</table>

注：PI = 点燃式，CI = 压燃式；

① 仅适用于装缸内直喷发动机的汽车。

②将实际行驶污染物排放(RDE)试验定为Ⅱ型试验。

③加严了Ⅵ型试验项目和限值。

④修订了对车载诊断系统的监测项目、阈值及监测条件等技术要求。

⑤修订了获取汽车车载诊断系统和汽车维护修理信息的相关要求。

⑥修订了生产一致性检查的判定方法和在用符合性检查的相关要求。

⑦修订了试验用燃料的技术要求。

⑧增加了加油过程污染物控制要求。

⑨增加了混合动力电动汽车的试验要求。

表 11-36 为 Ⅰ 型实验(常温下冷起动后排气污染物排放实验)的排放限值。

Ⅰ 型实验排放限值(6a)　　　　　　　　　　　　　　　　表 11-36a)

类　别		测试质量 TM （kg）	限　　　值						
			CO	THC	NMHC	NO_x	N_2O	PM	$PN^{①}$
			（mg/km）	（mg/km）	（mg/km）	（mg/km）	（mg/km）	（mg/km）	（个/km）
第一类车	—	全部	700	100	68	60	20	4.5	6.0×10^{11}
第二类车	Ⅰ	$TM \leq 1305$	700	100	68	60	20	4.5	6.0×10^{11}
	Ⅱ	$1305 \leq TM \leq 1760$	880	130	90	75	25	4.5	6.0×10^{11}
	Ⅲ	$1760 < TM$	1000	160	108	82	30	4.5	6.0×10^{11}

注:①2020 年 7 月 1 日前,汽油车适用 6.0×10^{12} 个/km 的过渡限值

Ⅰ 型实验排放限值(6b)　　　　　　　　　　　　　　　　表 11-36b)

类　别		测试质量 TM （kg）	限　　　值						
			CO	THC	NMHC	NO_x	N_2O	PM	$PN^{①}$
			（mg/km）	（mg/km）	（mg/km）	（mg/km）	（mg/km）	（mg/km）	（个/km）
第一类车	—	全部	500	50	35	35	20	3.0	6.0×10^{11}
第二类车	Ⅰ	$TM \leq 1305$	500	50	35	35	20	3.0	6.0×10^{11}
	Ⅱ	$1305 \leq TM \leq 1760$	730	65	45	45	25	3.0	6.0×10^{11}
	Ⅲ	$1760 < TM$	640	80	55	50	30	3.0	6.0×10^{11}

注:①2020 年 7 月 1 日前,汽油车适用 6.0×10^{12} 个/km 的过渡限值

注意:自 2020 年 7 月 1 日起,所有销售和注册登记的轻型汽车应符合本标准要求,其中Ⅰ型试验应符合 6a 限值要求。自 2023 年 7 月 1 日起,所有销售和注册登记的轻型汽车应符合本标准要求,其中Ⅰ型试验应符合 6b 限值要求。

表 11-37 为 Ⅵ 型实验(低温下冷起动后排气中 CO、THC 和 NO_x 排放实验)的排放限值。

Ⅵ型实验的排放限值　　　　　　　　　　　　　　　　表 11-37

类　　别	级　别	测试质量 TM （kg）	CO （g/km）	THC （g/km）	NO_x （g/km）
第一类车	—	全部	10.0	1.20	0.25
第二类车	Ⅰ	$TM \leq 1305$	10.0	1.20	0.25
	Ⅱ	$1305 \leq TM \leq 1760$	16.0	1.80	0.50
	Ⅲ	$1760 < TM$	20.0	2.10	0.80

思 考 题

11-1 排放法规的目标及主要内容是什么?

11-2 从 1996 年起,联合国欧洲经济委员会(ECE)的排放标准有了哪些实际性的变化?

11-3 我国颁布了哪些排放标准,分别于何时开始实施?

参 考 文 献

[1] 龚金科.汽车排放及控制技术[M].1版.北京:人民交通出版社,2007.

[2] 龚金科.汽车排放及控制技术[M].2版.北京:人民交通出版社,2012.

[3] 北京市环境保护局.2015年北京市环境状况公报[J/OJ].http://www.bjepb.gov.cn.

[4] 北京市环境保护局.2016年北京市环境状况公报[J/OJ].http://www.bjepb.gov.cn.

[5] 北京市环境保护局.2017年北京市环境状况公报[J/OJ].http://www.bjepb.gov.cn.

[6] 郝吉明,傅立新.贺克斌,等.城市机动车排放污染控制[M].北京:中国环境科学出版社,2001.

[7] 杨建华,龚金科,吴义虎.内燃机性能提高技术[M].北京:人民交通出版社,2000.

[8] 王建昕,傅立新,黎维彬.汽车排气污染治理及催化转化器[M].北京:化学工业出版社,2000.

[9] 刘巽俊.内燃机的排放与控制[M].北京:机械工业出版社,2003.

[10] 天津大学物理化学教研室.物理化学[M].北京:高等教育出版社,2000.

[11] 朱崇基,周有平,何文华.汽车环境保护学[M].杭州:浙江大学出版社,2001.

[12] 朱仙鼎.中国内燃机工程师手册[M].上海:上海科学技术出版社,2000.

[13] 曹声春,胡艾希,尹笃林.催化原理及其工业应用技术[M].长沙:湖南大学出版社,2001.

[14] 孙锦宜,林西平.环保催化材料与应用[M].北京:化学工业出版社,2002.

[15] 龚金科,周立迎,梁昱,等.三效催化转化器压力损失对发动机性能的影响[J].汽车工程,2004,26(4):413-416.

[16] 龚金科,谭凯,刘孟祥,等.电控摩托车汽油机发动机基本MAP的建模与仿真[J].内燃机学报,2004,22(1):70-74.

[17] 周龙保.内燃机学[M].北京:机械工业出版社,2015.

[18] 夏淑敏,邱先文,赵新顺,等.车用汽油机缸内直喷技术的研究现状与展望[J].农业机械学报,2003,34(5).

[19] 杨宝全.可变气门正时技术在汽油机上的应用[D].哈尔滨:哈尔滨工程大学,2007.

[20] 戴正兴.可变进排气正时汽油机的性能仿真与优化[D].上海:上海交通大学,2008.

[21] 张桐山.基于可变气门正时技术的汽油机排放性能研究[D].天津:天津大学,2008.

[22] 平银生,张小矛,董尧清.利用可变气门相位提高车用发动机性能的研究[J].内燃机工程,2008,29(6).

[23] 陈红.汽油机废气涡轮增压技术的研究及发展前景[J].内燃机,2008(1).

[24] 晁燕.HCCI发动机燃料着火特性研究[D].武汉:华中科技大学,2009.

[25] 李彪.均质压燃船舶柴油机燃烧过程与NO_x排放的数值模拟[D].大连:大连海事大学,2009.

[26] 赵新顺,曹会智,温茂禄,等.HCCI技术的研究现状与展望[J].内燃机工程,2004.25(4):73-77.

[27] 申琳,裴普成,樊林,等.在汽油机上实施HCCI的技术策略[J].内燃机工程,2004,25(3):44-47.

[28] 黄豪中. 柴油均质压燃(HCCI)发动机燃烧过程数值模拟和实验研究[D], 天津: 天津大学, 2007.

[29] 蒋德明. 高等内燃机原理[M]. 西安: 西安交通大学出版社, 2002.

[30] 陆际清. 汽车发动机燃料供给与调节[M]. 北京: 清华大学出版社, 2002.

[31] 胡晖, 胡瑞玲, 李志强. 冷却的废气再循环(EGR)技术—降低 NO_x 排放的主要措施[J]. 湖南大学学报, 2003, 30(3).

[32] 朱会田, 彭生辉, 戴启清. 车用汽油机废气涡轮增压存在障碍及对策[J], 小型内燃机与摩托车, 2002, 31(4).

[33] 王长宇, 黄英, 葛蕴珊, 等. 汽车排放法规的发展历程和技术对策[J]. 车辆与动力技术, 2000(4): 58-62.

[34] 赵士林. 赴美内燃机技术考察[J]. 国外内燃机, 2002(1): 3-12, 21.

[35] 陈清泉, 孙逢春, 祝嘉光. 现代电动汽车技术[M]. 北京: 北京理工大学出版社, 2002.

[36] 陈清泉, 孙逢春. 混合电动车辆基础[M]. 北京: 北京理工大学出版社, 2001.

[37] 姜涛淼. 混合动力汽车要解决的关键技术[J]. 汽车维修, 2001(11): 8-10.

[38] 陈晓东, 高世杰. 混合动力汽车发展所面临的挑战[J]. 汽车工业研究, 2001(6): 16-20.

[39] 钱立军, 赵韩, 鲁付俊. 混合动力汽车传动系结构分析[J]. 合肥工业大学学报, 2003, 26(6): 1121-1126.

[40] 朱会田, 彭生辉, 戴启清. 车用汽油机废气涡轮增压存在障碍及对策[J]. 小型内燃机与摩托车, 2002, 31(4).

[41] 吴义虎, 张利军, 苏汉元, 等. 车用汽油机怠速排放特性研究[J]. 内燃机工程, 2000, 21(4): 45-47.

[42] 李兴虎, 崔海龙, 等. 点燃式发动机排放特性研究[J]. 内燃机工程, 2003, 24(2): 1-5.

[43] 阎淑芳, 刘江唯, 等. 南汽 NJ81540.43C 轻型车用柴油机的排放特性[J]. 汽车技术, 2002(7): 23-26.

[44] 赵晓中, 张兆合, 张志远. 6110 直喷式柴油机排放特性分析[J]. 发动机学报, 2002, 20(3): 230-234.

[45] 周斌, 李玉梅, 王国权. 柴油机稳态工况废气排放特性的试验研究[J]. 西南交通大学学报, 2002, 37(4): 421-424.

[46] 刘峥, 王建昕. 汽车发动机原理教程[M]. 北京: 清华大学出版社, 2001.

[47] 杨杰民, 郑霞君. 现代汽车柴油机电控系统[M]. 上海: 上海交通大学出版社, 2002.

[48] 顾永万, 贺小昆, 张爱敏, 等. 稀燃车用催化剂的研究进展[J]. 贵金属, 2003, 24(4): 63-67.

[49] 周玉明. 内燃机废气排放及控制技术[M]. 北京: 人民交通出版社, 2001, 152-153.

[50] 张广宇. 吸附还原催化转化器降低稀燃汽油机 NO_x 排放机理模拟与实验研究[D]. 天津: 天津大学, 2006, 31-34.

[51] 万颖, 王正, 马建新. 含金属分子筛上 NO_x 选择性催化还原研究进展 Ⅱ. 含贵金属分子筛体系和 HC-SCR 反应机理[J]. 分子催化, 2002, 16(3): 234-239.

[52] 张志沛. 汽车发动机原理[M]. 北京: 人民交通出版社, 2002.

[53] 杨世友, 顾宏中, 郭中朝. 柴油机涡轮增压系统研究现状与进展[J]. 柴油机, 2001(4): 1-5.

［54］曲明辉,贺宇,姚广涛,等. 采用废气再循环降低柴油机 NO$_x$ 排放［J］. 小型内燃机,2000,
29(2):29-32.

［55］杜传进,欧阳明高,吴俊涛,等. 时间控制式柴油喷射系统初期喷油率控制方法［J］. 清
华大学学报(自然科学版),1999,39(11):76-78.

［56］王军,姜斯平,张立军. 车用柴油机电控燃油喷射系统的分析［J］. 小型内燃机,2000,
29(4):26-29.

［57］黄强,刘永长. 车用柴油机电控燃油喷射系统的现状与发展［J］. 柴油机设计与制造,
2001(2):31-37.

［58］徐春龙. 柴油机电控燃油喷射系统［J］. 内燃机,2002(4):29-31.

［59］杨林,冒晓建,卓斌. 车用柴油机高压共轨燃油喷射压力控制技术［J］. 车用发动机,
2001(5):1-5.

［60］李长河,卫建斌,高连兴. 柴油机共轨喷射系统的发展及关键技术［J］. 内蒙古民族大学
学报(自然科学版),2003,18(2):138-141.

［61］杨润生,赵锦成,王立光. 柴油机共轨式燃料喷射系统［J］. 移动电源与车辆,2001(2):
32-35.

［62］刘治中,许世海,姚如杰. 北京:液体燃料的性质及应用［M］. 中国石化出版社,2000.

［63］黎苏,黎晓鹰,黎志勤. 汽车发动机动态过程及其控制［M］. 北京:人民交通出版
社,2001.

［64］轻型汽车污染物排放限值及测量方法(Ⅰ). GB 18352. 1—2001.

［65］轻型汽车污染物排放限值及测量方法(Ⅱ). GB 18352. 2—2001.

［66］T. Shamim, H. Shen, S. Sengupta, et al. A Comprehensive Model to Predict Three-Way
Catalytic Converter Performance［J］. Journal of Engineering for Gas Turbines and Power,
2002,124:421-428.

［67］Athanasios G. Konstandopoulos, Evanglelos Skaperdas. Optimized Filter Design and Selection
Criteria for Continuously regenerating Diesel Particulate Traps［C］. SAE Paper No. 1999-01-
0468, 1999.

［68］Peter L. , Kelly-Zion and John E. Dec. A computational study of the effect of fuel-tupe on ig-
nition time in HCCI engines［C］. Proceedings of the 28th International Symposium, 2000, 1:
1187-1194.

［69］Athanasios G. Konstandopoulos, et al. Fundamental Studies of Diesel Particulate Filters:
Transient Loading,Regeneration and Aging［C］. SAE Paper No. 2000-01-1016.

［70］Athanasios G. Konstandopoulos, Evanglelos Skaperdas. Inertial Contributions to the Pressure
Drop of Diesel Particulate Filters［C］. SAE Paper No. 2001-01-0909,2001.

［71］Konstandopoulos A. G. , Johnson J. H. Wall-flow Diesel Particulate Filters-Their Pressure
Drop and Collection Efficiency［C］. SAE Paper No. 890405,1989.

［72］Mansour Masoudi. Hydrodynamics of Diesel Particulate Filters［C］. SAE Paper No. 2002-01-
1016,2002.

［73］Masoudi M. , Heibel A. , Then P. M. . Predicting Pressure Drop of Diesel Particulate Fil-
ters:Theory and Experiment［C］. SAE Paper No. 2000-01-0184,2000.

［74］Mansour Masoudi, Konstandopoulos, A. G. . Validation of Model and Development of a

Simulator for Predicting the Pressure Drop of Diesel Particulate Filters[C]. SAE Paper No. 2001-01-0911,2001.

[75] Z. Zhang, S. L. Yang, J. H. Johnson. Modeling and Numerical Simulation of Diesel Particulate Trap Porformence During Loading and Regeneration[C]. SAE Paper No. 2002-01-1019,2002.

[76] 龚金科. 汽车排放污染及控制[M]. 北京:人民交通出版社,2005.

[77] 刘金武,龚金科,谭理刚,等. 直喷柴油机炭烟生成和氧化历程的数值研究[J]. 内燃机学报,2006,24(1):42-49.

[78] 龚金科,康红艳. 汽油车三效催化转化器反应流的数值模拟[J]. 内燃机学报,2006,24(1):62-66.

[79] Jinke Gong, Longyu Cai. Analysis to the Impact of Monolith Geometric Parameters on Emission Conversion Performance Based on an Improved Three wag Catalytic Converter Simulation Model[C]. SAE Paper No. 2006-32-0089.

[80] Jinwu Liu, Jinke Gong. Multi-dimensional Simulation of Air/ Fuel Premixing and stratified Combustion in a Gasoline Direct Injection Engine With Combustion Chamber Borol offset[C]. SAE Paper No. 2006-32-0006.

[81] Yunqing Liu, Jinke Gong. Numerical Simulation of Gas Particte Two Phase Flow Characteristic During Deep Bed Filtration Process[C]. SAE Paper No. 2007-01-1135.

[82] 轻型汽车污染物排放限值及测量方法(中国Ⅲ、Ⅳ阶段). GB 18352.3-2005.

[83] 金敏. 轿车柴油机达到欧Ⅴ排放标准的新技术[J]. 汽车与配件, 2007(3):40-43.

[84] 刘启华,虞金霞,霍宏煜. 满足欧Ⅴ排放法规增压汽油机的设计和研究. 车用发动机, 2010, 186(1): 48-55.

[85] 张建东,汪俊君,陈卫方,等. 满足欧Ⅴ和第三阶段油耗限值的汽油机技术路线分析. 汽车科技, 2011(1): 52-60.

[86] 陈全世. 先进电动汽车技术[M]. 北京:化学工业出版社,2007.

[87] Ehsani. M 等. 现代电动汽车、混合动力电动汽车和燃料电池汽车:基本原理、理论和设计[M]. 北京:机械工业出版社,2008. 6.

[88] 黄乃勇. 燃料电池电动汽车驱动系统建模与仿真[D]. 武汉:武汉理工大学,2006.

[89] 谢长君,杜传进,全书海. 燃料电池电动汽车控制系统研究与设计[J]. 电子应用,2007, 26(6): 86-88.

[90] 秦孔建,高大威. 燃料电池汽车混合动力系统构型研究[J]. 汽车技术,2005,(4): 26-29.

[91] 轻型汽车污染物排放限值及测量方法(中国第五阶段). GB18352.5—2013.

[92] 轻型汽车污染物排放限值及测量方法(中国第六阶段). GB18352.6—2016.